TRAITÉ

D'HORLOGERIE.

TRAITÉ
D'HORLOGERIE,

CONTENANT

TOUT CE QU'IL EST NÉCESSAIRE

POUR BIEN CONNOÎTRE ET POUR RÉGLER

LES PENDULES ET LES MONTRES,

*La Description des Piéces d'Horlogerie les plus utiles, des répé-
titions, des équations, des Pendules à une roue, &c. celle du
nouvel échapement, un Traité des engrénages, avec plusieurs
Tables, & XVII. Planches en Taille-douce :*

Augmenté de la Description d'une nouvelle PENDULE
POLICAMÉRATIQUE.

Par Mr J. A. LEPAUTE, Horloger du Roi.

A PARIS;

Chez SAMSON, Libraire, Quai des grands Augustins,
au coin de la rue Gît-le-Cœur.

M. DCC. LXVII.
AVEC APPROBATION ET PRIVILÉGE DU ROI.

NIL MIHI TOLLIT HIEMS

A MONSIEUR
LE MARQUIS
DE MARIGNY.

CONSEILLER du Roi en ſes Con-
ſeils, Directeur & Ordonnateur Général de ſes Bâtimens, Jardins, Arts,
Académies & Manufactures Royales.

MONSIEUR,

LES fonctions de Protecteur des Arts
que l'autorité Royale vous a ſi juſtement &

＊

ſi heureuſement confiées, ſont au nombre des choſes les plus intereſſantes dans le Gouvernement interieur d'un Etat, & les plus propres à procurer le bonheur des ſujets, la gloire du Monarque, & l'admiration des Etrangers.

Tous les hommes, MONSIEUR, s'emblent s'être accordés à regarder la privation des Arts comme la choſe qui diſtinguoit une aſſemblée de Barbares d'un Etat floriſſant. Les Romains même ſi jaloux & ſi fiers de la grandeur imaginaire que leur avoient acquis pluſieurs ſiecles d'uſurpations & de victoires, rendoient hommage à la Grece, & envoyoient la fleur de la jeuneſſe Romaine dans le climat qui donnoit naiſſance aux Appelles, aux Phidias, aux Protogenes, aux Policletes.

Vous rempliſſez, MONSIEUR, dans

toute son étendue, le Ministere important qui vous est confié, & il n'est personne parmi ceux qui cultivent les Arts, qui ne se félicite de vous avoir pour temoin & pour arbitre de ses succès; le désir de mériter vos éloges forme l'objet de leur émulation, & le bonheur de les avoir obtenus, est la plus chere récompense de leurs travaux.

A ce titre, MONSIEUR, vous avez un droit acquis à tous les Ouvrages qui se publient dans ce genre, & qui ont pour objet ou d'instruire les artistes, ou de répandre dans le Public les lumieres qu'ils ont acquises.

J'ai donc lieu d'espérer, MONSIEUR, que vous recevrez favorablement celui que j'ai l'honneur de vous présenter; c'est le tribut d'une reconnoissance que j'ai souhaité de pouvoir rendre publique, depuis plu-

fieurs années que j'ai l'honneur de loger au Palais du Luxembourg, & de travailler pour SA MAJESTE', fous vos ordres.

Je fuis avec un profond refpeĉt,

MONSIEUR,

Votre très-humble & très-
obéiſſant Serviteur,
LEPAUTE.

PREFACE
HISTORIQUE.

L'HORLOGERIE traitée avec toutes les lumiéres néceffaires pour fa
perfection, ou même telle qu'elle fubfifte
aujourd'hui, entre les mains de nos plus
habiles Artiftes , va fans doute de pair avec
les Arts les plus diftingués & les plus utiles.

Tout ce que la théorie & le raifonnement ont de plus relevé , tout ce que
l'exécution & la pratique ont de plus fin
& de plus délicat , fe trouve réuni dans
l'Horlogerie ; c'eft elle qui nous préfente
les chefs - d'œuvres les plus furprenans de
l'adreffe des hommes ; c'eft d'elle que
l'Aftronome attend toute la précifion de
fes travaux , le Navigateur fa fûreté, l'un
& l'autre la connoiffance fi défirée des longitudes, dont l'Horlogerie nous a déja fi
fort approché.

L'on peut dire enfin que l'ordre & la multitude de nos affaires, de nos devoirs, de nos amuſemens, notre exactitude dans les uns, notre inconſtance dans les autres, notre habitude enfin, nous ont rendu l'Horlogerie indiſpenſable, & l'ont miſe au nombre des beſoins réels de la vie.

L'uſage des Cadrans Solaires a été preſque juſqu'au dernier ſiécle le ſeul moyen que l'on eut pour la diviſion du tems, cependant l'uſage des Clepſydres qui marquoient les heures par la chûte & l'écoulement de l'eau avoit été imaginé même avant J. C. par *Cteſibius*, ſuivant *Vitruve*, Liv. IX. ou par *Scipion Naſica*, ſuivant Pline Liv. VII. Chap. 60. malgré cela l'on voit encore vers le XII. ſiecle dans la *Bibliotheque de Cluny*, que le Sacriſtain ſortoit la nuit pour regarder la hauteur des étoiles, afin d'éveiller les Religieux à l'heure de l'Office. C'eſt une grande queſtion que de ſavoir ſi l'on connoiſſoit anciennement l'uſage des roües dentées par le moyen deſquelles on peut produire toutes ſortes de mouvemens & de viteſſes différentes; la fameuſe Sphère *d'Archimede* qui vivoit

200 ans avant J. C. & celle de *Poffidonius* environ 80 ans plus tard, doivent nous faire croire qu'on les employoit au moins dans des machines que l'on faifoit tourner avec la main, mais il ne paroît pas qu'on s'en fervit alors pour faire marquer les heures, fi ce n'eft dans les Clepfydres.

Le paffage de *Baton* rapporté par *Athenée*, furtout de la maniere dont le traduit M. *Falconet* dans les Mémoires de l'Académie Royale des Infcriptions & Belles Lettres, Tom. XX. pag. 447. ne prouve point que l'on porta avec foi des Horloges à Athènes ; d'ailleurs ce paffage eft unique; mais fi cela eût été, ce n'auroient pû être que de petites Sphères faifant la fonction des anneaux aftronomiques que nous employons tous les jours ; puifqu'on connoiffoit déja affez les cercles de la Sphère, Anaximander ayant fait un Cadran Solaire à Lacédémone 540 ans avant J. C. Il eft conftant même que les Horloges de *Caffiodore* envoyées en 490 à *Gondebault* Roi de Bourgogne, par Théodoric, & celle qu'*Aaron* Roi de Perfe envoyoit à Charlemagne en 809, étoient des

Clepfydres auffi bien que celles de *Pacificus* Archidiacre de Vèronne mort en 846.

Mais il y a à ce fujet une erreur fort accréditée, fondée fur un paffage de *Ditmar* mal interprêté. *Gerbert*, né en Auvergne, d'abord Religieux dans l'Abbaye de S. Gérard d'Orillac, qui avoit étudié les Mathématiques, depuis Archevêque de Rheims, & enfuite Pape fous le nom de Sylveftre II. fit en 996. à Magdebourg une Horloge fameufe, que tout le monde a regardé comme un prodige; on peut voir ce fait fçavamment difcuté à la fin du VI. Tome de l'hiftoire litteraire de la France, donnée par les PP. Bénédictins; mais il eft évident par le texte même, que ce n'étoit qu'un Cadran Solaire, puifqu'il paroît qu'il s'étoit conduit dans cet ouvrage en confidérant l'étoile polaire.

La premiere Horloge dont l'Hiftoire ait fait mention, & qui paroiffe avoir été conftruite fur le principe des nôtres, eft celle de *Richard Walingfort*, Abbé de S. Alban en Angleterre, qui vivoit en 1326. (*Epitome Conrardi Gefneri* pag. 604.) La feconde eft celle que *Jacques de Dondis*

dis fit faire à Padoüe en 1344. on y voyoit le cours du Soleil & des Planettes; ce bel ouvrage lui mérita le furnom d'*Horologius* dont fa famille fe fait honneur à Florence où elle fubfifte encore.

La troifiéme, eft l'Horloge du Palais, à Paris, pour laquelle Charles V. fit venir d'Allemagne *Henri de Vic*; elle fut faite en 1370. fuivant *Froiffart*, (Tome II. Chap. 128.)

La quatriéme, eft celle que le Duc de Bourgogne fit enlever de Courtrai & placer fur la tour de Notre-Dame à Dijon, en 1382. dont Froiffart a beaucoup parlé.

Henri II. fit faire celle d'Anet où l'on voyoit une meûte de chiens qui marchoient en aboyant, & un cerf qui avec le pied frapoit les heures.

Tout le monde connoit la fameufe Horloge de Strafbourg; une tradition ridicule porte que Copernic en étoit l'Auteur, & qu'on lui fit crever les yeux pour empêcher qu'il n'en fit ailleurs une femblable; cette fable eft venue de ce que l'on voit au bas de cette Horloge le portrait de Copernic avec celui de plufieurs autres Philofophes;
**

Conrad Dafypodius qui a donné une defcription de ce bel ouvrage en 1580. en eft
regardé comme l'Auteur, (*Melchior A-*
dam, vita Germ. philof.)

L'Horloge de Lion également célebre,
fut conftruite en 1598. par *Nicolas Lip-*
pius de Bafle, rétablie & augmentée en
1660. par Guill. Nourriffon habile Horloger de Lion. *Pontus de Tyard* parle
dans fes œuvres philofophiques des Horloges de Nuremberg où les jours & les
nuits malgré leurs inégalités, étoient par-
tagés chacun également pendant toute l'année ; l'on a auffi admiré les Horloges de
Lunden en Suéde, de *Medina del Cam-*
po, d'*Aufbourg*, de *Liége*, de *Venife*,
&c.

Ce n'eft plus à ces raretés prétendues que
l'on attache aujourd'hui du mérite, mais à
la bonté des ouvrages, à leur fimplicité,
à leur perfection & à l'utilité de leurs effets, auffi en fait-on aujourd'hui rarement
de la nature de ceux que nous venons de
citer ; l'on voit cependant actuellement à
Verfailles dans les appartemens de Sa Ma-
jefté une affez belle Horloge fous un vo-

lume médiocre, faite en 1706. par An-
toine Morand, de Pontevaux en Breffe,
quoiqu'il ne fût point Horloger ; toutes
les fois que l'heure fonne, deux cocqs placés fur le haut de la piece chantent chacun
trois fois en battant des aîles ; en même
tems des portes à deux ventaux s'ouvrent
de chaque côté, & deux figures en fortent
portant chacune un timbre, en maniere
de bouclier, fur lefquels deux amours placés aux deux côtés de l'Horloge, frappent
alternativement les quarts avec des maf-
fües. Une figure de Louis XIV. femblable
à celle de la place des Victoires, fort du
milieu de la décoration. On voit en même-tems s'ouvrir au-deffus de lui un nuage
d'où la Victoire defcend, portant dans la
main droite une couronne qu'elle tient fur
la tête du Roi pendant l'efpace d'une demi-
minute que dure un carillon fort agréable
à la fin duquel Louis XIV. rentre, la Victoire remonte, les figures fe retirent, les
portes fe ferment, les nuages fe réuniffent
& l'heure fonne.

On voit auffi à Verfailles la Sphère de
M. *Paffemant*, exécutée par M. *Dauthiau*,
** ij

dans laquelle tous les mouvemens céleftes
fe font avec exactitude fuivant l'ordre &
la durée des moyens mouvemens, recon-
nus par tous les Aftronomes.

Quoique l'ufage de l'Horlogerie foit
aujourd'hui fi répandu dans le Public, la
connoiffance en paroît encore reftrainte autant que jamais dans le petit nombre de
ceux à qui leurs travaux ou leurs études
en ont rendu la pratique plus néceffaire.

Il feroit cependant à fouhaiter que tous
ceux qui font ufage des Pendules & des
Montres les connuffent affez pour être en
état de les conduire, d'en apprécier la valeur, d'en connoître la jufteffe ou les dé-
rangemens.

Par ce moyen on éviteroit également
un excès de confiance dans de mauvais
ouvrages, & l'efpece d'injuftice que l'on
commet fouvent, faute de connoître les
bons.

Nous ne verrions pas des perfonnes attendre de leurs Montres une exactitude
déraifonnable, d'autres en faire des éloges
abfurdes, & prefque tous fe tromper dans
les jugemens qu'ils en portent.

Il faut convenir auſſi que nous avons en Horlogerie trop d'Ouvriers & trop peu de véritables Artiſtes ; les ſecours de la Phyſique & de la Géométrie y ſont trop négligés ; on eſt trop peu accoûtumé à raiſonner ſur cet art, pour que l'on puiſſe même tirer des expériences tout le ſecours qu'elles devroient nous procurer ; de-là vient auſſi le peu d'ouvrages que noùs avons dans ce genre, ſur lequel il y avoit tant à écrire, & ſur lequel on n'a pour ainſi dire, rien écrit.

C'eſt pour y ſuppléer que M. Sully fit imprimer en **1717.** l'ouvrage qu'il appella *Regle artificielle du tems*, dont M. Julien le Roi donna une ſeconde édition en **1737.** augmentée de pluſieurs ouvrages de ſa façon.

Cette deuxiéme édition ayant diſparu à ſon tour, la néceſſité d'en faire une troiſiéme, nous a fait ſouhaiter de lui ſubſtituer un Ouvrage plus parfait & plus utile par rapport à ſon objet & à l'état actuel de l'Horlogerie ; dans cette vûe, nous avons crû devoir abandonner l'ouvrage de M. Sully, & à peine lui avons-nous conſervé des veftiges de fa premiere forme, de forte qu'on peut dire que le Livre de M. Sully ne nous a fervi que d'occafion plûtôt que de modele.

M. Sully peu fait au métier d'Ecrivain, n'avoit pû mettre ni de l'ordre, ni du ftyle, ni de l'expreffion, ni même de la clarté dans fon ouvrage, & fon Editeur d'ailleurs occupé des devoirs de fon état & de fes propres vües, avoit mieux aimé augmenter un ouvrage utile que de s'occuper à le rectifier, & à en faire un ouvrage agréable; ainfi après une métamorphofe totale, nous nous fommes trouvés obligés de changer auffi, quoiqu'à regret, un titre que M. Sully & la réputation de M. le Roi avoient rendu refpectable.

Nous avons crû devoir donner ici au Public les principes néceffaires pour la connoiffance des Horloges, & la maniere de les regler, comme l'avoit fait M. Sully; mais hors de-là nous nous fommes furtout propofé de publier ce qui s'eft fait de plus intéreffant & de plus nouveau dans l'Horlogerie depuis la publication faite en 1741. du grand Traité d'Horlogerie de M. Thiout l'aîné, dans lequel il a recueilli tout ce qui s'étoit fait avant lui, avec un soin & un travail dont on voit peu d'exemples ; nous efperons continuer par la fuite le recueil de tout ce qui s'eft fait & de tout ce qui fe fera de remarquable dans ce genre ; quant à préfent notre intention n'eft pas de raffembler beaucoup de chofes, mais feulement ce qui s'employe ou ce qui peut s'employer journellement , aufli bien que les chofes nouvelles, curieufes & utiles qui font toujours en petit nombre ; nous ne parlerons même des Pendules à une roüe qu'à caufe de leur nouvauté & de leur célébrité , qui ont excité la curiofité de beaucoup de perfonnes qui ne font pas à portée de les voir.

Nous y avons joint des Tables qui peuvent être d'un ufage journalier pour toutes fortes de perfonnes, mais furtout des Horlogers.

Il nous refte à dire un mot de la vie de M. Sully, d'après ce que M. *le Roy* fon contemporain & fon ami avoit donné au Public dans la feconde édition de la regle artificielle du tems ; M. Sully a trop contribué au progrès de notre art pour que l'on doive oublier d'en faire honneur à fa mémoire, furtout dans un ouvrage qui lui doit fa premiere origine.

M. Sully éleve de M. *Gretton* célebre Horloger de Londres, montra de bonne heure un génie appliqué, & tourné du côté de l'invention; il fit dès fes premieres années des recherches pour les longitudes, qui le firent connoître & eftimer de M. Newton; il paffa enfuite en Hollande, delà à Vienne auprès du Prince Eugene, où il s'occupa de la lecture des Mémoires de l'Académie, & de tout ce qui pouvoit l'éclairer.

Il vint enfuite avec M. le Duc d'Aremberg à Paris, où il fit une connoiffance particuliere avec M. Julien le Roy qui nous a tranfmis une partie de fa vie.

M. le Duc d'Orléans Régent lui donna une gratification de 1500 liv. & le chargea d'aller chercher à Londres des Horlogers, habiles pour établir à Verfailles une Manufacture d'Horlogerie, elle fut établie en effet, & il en fut fait Directeur; cette place lui forma un état extrémement commode

de & avantageux, & l'engagea à remettre
à M. le Duc d'Aremberg une penſion de
600 liv. qu'il lui faiſoit ; cependant quelque tems après M. Sully perdit ſa place,
il ſollicita pour lors M. le Maréchal de
Noailles d'établir à S. Germain une autre
Manufacture, que l'émulation pourroit ſoûtenir & élever peut-être au-deſſus de celle
de Verſailles, & il y réuſſit. Les troubles
& les révolutions de fortune qui agiterent
bientôt la France y ayant diminué le goût
des arts, & l'argent néceſſaire pour les faire fleurir, les Manufactures tomberent,
l'Angleterre en profita pour engager M.
Sully à repaſſer la mer avec tous les Ouvriers qu'il pourroit y déterminer. Il re-
tourna en effet dans ſa Patrie, mais le peu
de ſecours qu'il y trouva, joint à ſon in-
clination pour la France, le ramenerent
bientôt à Verſailles, là devenu plus labo-
rieux & moins prodigue, il acquit en peu
de tems l'eſtime de toute la Cour, & il ſe
trouva bientôt par ſon travail au-deſſus de
ſes affaires.

Ce fut alors qu'il conſtruiſit ſon Horloge à levier horiſontal pour l'uſage de la

***

Marine, à laquelle il appliqua fon nouvel échapement dont il efpéroit la plus grande juftefle, il la préfenta à l'Académie, & il obtint du Roi peu après une penfion de 600 liv. qu'il a toujours confervé depuis.

Cet Horloge étoit en effet travaillée dans la derniere perfeétion, & elle alla pendant plufieurs femaines avec une extré-me juftefle; tous les Curieux, François ou Etrangers, s'empreflerent à en avoir; il re-cueillit d'abord un grand nombre de fouf-criptions, au moyen defquelles il raflembla beaucoup d'Ouvriers pour travailler à ces nouvelles Horloges.

Mais dans le cours de fes travaux il s'ap-perçut que fon Horloge ceffoit d'aller avec la même juftefle; les frottemens devenus variables au bout d'un certain tems dans fon échapement, en étoient fans doute la caufe, & il fut enfin obligé de l'abandon-ner pour y fubftituer l'échapement à roüe de rencontre.

En 1726. M. Sully fit un voyage à Bor-deaux pour aller en mer faire des expé-riences fur la régularité de fon Horloge: on peut voir le détail de ces expériences

dans l'ouvrage qu'il publia à cette occafion, & qui a pour titre *Defcription d'une
Horloge d'une nouvelle invention, &c.*

On peut juger avec quelle diftinction
& quel acueil il fut reçu de tous les Curieux, dans cette Ville où les Arts & les
Siences étoient déja connus & cultivés.

A fon retour à Paris fes affaires fe trou-
verent un peu dérangées ; trop de délicateffe & de fenfibilité aux événemens de la
vie auxquels il n'étoit point préparé, mais
dont il fut fi fouvent agité, avoient déja
plufieurs fois caufé de l'altération à fa fan-
té : il fut cette fois long-tems malade.

Dès qu'il fut rétabli, il entreprit de tracer une Méridienne dans l'Eglife de S. Sulpice que l'on venoit de bâtir ; l'ouverture
étoit à 75 pieds de haut, & à 180 pieds
du mur oppofé, c'eft çe même ouvrage
qui a été refait de nouveau par M. le Mon-
nier, fous les ordres de l'Académie, lorfqu'il a fallu y conftruire un obélifque & y
placer un objectif de 80 pieds de foyer.

En 1728. il publia un petit ouvrage
fous le titre de *Méthode pour regler les
Montres & les Pendules*, dans lequel il

donnoit le plan d'un grand Traité d'Horlogerie qu'il efpéroit peut-être de compofer; il
y annonçoit auffi une feconde édition de la
Regle artificielle du tems, & un autre Ouvrage intitulé, *Nouvelle pratique pour
connoître plus exactement les longitudes
dans la navigation.*

Ce fut vers ce même tems que quelques-
uns de ceux qui avoient compofé la Société des Arts, fous la protection de M. le
Régent, ayant formé le deffein de fe réunir pour reprendre leurs exercices, il fe
donna tous les foins imaginables pour faire
réuffir ce projet, & paya lui-même une
falle dans laquelle on recommença les Af-
femblées.

Dans la derniere où il fe trouva, il lût
une Lettre de M. Grégori, qu'il avoit tra-
duite de l'Anglois, fur l'utilité des Mathématiques.

Après avoir montré une ardeur infinie
pour tout ce qui tendoit à l'avantage des
Arts, il périt martyr de fon zele, pour la
Société des Arts dont il avoit été le Héros.

En effet, ayant appris qu'une perfonne
qui demeuroit au Fauxbourg S. Marceau,

avoit deffein de préfenter à cette Société quelqu'ouvrage de nouvelle invention, il courut le chercher, fur une fauffe adreffe, & fe donna tant de mouvemens & de peine ce jour-là, qu'il fut attaqué d'une fluxion de poitrine dont il mourut au mois d'Octobre 1728. il fut inhumé à S. Sulpice au pied du Sanctuaire, & proche de la Méridienne qui étoit fon ouvrage.

M. Sully fut un de ces génies heureux, propres à faire honneur à leur état & à leur fiécle; on ne peut difconvenir qu'il n'ait eu une très-grande part à la révolution arrivée dans l'Horlogerie, & qui a mis la France à fon tour dans le rang de fupériorité que l'Angleterre lui difputoit au commencement de ce fiécle. Les deux Manufactures de Verfailles & de S. Germain, quoiqu'elles n'ayent fubfifté que deux ans, exciterent parmi les Horlogers de Paris une émulation qui fut très-avantageufe à la France.

M. Gaudron furtout, Horloger de M. le Régent, noublia rien pour balancer les prodiges que les Manufactures fembloient promettre à la France, & ce fut alors qu'il

*** iij

imagina la Pendule ingénieufe dont le
poids eft remonté par un reffort, & que
l'on a imité depuis en diverfes manieres :
on en trouvera la defcription Page 121 ;
ces habiles gens ont été remplacés par un
grand nombre d'autres que leur réputation
actuelle nous difpenfe de célébrer.

Avis.   Nous finirons par un avis utile dont il
eft à fouhaiter que les Horlogers & les Ama-
teurs veuillent profiter pour l'utilité publique & le progrès de l'Art. Il fe fait tous
les jours en Horlogerie des ouvrages nou-
veaux, ou qui par quelque perfection
nouvelle mériteroient de paffer dans le Public & d'être connus des Horlogers : nous
en avons même déja recueilli un certain
nombre, & nous n'attendons que d'avoir
affez de matériaux pour former un fecond
Volume à cet Ouvrage ; pour cela nous
invitons un chacun à nous adreffer, au Luxembourg à Paris, foit du Royaume, foit
des Pays étrangers, des defcriptions & des
deffeins de ce qui paroîtra mériter l'impreffion : nous ne manquerons jamais d'en faire ufage, & d'en rendre compte aux Auteurs, qui pourront d'ailleurs affurer la date

de leurs ouvrages par les voyes qui leur paroîtront les plus fûres ; c'eſt là le ſeul moyen de continuer ce que la Société des Arts, (en particulier M. *Gallon*, Ingénieur) & enſuite M. Thiout ont entrepris de faire, il y a déja pluſieurs années, & de ſuppléer à la rareté du recueil de machines que l'Académie des Sciences fait imprimer de tems à autre.

On comprend dans ce projet tout ce qui a quelque rapport à l'Horlogerie, toutes les idées qui peuvent en étendre la théorie, & les machines qui ſervent à en perfectionner la pratique; telles ſont des machines ou des outils à refendre, à polir, à tailler des fuſées, à former des pilliers, à faire des engrennages ; des méthodes pour corriger les inégalités des balanciers, ou celles des reſſorts, des frottemens & des métaux ; toutes ſortes d'échapemens, de détentes, de conduites, de batteries, de calibres ; des réveils, des ſonneries, des remontoirs, des répétitions, des cadratures ; des Pendules ou des Montres à trois ou à quatre parties, propres à marquer d'une maniere nouvelle ou ingénieuſe les quantiémes de mois, les heures Italiques, Judaïques, Babilonniennes & celles des différens Pays de la Terre ; les Horloges qui fonnent les heures, les quarts & les minutes ou qui les répétent ; celles qui vont fans aucun bruit, ou qui n'ont point de roües ; toutes fortes de fphères ou de machines mobiles par un principe *interne* de mouvement, enfin celles qui font propres à produire d'une maniere ingénieufe des effets finguliers, telles font celles dont nous avons parlé, *pag.* xj. celles qui font décrites dans les *Technica curiofa* du P. *Schott*, 1664. & dans la defcription du Cabinet de M. *de Servieres* 1719. ou les fameufes Automates de M. de Vaucanfon. Au refte ces fortes d'inventions ne fauroient avoir de mérite réel qu'à proportion de leur nouveauté, de leur fimplicité, des vûes qu'elles préfentent, ou des conféquences utiles que l'on pourroit en tirer.

TABLE

TABLE
DES CHAPITRES.

PREMIERE PARTIE.

****

SECONDE PARTIE.

Fin de la Table des Chapitres.

TRAITÉ

TRAITÉ
D'HORLOGERIE.

PREMIERE PARTIE.

Qui contient principalement la description d'une Pendule à secondes, & d'une Montre ordinaire, leur comparaison, la maniere de les connoître, de les finir & de les régler par le moyen du Soleil & des Etoiles fixes.

CHAPITRE PREMIER.

Des Horloges en général.

§. PREMIER.

L E mouvement est la mesure naturelle du tems, c'est donc par les parties d'un mouvement toujours égal que nous devons nous régler dans la division artificielle des

A

jours, & c'eſt à quoi les Horloges ſont deſtinées.

I I. Les roües dentées ſont la principale partie de toutes les Horloges, elles fourniſſent un moyen toujours ſûr & exact de donner à une éguille tel mouvement que l'on ſouhaite, de l'augmenter & de le diminuer à volonté, pour lui faire marquer des heures, des minutes, &c.

I I I. La plûpart des roües d'une Horloge ſont renfermées entre deux platines aſſemblées par des piliers, & qui forment la cage de l'Horloge; les pivots, c'eſt-à-dire, les extrémités de l'*arbre*, de l'*axe*, de la *tige*, ou de l'eſſieu de chaque roüe ſont portés dans les trous des platines qui les ſoutiennent ſans gêner leur mouvement.

I V. Les roües portent ordinairement chacune un *pignon*, c'eſt-à-dire, une autre petite roüe dont le nombre de dents, qu'on appelle plus communément les *aîles*, eſt beaucoup moindre que celui des dents de la roüe, le pignon eſt d'une ſeule piece avec l'axe de la roüe.

V. Si deux roües dentées ſont parfaitement égales, que les dents de l'une engrennent dans les dents de l'autre, la premiere ne pourra faire un tour ſans obliger la ſeconde à tourner auſſi une fois ſur ſon axe, & elles auront toutes les deux le même mouvement.

Si celle qui fait tourner l'autre, ou qui la conduit, avoit 30 dents, & que la ſeconde en eût 60, il faudroit que la premiere fît deux tours pour obliger la feconde à tourner une fois, parce que les 30 dents de la premiere ne peuvent faire paſſer que les 30 premieres dents de la feconde, & ne lui feroient faire par conféquent qu'un demi tour.

On concevra avec la même facilité que fi une roüe de foixante dents eſt conduite par un pignon de fix *aîles*, le pignon fera dix tours pendant que la roüe en fera un, parce que le pignon n'ayant que fix *aîles* ne peut faire paſſer à chaque tour que fix dents de la roüe, & par conféquent foixante dents en dix tours.

Suivant le même principe, fupofons quatre roües de foixante dents chacune, que la premiere engrenne dans un pignon de fix, & que fur l'axe même du pignon la feconde roüe foit fixée, on fent que le pignon & par conféquent cette feconde roüe avec lui auront fait dix tours lorſque la premiere roüe en aura fait un ; que la feconde roüe engrenne dans un autre pignon de fix *aîles*, fur lequel foit fixée la troiſiéme roüe, celle-ci fera, par la même raifon, dix tours pour un de la feconde, & par conféquent cent tours pour chaque révolution de la premiere ; enfin, que cette troiſiéme roüe engrenne dans un troiſiéme pignon de fix fur lequel foit fixée la quatriéme roüe, celle-ci ira de même, dix fois plus vîte que la troiſiéme, & fera mille révolutions pendant le premier tour de la premiere roüe ; nous parlerons, à mefure que l'occafion s'en préfentera, de la partie arithmétique des dentures, qui d'ailleurs à été assez bien détaillée par Oughtread & Hughens en Latin,& en François par le P. Alexandre.

VI. Autant que la vîtesse augmente par l'engrenage continu des roües dans les pignons, autant la force diminue, & la premiere roüe communiquant une vitesse mille fois plus grande que la sienne à la derniere roüe, ne lui communique qu'une force mille fois moindre, n'ayant même aucun égard aux frottemens qui diminuent la force; ainsi dans notre exemple, je suppose un poids suspendu par une corde à la circonférence de la premiere roüe, il agira avec toute la force de sa pesanteur sur le pignon dans lequel engrenne cette roüe; mais ce pignon étant peut-être dix fois moins nombré que la roüe, qui est fixée sur son axe, & d'un diametre par conséquent dix fois moindre, la force de ce poids n'agit que de sa dixiéme partie sur la circonférence de cette deuxiéme roüe, par la même raison elle n'agit que d'un centiéme sur la circonférence de la derniere roüe.

VII. La vitesse des dernieres roües deviendroit trop grande, elle iroit même toujours en augmentant si ces roües étoient abandonnées à elles-mêmes, de sorte que l'on n'auroit plus une mesure égale du tems, on est donc obligé d'opposer à sa vitesse un balancier dont les vibrations alternatives, toujours égales, repriment à chaque instant & moderent sa rapidité & son accéléra-

tion, reçoivent fon effort fuperflu & obligent les
dents de la derniere roüe à paſſer fucceſſivement
toutes en tems égaux & dans des intervalles rai-
fonnables, au lieu que fans cela le poids qui agit
continuellement accélereroit fa chûte fuivant les
loix de la defcente des graves, & feroit couler le
roüage avec une vîteſſe qui iroit toûjours en augmentant; c'eſt là ce qu'on appelle l'*échapement*,
& ce qui conſtitue la partie la plus eſſentielle
d'une Horloge, c'eſt d'elle que doit dépendre la
vîteſſe ou la lenteur, de même que la régularité
du mouvement fans aucun égard à la force du
poids. Voyez ci-après le Traité des échapemens.

VIII. Les Montres font des Horloges portati-
ves, qui ne different des grandes Horloges que
parce qu'elles font mifes en mouvement par un
reſſort au lieu du poids dont nous avons parlé, &
qu'elles font modérées de même par un balancier
& un reſſort fpiral au lieu du pendule qui regle
les Horloges.

Cette différence étant eſſentielle aux Montres
y devient un vice également eſſentiel, parce que
les reſſorts diminuent peu à peu de force à mefure qu'ils fe développent, & que leur degré de force varie auſſi fuivant la chaleur où l'humidité à laquelle ils fe trouvent plus ou moins expofés: nous
allons parler des principales efpéces d'Horloges
& des conſtructions les plus parfaites qui foient
en ufage aujourd'hui, & enſuite des plus nouvelles.   A iij

CHAPITRE II.

Description d'une Pendule à secondes.

ARTICLE PREMIER.

Du Roüage.

I. LA plus exacte & la plus simple de toutes les piéces d'Horlogerie est celle qui porte le nom de Pendule à secondes, à cause du pendule ou balancier qu'on y applique, & qui fait chaque vibration en une seconde, sa longueur étant à Paris de 36 pouces 8 lignes $\frac{4}{7}$, à compter depuis le centre de mouvement jusqu'au centre d'oscillation.

II. Cette Pendule est composée de cinq roües dans l'intérieur du mouvement, lorsqu'on veut qu'elle puisse marcher pendant un an sans être remontée, & de quatre roües de cadrature; ce n'est pas qu'on ne puisse faire une Pendule à secondes sans cadrature, & avec trois roües de mouvement; mais une si grande simplicité entraîne de petits inconvéniens qui en ont fait bannir l'usage, nous allons décrire celle qui est de la construction la plus commode & la plus avantageuse.

III. La premiere roüe & la plus grande a 96

dents, (les nombres font marqués dans la figure,) Planche I.
Fig. 1. 2. 3. elle porte une poulie P garnie de pointes fur laquelle paffe le cordon auquel le poids moteur eft fufpendu, & qui reçoit le premier effort de ce poids ; cette roüe engrenne dans un pignon de huit aîles, fixé fur la feconde roüe, qui eft auffi marquée 96, & qui fait par conféquent douze tours pendant chaque révolution de la premiere roüe, comme on le conçoit par ce qui a été dit dans le Chapitre précédent.

La feconde roüe engrenne auffi dans un pignon de 8, ce pignon eft fixé fur la troifiéme roüe marquée 84, qui néceffairement ira douze fois plus vîte que la feconde roüe, & qui fera par conféquent 144 révolutions pour chaque tour de la premiere roüe.

La troifiéme roüe de 84 dents engrenne dans un pignon de 7 fixé fur la quatriéme roüe que nous avons marqué 70, cette roüe ira donc encore douze fois plus vîte que la troifiéme, & fera 1728 tours pour chaque révolution de la premiere roüe.

La quatriéme roüe enfin, engrenne dans un pignon de fept qui porte la derniere roüe appellée roüe de rencontre lorfqu'elle eft taillée de champ, on n'en fait plus aujourd'hui; on l'appelle rochet lorfqu'elle eft taillée fuivant fon plan, & en général *roüe d'échapement :* cette roüe doit avoir trente dents, & faire fon tour en

une minute; ainſi elle ira dix fois plus vîte que
la précédente, puiſque ſon pignon n'a que ſept
aîles, & qu'il eſt conduit par une roüe de 70;
le rochet fera donc 17280 révolutions pour chaque tour de la premiere roüe, & comme il eſt
aſſujetti par le pendule à faire ſon tour en une
minute, il s'enſuit que la premiere roüe fera le
ſien en 17280 minutes, c'eſt-à-dire en douze
jours, la ſeconde en un jour, la troiſiéme en
deux heures, la quatriéme en dix minutes.

    I V. L'axe de la troiſiéme roüe marquée B dans
le profil, & 84 dans le plan, qui fait ſon tour en
deux heures, paſſe au travers de la platine où il

Planche I.
Fig. 1.

eſt porté par un coq C, (*Fig.* 1.) & le même
axe porte une roüe de 36 dents D que l'on voit

Fig. 1 & 2.

(*Fig.* 1 & 2.) cette roüe engrenne dans une autre roüe E qui lui eſt égale, & qu'elle fait tourner en ſens contraire; celle-ci engrenne à ſon
tour dans une petite roüe, F de 18 dents qui
tourne en une heure, & qui porte l'éguille des
minutes, par le moyen d'un canon I F, (*Fig.* 2.)
rivé ſur l'axe de cette roüe & qui donne paſſage à
l'axe de la roüe d'échapement R, deſtinée à porter l'éguille des ſecondes; la même roüe E, de
36 dents porte ſur ſon axe un pignon de 8 qui
engrenne dans la roüe de cadran G, qui porte un
canon que l'on doit concevoir placé ſur le canon
F I; cette roüe a 48 dents, & par conſéquent
fait ſon tour en douze heures, c'eſt la même qui

                       porte

porte l'éguille des heures par le moyen d'une chauffée H qui paffe fur celle des minutes I F, dont l'extrémité déborde & paroît en I.

V. Le premier canon dans lequel paffe l'axe du rochet R, eft fixé par deux vis T V, fur la platine, & le pivot du rochet eft porté dans le canon par une efpece de cuivrot ou petit cylindre percé fuivant fon axe, & chaffé dans l'intérieur du canon; la chauffée qui porte l'éguille des minutes, & fur laquelle eft rivée la roüe F, tourne fur ce canon, & la feconde chauffée, qui tient à la roüe de cadran G, tourne de même librement fur la prémiere; pour contenir les deux chauffées on doit avoir foin de placer une clef en I, au-devant de la chauffée des heures, qui entre dans deux entailles faites, avec une lime à égalir, à la chauffée des minutes; cette clef pénétrant jufqu'au canon intérieur d'acier (qui eft fixé, & auquel on pratiquera une rainure circulaire) tournera avec le canon des minutes, & s'oppofera à fa fortie.

VI. Le rochet à chaque dent qui échape repouffe un des leviers K, L, dont les extrémités R font inclinées, comme on le verra lorfqu'il fera queftion de cet échapement; ces leviers qui font fixés en M fur une fourchette M Q que l'on voit (*Fig.* 1. & 2.) font mouvoir le pendule P S, ou plutôt entretiennent fon mouvement que les frottemens & la réfiftance de l'air

B

détruiroient peu à peu, tandis qu'il modere par
ſes vibrations le mouvement du rochet, & par
conſéquent de tout le roüage, en aſſujettiſſant le
rochet à ne paſſer que d'une dent pour chaque
vibration, c'eſt-à-dire pour chaque ſeconde.

ARTICLE SECOND.

Du Pendule.

VII. Galilée s'apperçut dans le ſiécle paſſé,
qu'un poids ſuſpendu à une verge ou à un fil, &
décrivant des petits arcs, les décrivoit toujours
en tems égaux, & il s'en ſervit pour la meſure
du tems ; mais perſonne ne connut avant M.
Hughens l'utilité dont il pouvoit être dans les
Horloges ; ce fut lui qui l'y appliqua le premier,
de même que le reſſort ſpiral aux Montres.

VIII. On a employé diverſes manieres de ſuſ-
pendre le pendule pour lui conſerver toute ſa liberté : des fils, des rouleaux, des reſſorts ; pluſieurs perſonnes croyent encore qu'un couteau,
porté par ſon tranchant ſur un couſſinet d'acier,
& mobile en tout ſens ſur des pivots, de maniére qu'il puiſſe prendre ſon à plomb, eſt préférable à un reſſort mince & delié retenu par le haut
dans une fente pratiquée à un gros coq : cependant le plus grand nombre de ceux qui ont examiné avec ſoin les effets de tous les deux, paroît
décidé en faveur de la ſuſpenſion à reſſort.

IX. Plus les arcs décrits par un pendule font petits, plus ils font ifochrones, c'eſt-à-dire égaux & parcourus en tems égaux, pourvû que la longueur du pendule ne ſoit pas énorme. Plus la lentille eſt peſante moins elle eſt ſujette aux variations que la réſiſtance de l'air, ou les inégalités du roüage, peuvent lui cauſer, & moins le pendule exige de force dans le poids moteur; il paroît donc que les lentilles peſantes, comme de 20, 30, 40 livres ou plus, & qui décrivent de petits arcs, comme de 2, 4, 6 degrés font plus propres à procurer aux Horloges cette parfaite égalité qui eſt le dernier terme de perfection auquel nous aſpirons, & dont on a déja ſi fort approché. M. Hughens, & pluſieurs autres depuis, ont reconnu la vérité de cette maxime, on a même été juſqu'à croire que la grande réſiſtance d'un pendule peſant pouvoit tenir lieu de remontoirs tels que celui de Gaudron, (dont nous parlerons dans la ſuite), des échapemens à repos, & des fuſées, c'eſt-à-dire rendre inſenſibles les plus grandes inégalités de la force motrice; quoi que ces ſortes de pendules ſoient plus difficiles à tranſporter ou à placer, & plus ſujets à s'arrêter ſi l'on venoit à déranger leur poſition, ce ne doit pas être une raiſon pour en rejetter l'uſage dans le cas où l'on déſirera la plus grande juſteſſe; d'ailleurs la peſanteur de la lentille n'empêche point qu'on ne puiſſe la placer com modément, puisqu'il est facile de la suspendre séparément du roüage, & de maniere qu'elle ne cause aucune charge au mouvement.

X. On peut aussi au lieu du pendule à secondes, qui n'a que trois pieds 8 lignes ½ depuis le centre de suspension jusqu'au centre d'oscillation, employer des pendules plus longs, & rendre par conséquent les oscillations plus lentes ; mais la résistance de l'air augmente en raison du quarré de la longueur, puisque la résistance augmente comme le quarré de sa vitesse, ou des arcs parcourus, & par conséquent des rayons de ces mêmes arcs, qui sont les longueurs des pendules ; il s'ensuivroit donc qu'un pendule double éprouveroit peut-être, en décrivant les mêmes arcs, quatre fois plus de résistance ou de perte de mouvement & on retomberoit par conséquent dans un autre défaut.

XI. Outre cette résistance qui n'altere pas considérablement l'isochronisme (parce que le retard de l'oscillation descendante compense à peu près l'avancement produit dans l'oscillation ascendante) & qui est produite par la masse d'air qui est déplacée par le pendule, on doit considérer aussi la résistance produite par le frottement de l'air sur la surface du pendule, & qui est encore comme les arcs parcourus ; les expériences prouvent même que la résistance de l'air est encore plus considérable qu'elle ne devroit l'être

par ces deux caufes réunies. Nous avons dit que
le déplacement de l'air n'altere pas fenfiblement
l'ifochronifme des vibrations, parce que la de-
mi-ofcillation afcendante eft abrégée par la réfiftance de l'air autant que la durée de la demi-
ofcillation defcendante eft augmentée ; l'effet
de cette réfiftance eft que le point de la plus
grande viteffe n'eft plus dans la perpendiculaire
mais un peu auparavant, parce que pendant la
defcente de la lentille, les impulfions fucceffives
de la pefanteur qui font la caufe de fon accélération, vont toujours en diminuant, aû lieu que la
réfiftance de l'air augmente, de forte que le pendule ceffe d'accélérer, dès que la réfiftance a plus
de force pour retarder fon mouvement, que fa
direction inclinée n'en fournit pour l'accélérer.

XII. Le contraire arrivera fi c'eft la force
du poids moteur, & de l'échapement qui agiffe
fur le pendule pour accélérer fon mouvement,
l'ifochronifme n'en eft point altéré, le tems de
l'ofcillation afcendante eft augmenté par la longueur de l'arc décrit, autant que le tems de l'ofcillation defcendante eft abrégé, de forte que
le point de la plus grande viteffe fe trouve placé
après la perpendiculaire ; mais un bon échapement à repos tel que celui dont nous donnerons
la defcription dans cet Ouvrage, agit fi peu &
avec tant d'égalité fur le pendule, que fon mouvement eft exactement le même qu'il feroit fi le

B iij

pendule ofcilloit librement, & dans le vuide ;
fuivant les expériences faites par M^{rs} les Acadé-
miciens dans le voyage du Nord fur une Pendule de Graham, lorfqu'on diminuoit de moitié la
force motrice, les arcs au lieu de 4 degrés 20
minutes, étoient réduits à 3 degrés, & la pendule avançoit de 4 fecondes par jour ; or cette
quantité eft précifément celle dont un pendule ofcillant librement dans le vuide devroit
avancer fi on réduifoit fes vibrations de 4 degrés
20 minutes à 3 degrés, comme on le voit par
la Table qui eft dans le Traité du mouvement ofcillatoire, à la fin de ce Livre, donc l'impulfion
du roüage n'avoit rien changé à l'effet que le
pendule même auroit produit.

X I I I. Il y a une autre raifon en faveur de la
pefanteur des lentilles & de la petiteffe des arcs :
l'air eft quelquefois plus rare & plus léger d'un
quart, dans des tems que dans d'autres, par conféquent une lentille de plomb eft alors plus pefante relativement à l'air, de $\frac{1}{40000}$: or les pe-
fanteurs font en raifon inverfe des quarrés des
tems des ofcillations, tout le refte égal, donc
les ofcillations augmenteront en Été, & la Pendule devra avancer de quelque chofe : or, puifque la pefanteur de la lentille en Été eft à fa pefanteur en Hiver, comme 40001 eft à 40000,
fon accélération en Hiver fera à fon accélération en Été, comme les racines de ces nombres

là, qui font entre-elles, comme 80001 eft à 80000, elle avancera donc en Été de 1″ 8, c'eft-à-dire une feconde & 8 dixiémes, ou une feconde 48 tierces pour cette feule raifon ; comme dans un même jour il peut arriver à l'air des changemens confidérables, la marche de la pendule peut en être tant foit peu altérée : & l'on fent affez qu'en augmentant la pefanteur fpécifique de la lentille, & diminuant la grandeur de fes arcs, on diminue les inégalités qui réfultent de ce changement de pefanteur, de même que l'effet de la réfiftance, puifqu'on obferve qu'une lentille pefante ofcille plus long-tems qu'une lentille legere, & par conféquent reçoit moins d'obftacle de l'air.

XIV. La petiteffe des arcs décrits donne un moyen d'augmenter confidérablement la pefanteur de la lentille, ou de diminuer la force motrice ; en effet la quantité dont la lentille s'éleve eft toujours comme le quarré des arcs décrits, fi donc on réduit, à la moitié par exemple, les mêmes arcs, la quantité de l'élévation ne fera plus que le quart ; on pourra donc faire la lentille quatre fois plus pefante fans augmenter la force motrice, ou ôter les trois quarts de la force motrice fans changer la lentille.

XV. Enfin, une derniere raifon en faveur des petits arcs, eft le peu d'altération que les mouvemens étrangers peuvent produire fur la durée des

vibrations ; il eft démontré que quand par le tré-
mouffement d'une maifon, & du mur fur lequel
une Pendule eft fixée, les ofcillations au lieu de
fe faire dans un même plan-deviendroient circulaires, ou elliptiques, la durée des ofcillations
refteroit la même fenfiblement ; mais la chofe
feroit fort différente, fi les arcs venoient à avoir
une certaine étendue : alors le pendule qui décriroit un cône feroit ifochrone avec un pendule
ordinaire, dont la longueur feroit égale à la hauteur perpendiculaire du cône ; mais cette hauteur
du cône deviendra plus petite à mefure que le
pendule s'écartera de la perpendiculaire, de forte que fi le cône avoit feulement quatre pouces
de largeur, le pendule circulaire avanceroit de
près d'une minute par jour fur un pendule ordinaire de même longueur.

XVI. Il eft prefque auffi néceffaire de diminuer la force motrice que d'augmenter celle du
régulateur ; la pefanteur d'une lentille fert à maî-
trifer les inégalités du roüage, & à diminuer l'altération qui pourroit en réfulter dans les vibrations ; mais la trop grande pefanteur du poids
augmenteroit les frottemens qui font la ruine de
toutes les pieces d'Horlogerie. On peut faire aller une Pendule ordinaire avec quatre onces de
poids ; il eft vrai qu'en n'y mettant que la plus
petite quantité avec laquelle elle pourroit marcher, on s'expoferoit à la voir enfuite s'arrêter,

mais

mais du moins faut-il toujours tendre à diminuer
le poids; on est sûr de diminuer par là les inégalités du roüage presque autant que par l'augmentation du poids de la lentille; d'ailleurs il est
facile de se procurer ces deux avantages tout à la
fois; dans une Horloge faite avec soin, la pesanteur de la lentille n'exige point d'augmentation
sensible dans la force motrice.

XVII. Les roües doivent être aussi légéres
qu'il est possible, les frottemens en seront moins
durs & plus égaux, elles ne doivent être ni trop
grandes, ni trop petites, parce que dans le premier cas elles deviendroient nécessairement trop
pesantes, & dans le second, les pignons deviendroient trop petits & trop peu nombrés, ce qui
diminueroit l'égalité de leur conduite; en effet,
étant obligé de conduire plus loin & plus long-
tems, il est plus difficile d'y établir une parfaite
égalité, & le frottement surtout devient plus
grand; car le frottement peut être exprimé par
le sinus verse de l'arc décrit par l'aîle du pignon,
depuis qu'il commence à toucher la dent, jusqu'au moment où il la quitte; or, cet arc est plus
long lorsque le pignon est moins nombré, toutes choses égales.

ARTICLE TROISIÉME.

De la dilatation du Pendule.

XVIII. Tout le monde sçait que les mé-

C

taux étant sujets à la dilatation par la chaleur, &
à la contraction par le froid, un pendule ne sçauroit conserver pendant une année, peut-être même pendant un jour entier, une même longueur.
M. Graham, célébre Horloger Anglois, trouva
en 1721. qu'une excellente Pendule varioit de
14 secondes par jour, entre le plus grand froid
& le plus grand chaud de l'année, dans un appar-
tement ordinaire; & de 30 secondes dans un lieu
plus exposé & placé sous les toits; or 30 secondes de retard dans un jour supposent un allongement de trois dixiémes de ligne dans le pendule,
comme on peut le voir par la Table des longueurs du pendule, qui se trouve dans le Chapitre du mouvement oscillatoire. On a donc imaginé divers artifices pour remédier à ces allongemens.

On peut, par exemple, suspendre la lentille
au bas d'un fil de fer, qui tienne par sa partie supérieure, sans être gêné dans sa longueur, à la
partie supérieure d'un cylindre solide de cuivre
ou de fer, de plomb ou d'étain, (tous les métaux
y sont indifférens), le tout renfermé librement
dans un canon de fer qui servira de pendule; le
cylindre de métal étant soutenu, dans sa partie
inférieure seulement, par le canon de fer, aura
la liberté de se dilater & de s'étendre vers le
haut, par là il élévera la lentille toutes les fois
que le canon de fer, en se dilatant, pourroit la

faire baisser; il ne s'agit que de trouver par expérience quelle doit être la hauteur de la colonne métallique, pour que sa dilatation soit précisément égale à celle du canon qui forme le pendule; c'est ainsi que l'ont pratiqué M⁰ˢ Varinge & Rivaz.

On sent assez qu'il n'est pas possible d'assigner une règle exacte & certaine sur la quantité ni sur la qualité de la colonne métallique qui doit porter le pendule, & être soutenue dans le canon par sa partie inférieure, on trouveroit à peine deux portions de métal, dont les allongemens fussent exactement les mêmes, au même degré de chaleur; la dureté, la densité, le travail de la forge, la conformation des parties extérieures & intérieures, tout contribue à les rendre différens dans différentes portions de métal; le plus sûr, lorsqu'on aspire à ce degré de précision, est d'en faire chaque fois l'expérience, en appliquant successivement divers degrés de chaleur à la Pendule pour voir l'effet qui en résulte, & pour changer s'il est besoin la longueur de la colonne.

Il suit de là que toutes les compositions métalliques, que l'on pourroit imaginer pour cet effet, sont absolument indifférentes ou égales à cet égard, il ne s'agit que de prendre une matière quelle qu'elle soit, & de déterminer par expérience, quelle doit être la hauteur de sa colonne, pour que la quantité de sa dilatation, lorfqu'elle eft chargée d'une lentille pefante, foit précifément la même que celle du canon de fer qui doit fervir de pendule.

XX. On a fait auffi des pendules dans lefquelles le balancier ayant la liberté de couler dans la fente où il eft fufpendu, pouvoit être retiré vers le haut par le moyen d'un canon de cuivre, à la partie fupérieure duquel il étoit attaché, de maniere que le tuyau de cuivre, en s'allongeant plus que le fer dont le pendule eft compofé, faifoit remonter le pendule, lorfqu'il leur furvenoit à tous les deux quelque allongement; il feroit plus commode, comme on l'a propofé, de tranfporter ce tuyau vers le bas, ou plutôt d'y fubftituer une verge de même longueur & de même métal que le pendule, qui, étant fixée dans le mur par fa partie inférieure parallelement au pendule, éleveroit par fa partie fupérieure le centre de fufpenfion, en fe dilatant de la même quantité que le pendule; on pourroit même lui faire produire cet effet par le moyen d'un levier de la feconde efpece, dont le point fixe feroit fur le coq, la puiffance étant l'extrémité de la verge fixe, & la réfiftance, c'eft-à-dire le pendule, placé entre les deux; par cette mécanique on feroit maître de rendre l'effet de la dilatation, plus ou moins grand, fuivant qu'il feroit néceffaire.

XXI. M. Graham en 1726. imagina de remplir un canon, qui ſerviroit de verge au pendule, avec du mercure qui ſe dilateroit vers le haut autant que le canon ſe dilateroit vers le bas, (M. l'Abbé Baillard Dupinet, en 1742, propoſa une autre liqueur, dont la dilatabilité étoit connue) on ſçait en effet, que le volume du mercure varie de l'Hiver à l'Été de $\frac{1}{220}$, ainſi une colonne d'environ 13 pouces de mercure, peut s'élever de $\frac{2}{3}$ de ligne, tandis que la lentille ne peut guère s'abaiſſer que de $\frac{1}{4}$ de ligne; de ſorte qu'il reſtera encore $\frac{5}{12}$, dont le centre de la colonne de mercure remontera au-deſſus de celui de la lentille, cette quantité eſt fort petite à la vérité, à moins qu'on ne faſſe la colonne de mercure fort groſſe, ce qui produiroit un balancement & une ſecouſſe perpétuelle dans l'intérieur de la verge.

XXII. Le moyen le plus ſimple & le plus commode que j'aye trouvé pour cet effet, eſt de placer (*Fig. 4.*) à côté de la verge de fer A B, ou derriere ſon plan une verge C D qui ſoit de cuivre. Que celle - ci ſoit arrêtée fixement en C contre la premiere, & qu'en D elle porte ſur un bras D du levier D E, dont l'autre bras portera la lentille F, & qui ſera mobile autour d'un pivot G fixé ſur la verge de fer A B G; il eſt clair que lorſque la verge A B pourra ſe dilater, celle qui eſt placée en C D ſe dilatant beaucoup plus, & ſuivant quelques expériences, dans le rapport de 17 à 10, elle preſſera le levier

Planche I. Fig. 4.

C iij

en D & faifant remonter la partie E, qui porte la lentille, élèvera le centre d'ofcillation qui étoit defcendu.

Comme on ne peut jamais fçavoir précifément quelle fera la dilatation de la verge C D par rapport à la verge A B, on y a placé une vis H, par le moyen de laquelle on peut éloigner la lentille du centre de mouvement G, ou l'en rapprocher, afin que l'efpace parcouru par le point D, faffe parcourir à la lentille placée en I un efpace d'autant plus grand, qu'elle fera plus éloignée du point G fur lequel tourne le levier D E.

XXIII. J'ai auffi pratiqué ici une efpèce de thermometre propre à indiquer les degrés de correction que la verge C D procure à la longueur du pendule ; car toutes les fois que le point D defcendra, le bout du levier K montera, fera defcendre l'autre levier L, & par conféquent fera décliner l'éguille B M vers la partie N de l'arc O N, qui eft fixé fur la verge.

Mais fi le point D, au contraire, vient à remonter par l'accourciffement des métaux, l'éguille B M fera obligée, par un reffort R, de retourner vers la partie O du même limbe.

XXIV. Cette conftruction a l'avantage de n'exiger que deux verges au lieu de trois, qu'on a employé avant moi dans cette vûe, d'ailleurs elles peuvent être placées l'une à côté de l'autre, de maniere à ne point éprouver de la part de l'air une plus grande réſiſtance que la verge ſimple ordinaire.

XXV. On a ſouvent beſoin pour régler une Pendule qui avance ou qui retarde, d'allonger le pendule ou de le raccourcir; pour cet effet on plaçoit autrefois un petit poids, qui pouvant couler le long de la verge du pendule, pouvoit changer un peu le centre d'oſcillation, ſuivant qu'il étoit arrêté ou plus haut ou plus bas.

On s'eſt ſervi depuis d'un écrou & d'une vis, placés dans la partie inférieure, & ſous la lentille, de maniere qu'en tournant l'écrou on obligeoit la lentille de remonter.

L'une & l'autre méthode ne pouvant ſe pratiquer ſans arrêter le pendule, & ſans riſquer quelquefois de forcer la ſuſpenſion, j'ai crû qu'il étoit beaucoup plus utile de placer cet écrou au-deſſus de la ſuſpenſion & ſur le coq; on peut y pratiquer une vis d'acier, à laquelle la lentille ſoit ſuſpendue, dont les pas ſoient quarrés & profonds, & au nombre de 24. dans un pouce, on placera auſſi une petite éguille ſur cette vis, & on diviſera l'écrou en 49 parties, alors chaque partie de l'écrou fera avancer ou retarder la Pendule d'une ſeconde par jour, en accourciſ-ſant le pendule de o lig. 0102, c'eſt-à-dire $\frac{102}{10000}$ de ligne.

CHAPITRE III.

Description d'une Montre ordinaire à roüe de rencontre.

Du Roüage.

I. LA figure 1. dè même que les figures 51.
& 52. repréfentent le plan, ou calibre
d'une des deux platines qui foutiennent toutes
les roües; B eft le plan du barillet, & F le plan
de la fufée, que le reffort contenu dans le barillet fait mouvoir par le moyen d'une chaîne,
comme on le voit (*Fig.* 14.) On parlera plus
amplement de la fufée dans le Chapitre fuivant ;
la fufée F porte une roüe à laquelle on peut
donner 48 dents, cette roüe de fufée engrenne
dans un pignon de douze aîles fixé fur la tige de
la grande roüe moyenne G, que l'on voit au centre du calibre, de forte que cette derniere roüe
fait quatre tours pendant chaque tour de la fufée; c'eft cette roüe qui fait fon tour en une heure, dont la tige perce à travers le cadran & porte l'éguille des minutes, qui y eft fixée, à frottement dur, pour pouvoir être remife à l'heure
fans faire couler le roüage.

I I. La grande roüe moyenne G, appellée auffi
roüe de longue tige, & roüe des minutes eft de

Planch. II.
Fig. 1. &
fuiv.

54

54 dents, elle engrenne dans un pignon de six aîles fixé fur l'axe de la petite roüe moyenne P, qui, par conféquent, fait neuf tours dans une heure, puifque fix fois neuf font 54, & que chacune des 54 dents faifant paffer une des fix aîles du pignon, le pignon paffera neuf fois tout entier pendant une révolution de la roüe.

III. La petite roüe moyenne P eft de 48 dents, elle engrenne dans un pignon de fix, fixé fur la roüe de champ C, qui fera par conféquent huit tours pendant chaque révolution de la petite roüe moyenne, & 72 pendant chaque tour de la grande roüe moyenne, c'eft-à-dire en une heure.

IV. La roüe de champ C eft de 45 dents, elle engrenne dans le pignon de la roüe de rencontre O, qui eft encore de fix aîles, de forte que la roüe de rencontre fera fept tours & demi pendant chaque révolution de la roüe de champ, puifqu'en prenant fix, fept fois & demi, on a 72, ainfi elle fera 540 tours en une heure.

V. Enfin la même roüe de rencontre O doit être de 15 dents, fa tige eft parallele aux platines, (*Fig.* 47. & 51.) & eft reçue non plus, comme les précédentes, dans les trous des platines, mais dans une potence O, & une contre-potence N (*Fig.* 15. & 51.) Cette roüe, comme on la voit (*Fig.* 13. 34. 47.) rencontre à chaque dent une des palettes E & D de la verge

Fig. 47. & 51.
Fig. 15. 51.
Figures 13. 34. 47.

D

du balancier A, & l'oblige par conséquent à faire un demi-tour pour lui donner passage, mais aussitôt qu'une des palettes a passé, la palette opposée (*Fig.* 13.) rencontre la dent inférieure X, & fait encore une vibration semblable, deforte que pour les 15 dents de la roüe de rencontre le balancier fera 30 vibrations ; or 30 fois 540 font 16200, ainsi la Montre que nous venons de décrire fera 16200 vibrations par heure.

Si une Montre est destinée à subir de grands mouvemens, comme celui d'un homme qui est souvent à cheval, il est nécessaire qu'elle fasse un grand nombre de vibrations, comme de 18000, si, au contraire, elle doit être en repos, elle sera plus facile à régler avec 16200.

Des différentes parties de la Montre.

VI. On doit choisir parmi tous les calibres qu'on peut imaginer, ceux qui procurent de grandes roües, & qui ne donnent de l'avantage aux piéces les plus nécessaires, que d'une maniere qui ne nuise point aux autres.

Le calibre que l'on voit (*Fig.* 51.) a une propriété utile, qui consiste en ce que l'axe de la roüe de rencontre est toujours parallele à l'horison, & par ce moyen conserve un frottement à peu près égal, soit que la Montre soit suspendue, ou mise à plat sur sa boëte ou sur son ca-

Fig. 13.

Fig. 51.

dran; cependant on employe plus communément celui de la figure 1.

VII. On doit obferver dans les Montres, que
les premiers mobiles foient toûjours plus forts
que les derniers, fans faire néanmoins la roüe de
champ trop mince, à caufe que fon engrenage eft
plus fujet à varier que celui des roües plates, &
que fes dents s'uferoient trop facilement fi elles
étoient trop minces.

VIII. Les deux platines de la cage font appellées, l'une *platine des piliers* parce que les
piliers y font fixes & rivés, l'autre *platine du
nom* ou *platine du deffus*; ou petite *platine*, fur laquelle le coq & la rofette font placés, & où l'on
grave le nom de l'Auteur.

La platine des piliers eft vûe intérieurement,
(*Fig.* 2.) on y apperçoit la place des quatre pi- Fig. 2.
liers V X Y Z, les trous dans lefquels paffent
tous les pivots, la charniere C, la vis fans fin qui
eft tout contre la charniere; cette vis fans fin,
portée par fes deux tenons, engrenne dans un pignon P ordinairement de 18 aîles, qui eft placé
quarrément fur l'arbre du barillet, il fert à tendre le grand reffort.

La même platine fe voit (*Fig.* 3. & 33.) avec Fig. 3. 33.
les roües, telles qu'on les place, en remontant
un mouvement; on les a défignées par les mêmes
lettres que dans les figures des calibres.

IX. La figure 4. & les fuivantes repréfentent

le reſſort du cadran qui ſert à fermer la boëte, & qui réſiſte à l'effort que l'on feroit, ſi par in-advertance on tiroit le bord du cadran au lieu de pouſſer le reſſort, les figures 4. & 6. ſont le nez du reſſort, la partie F gliſſe ſur la platine, on en voit le plan G H au-deſſous, elle porte deux vis K & I (*Fig.* 5. *&* 7.) dont l'une I fait le bec du reſſort, & l'autre ſert à le contenir dans la couliſſe.

Fig. 5. 7.

Fig. 8.

Le reſſort ordinaire ou à l'Angloiſe (*Fig.* 8.) eſt plus aiſé à faire, & il eſt aſſez ſolide, pourvû que l'on donne deux mentonnets D E au nez du reſſort; mais il occupe une eſpace dans la cage, & ſes effets ne ſont pas auſſi précis.

Fig. 9.

X. La figure 9. repréſente la même platine des piliers du côté où elle porte le cadran, on y voit le reſſort de cadran A, & le deſſus du mu-ſeau K, tel que nous venons de le décrire, les trous des quatre piliers, la roüe de renvoi C de 36 dents, qui eſt miſe en mouvement par le pi-gnon de chauſſée E de 12 aîles que l'on voit ſeul (*Fig.* 10.) fixé à frottement dur ſur la tige de la grande roüe moyenne, qui paſſe dans la cadra-ture.

Fig. 10.

Fig. 9.

Cette roüe de renvoi (*Fig.* 9.) porte un pi-gnon C de 10 qui conduit la roüe des heures ou de cadran que l'on voit (*Fig.* 11. *&* 12.) avec l'éguille des heures qu'elle porte & qui ſe place ſur la chauſſée E, ſur laquelle elle tourne; l'aſſem-

Fig. 11. 12.

blage de ces deux roües & de ces deux pignons
forment la cadrature ainfi nommée, parce qu'elle
fe place fous le cadran.

On voit auffi fur la même platine (*Fig.* 9.)
la barette I, qui porte les pivots de la roüe de
champ & de la petite roüe moyenne ; on employe cette barette, de même que le pont, pour
la fufée, afin que les trous où entrent ces pivots
ne foient pas gâtés par la dorure, & que les tiges foient plus longues.

XI. La figure 15. repréfente la platine de Fig. 15.
deffus, ou la petite platine vûe intérieurement;
on y voit l'arrêt de la fufée A ou garde-chaîne,
le reffort A tient le petit levier B (qui paroît
auffi *Fig.* 16. & 32.) éloigné de la platine, & Fig. 16. 32.
comme il eft mobile à charniere dans un piton
fixé à la platine, la chaîne arrivée au dernier tour
de la fufée lorfqu'on remonte la Montre le preffe
contre la platine, afin que le crochet F de la fufée (*Fig.* 42. 49. 50.) vienne arbouter contre Figures
42. 49. 50.
ce levier, & réfifte à la main de celui qui monte
le reffort pour l'avertir que la Montre eft remontée.

XII. La même figure 15. préfente la roüe Fig. 15. &
fuivantes.
de rencontre, dont l'axe parallele à la platine eft
porté dans la potence O, & dans le piton de la
contre-potence N.

Cette potence O porte auffi un des pivots du
balancier, elle eft compofée de plufieurs piéces;

D iij

la figure 23. est l'assiette ou la base de la potence fixée sur la platine, par ses trois piés & par
une vis, elle porte un lardon mobile dans une
Fig. 18. couliffe, on le voit de face (*Fig.* 18.), de côté
Fig. 19. (*Fig.* 19.), en place (*Fig.* 17.), la vis V (*Fig.*
Fig. 17. 17. 20. 21. 22.) porte une assiette ou collet qui
Fig. 17.20. s'engage dans un cran ou entaille pratiqué à la
21.22. couliffe, & lui donne un petit mouvement, qui
sert à rendre les chûtes égales.

Fig. 24.   X I I I. La figure 24. est la même platine de
deffus, vûe par son côté extérieur, qui préfente
le coq, la couliffe, le rateau, le spiral, le balancier, dont les dévelopemens font au-deffous.

Le coq A B est un chaffis destiné à recouvrir
le balancier, & à recevoir un de fes pivots, il
est fixé sur la platine par deux vis A, B, le petit
Fig. 25. coq, ou coqueret C (*Fig.* 25.) est placé sur le
milieu de l'autre, & entre les deux on met une
piece de cuivre percée, & un diamant pour fou-
tenir le pivot du balancier.

Fig. 26.   X I V. La couliffe (*Fig.* 26.) est une piece
en arc de cercle, couverte en partie par le coq,
& fixée sur la platine par deux vis D, E, entre
cette piece, qui porte une couliffe ou rainure affez profonde & la platine, est placé le rateau
Fig. 27. R (*Fig.* 27.), que l'on peut faire mouvoir par
le moyen d'une roüe Q, recouverte d'une pla-
Fig. 29. que ou rofette P, qui est renverfée, (*Fig.* 29.)
pour montrer la cavité qui reçoit la roüe Q; cet-

te rosette est divisée à volonté, & porte une éguille V (*Fig.* 28.), pour indiquer sur la ro- Fig. 28. sette de combien on a fait avancer le rateau.

Le mouvement de ce rateau sert à fixer en différens points le ressort spiral, par une entaille R (*Fig.* 27.), pour rendre sa force plus ou moins Fig. 27. grande ; nous en parlerons plus au long dans le Chapitre V^e.

La figure 32. représente le profil de la cage Fig. 32. où l'on voit le coq C, la rosette Q, le piton du garde-chaîne B, le porte-pivot de la roüe de rencontre N, qui paroît aussi au-dessous de la figure ; il entre à frottement dans un piton fixé à la platine, O le nez de la potence, ED le museau du garde-chaîne, que l'on voit aussi (*Fig.* 4. 5. 8.)

X.V. Les figures 35. 40. 44. 45. 46. 47. Fig. 35. & renferment toutes les roües de la maniere dont suivantes. elles sont placées, par rapport à leur hauteur dans la cage, & leurs engrenages reciproques, elles sont marquées des mêmes lettres que dans les figures précédentes, de même que le balancier A, & l'échapement ED, que l'on voit aussi (*Fig.* 34.) avec les pivots & les tigerons du ba- Fig. 34. lancier.

Le barillet est une boëte de cuivre (*Fig.* 35. Fig. 35. 36. & 36.) qui renferme le grand ressort ; le barillet tourne autour de son axe B, qui ne tourne point, & qu'on voit séparé (*Fig.* 39.), le barillet est Fig. 39.

d'une feule piece, recouvert d'une plaque de
cuivre (*Fig.* 37.)

XVI. Le grand reffort eft l'ame ou le moteur
de la piece, il eft fixé par un bout à un crochet
fur l'arbre B, autour duquel il fait une vingtaine
de tours, plus ou moins, & par l'autre extrémité,
s'attache à un crochet, qui eft à la circonférence
du barillet, & y eft encore affujetti, par le

Fig. 38. moyen d'une barette d'acier (*Fig.* 38.) qui va
du haut au bas du barillet; le reffort étant dans
un état de relâchement, on fait faire environ
cinq tours au barillet, pour le monter & le mettre en action.

XVII. La chaîne, au commencement de
l'action, eft toute entiere autour de la fufée F,
elle eft fixée par un crochet au barillet, fur lequel elle s'envelope à mefure que le roüage de
la Montre fe devuide; lorfqu'il s'agit enfuite de
la monter, c'eft-à-dire de tendre le grand reffort, & de remettre la chaîne autour de la fufée,
on feroit obligé de faire couler le roüage fans
un artifice particulier, qui confifte dans l'encli-

Fig. 41.42. quetage de la fufée; la roüe (*Fig.* 41.) repréfente la roüe de fufée qui engrenne dans la grande roüe moyenne; mais cette roüe a un enfoncement, & la fufée porte encore une autre roüe
(*Fig.* 42.) en forme de rochet, placée dans cet
enfoncement, où elle a la liberté de tourner feulement à contre fens, & lorfqu'on remonte la fufée;

sée; mais qui résiste par le moyen du cliquet H
(*Fig.* 41.), lorsque la roüe reprend son mouve- Fig. 41.
ment naturel : de sorte que les deux roües vont
ensemble comme une seule piéce; le corps de
la fusée est assujettie sur la roüe de fusée (41),
par le moyen de la *goutte* (43), qui est une clef Fig. 43.
qui entre sur l'arbre de la fusée, & qui peut être
goupillée pour plus de solidité.

Du ressort & du frottement des pivots.

XVIII. Le spiral ou régulateur d'une Mon-
tre (*Fig.* 27.), doit avoir autant de liberté & de Fig. 27.
force qu'il est possible, afin que les inégalités
inévitables de la force du grand ressort ayent
une moindre influence sur l'isochronisme ou
l'égalité de ses vibrations; le balancier doit être
petit & pesant, surtout dans les échapemens à
repos, pour pouvoir décrire de plus grands arcs,
& avoir plus de force réglante.

XIX. Un des objets les plus dignes d'attention, dans la construction d'une Montre, est
d'éviter autant qu'il est possible les frottemens;
le frottement du grand ressort est des plus nuisible, soit que les tours ou les lames frottent les
unes contre les autres en se dévelopant, soit que
les bords de la lame frottent le dessus & le dessous
du barillet; le dernier de ces deux frottemens ne
peut être évité, mais pour le diminuer autant
qu'il est possible, on aura soin de rendre les deux

E

faces intérieures bien planes & bien polies, &
le reſſort bien adouci ſur les bords ; le reſſort
doit être d'une égale élaſticité ſur toute ſa lon-
Fig. 38. gueur, l'on doit même placer une barrette (Fig.
38.) proche de l'endroit où le reſſort eſt accroché au barillet pour contenir toute la partie
du reſſort qui a pû être détrempée ; par ce moyen,
lorſqu'on remonte le reſſort, chaque tour commençant près du centre ſe dégage ſucceſſivement du tour ſuivant juſqu'au dernier, & de
même, à meſure que le reſſort ſe dévelope, les
tours de la lame ſe rapprochent ſucceſſivement
l'un de l'autre, commençant par le bout extérieur. Cette précaution ſert auſſi à empêcher la
premiere eſpece de frottement, pourvû que l'on
ait ſoin de fixer l'extrémité du reſſort ſur l'arbre,
de manière qu'il gouverne abſolument le premier tour ; par ce moyen les trois ou quatre premiers tours ne peuvent frotter, tandis que la barrette empêche de ſon côté le frottement des
derniers tours ; mais la méthode de faire la hauteur du barillet moindre vers le centre que vers
les extrémités eſt défectueuſe.

XX. Le frottement des pivots de la fuſée eſt
une choſe digne d'attention, & qui a dû rendre toujours les Montres Angloiſes inférieures,
dans ce point - là, aux Montres Françoiſes ;
Fig. 33. en effet, la fuſée (Fig. 33. 40. 49. & 50.) ayant
40. 49. 50. un de ſes diametres beaucoup plus large que

l'autre, le frottement fur le pivot du fommet D, doit être bien plus grand que fur le pivot de la bafe, puifque le reffort fe faifant fur un levier moindre, doit être plus grand dans la même proportion, pour que les efforts inégaux du reffort deviennent égaux fur le roüage : or, le pivot qui eft preffé par une force double, éprouve auffi un frottement double, puifque les frottemens augmentent fuivant la force des parties frottantes les unes contre les autres, il y a encore une feconde caufe qui augmente le frottement fur le fommet de la fufée ; car divifant la hauteur de la fufée en dix parties égales à commencer par le fommet, l'effort que fait le reffort fur la premiere de ces parties au fommet de la fufée par fa proximité au pivot fupérieur, fera dix fois plus grand, & par conféquent y caufera un frottement de cuple de celui qui fe fera en même-tems fur le pivot inférieur, & comme nous venons de voir que le frottement étoit déja double à raifon du diametre de la fufée, qui eft la moitié moindre au fommet, le frottement fera, par conféquent, vingt fois plus grand fur le pivot du fommet ; il eft vrai que plus la chaîne fe dévelopera & defcendra vers la bafe de la fufée plus les frottemens deviendront égaux, & l'effort fe fera à peu près également & fur le milieu de la fufée au bout de 18 heures, enfuite il deviendra plus confidérable par rapport au pivot

de la bafe, mais comme ce fera pour peu de
tems, il refte toujours pour conftant que le frottement du pivot fupérieur fera plus grand que
celui du pivot de la bafe, & que le pivot fupérieur devroit avoir par conféquent fon diamétre
beaucoup moindre, pour pouvoir maintenir l'é-
galité dans le mouvement.

XXI. Mais, au contraire, les Montres An-
gloifes, qui fe remontent par la partie inférieure
de la boëte, ont le pivot du fommet double en
Fig. 49. diametre, de celui de la bafe (*Fig.* 49.); le
premier ayant une tête ou quarré, auquel la clef
doit s'ajufter, d'où s'enfuit encore un autre mauvais effet, en ce que la clef portant de la pouf-
fiere fur le quarré, une partie s'attache toujours à
l'huile du pivot fupérieur & en augmente la réfiftance ou le frottement.

XXII. Les Montres Françoifes fe remontent
fur le cadran, elles ont par conféquent le plus
Fig. 50. gros pivot (*Fig.* 50.) à la partie inférieure qui fup-
porte une moindre quantité de frottemens, fur
quoi il faut encore remarquer qu'on pourroit
placer le barillet & la fufée d'une maniére à
diminuer beaucoup le frottement, & l'effort qui
fe fait fur la fufée, en faifant que la chaîne paffât
toujours entre la fufée & le pignon de la grande
roüe.

XXIII. Quand aux frottemens des autres
pivots, M. Sully, dans un Mémoire qu'il pré-

fenta à l'Académie en 1716, difoit qu'il étoit
effentiel de faire enforte que les bouts des pivots
portaffent feulement fur des appuis N (*Fig.* 34.), Fig. 34.
fixés derriere les platines, & que les appuis, les
tigerons ou les affietes I des pivots, qui font la
partie la plus épaiffe de la tige entre les roües &
leurs pivots, ne portaffent point fur les platines;
on le pratique ainfi aux pivots du balancier & à
celui de la contrepotence, mais il faut prendre
garde que les pivots ne foient pointus.

Il eft important dans les Montres, que les
frottemens foient peu confidérables & emportent une très-petite portion de la force motrice,
mais il l'eft encore davantage que la quantité des
frottemens demeure toujours la même.

De tous les pivots d'une Montre, ceux du balancier méritent la plus grande attention, parce
que le grand nombre de fes vibrations fait une
très-grande fomme de frottemens, qu'il eft ex-
pofé à de fréquentes fecouffes, & que le poids
en eft plus confidérable, eu égard à la groffeur
de ces pivots, furtout fur le pivot fupérieur; pour
cela on doit faire ce pivot affez court pour pouvoir porter dans le coq fur toute fa longueur ou
à peu près.

XXIV. L'huile eft abfolument néceffaire
par tout où il y a des frottemens, pour empêcher que les métaux ne s'ufent mutuellement,
& lorfque l'huile fe deffeche, fe coagule, ou

s'évapore, la quantité des frottemens & la portion de la force motrice employée à les vaincre,
ne peut manquer de varier beaucoup ; il est donc
important de pouvoir conserver les huiles, &
c'est à quoi M. Sully a remédié par l'usage des
réservoirs d'huile, qui n'étoient autre chose que
de petites échancrures placées à l'extérieur dans
les endroits où les pivots perçoient les platines, & recouvertes d'une plaque de cuivre ou
d'agathe, sur laquelle appuyoient les pivots ; par
ce moyen, toutes les extrémités des pivots na-
geoient dans de petits espaces pleins d'huile, on
en mettoit surtout beaucoup au pivot supérieur
de la fusée qui, comme on l'a vû ci - dessus,
éprouve toujours un frottement plus grand que
celui de la base de la fusée, principalement dans
les Montres à l'Angloise.

XXV. Ce fut en 1715. que M. Sully com-
mença à pratiquer ces réservoirs, creusés en de-
mi-sphères & recouvertes d'un morceau de cuivre, il fut obligé de creuser autour des réservoirs une petite rainure, remplie de cire jaune,
pour empêcher l'huile de s'extravaser ; mais tout
cet embarras devient inutile, pourvû que l'on
observe de tenir les pignons suffisamment éloignés des pivots, afin que l'huile ne quitte point
les pivots, pour aller se loger dans les pignons ;
il suffit alors, comme l'a fort bien observé dans
ce tems-là M. Julien le Roy, de remettre une

goute d'huile à l'extrémité des pivots, elle ne peut manquer d'y refter fixée, par leur feul mouvement; ainfi que l'on voit dans les expériences de Newton, une goute d'eau monter entre deux glaces jufqu'à ce qu'elle foit arrivée à leur point de concours, ou fe fixer au fommet d'un cryftal fur lequel on aura mis une glace qui le touche en un point, cela fuit des loix de l'attraction.

XXVI. On pourroit croire que l'abondance d'huile venant enfin à fe coaguler, doit produire une grande réfiftance dans le mouvement; cependant il eft facile de prouver que toute cette réfiftance n'exige pas une augmentation de $\frac{1}{8}$ dans la force motrice, en effet une augmentation de $\frac{1}{8}$ dans la force du grand reffort, feroit avancer d'une heure par jour une Montre, fuivant les expériences qu'on en a faites : or, on voit fouvent des Montres au bout de dix ans, dont la rofette n'eft pas au dernier point d'avancement, quoiqu'elle ne puiffe jamais faire avancer d'une heure par jour; donc la coagulation des huiles, pendant dix ans, n'a pas produit un retard d'une heure, furquoi il faut obferver que la force du grand reffort peut facilement diminuer dans cet efpace de tems de la valeur d'un douziéme, à peine refte-t-il donc un douziéme de fa force, qui doit être employée à corriger le retard que la coagulation & la réfiftance des huiles a pû produire, de-là on doit conclure que l'huile est toujours nécessaire, & n'est presque jamais nuisible.

XXVII. On fait ordinairement peu d'attention à la force du grand ressort, il y en a dont la force va à plus de deux livres, d'autres à la moitié ; cependant rien de plus nuisible qu'un excès de force superflue, ce seul défaut détruit en peu de tems une montre, qui seroit d'ailleurs très-bonne, on doit donc essayer des ressorts & ne les augmenter que peu à peu, faire aller le barillet avec un poids pour juger de la force qui lui est nécessaire, ou bien diviser le levier par lequel on égale le ressort à la fusée, de façon qu'il indique le poids nécessaire pour résister & faire équilibre au ressort.

Des Montres à secondes.

XXVIII. Pour faire une Montre à secondes excentrique, on peut employer une éguille placée sur la roüe de champ, on peut aussi y mettre un petit cadran mobile, dont les divisions paroissent par une ouverture pratiquée au cadran des heures pour cet effet ; il faut alors que la roüe de champ fasse son tour en une heure. Ce petit cadran donne l'avantage de pouvoir faire porter le pivot de la roüe de champ par un coq.

XXIX. La seconde méthode, dont on voit le dessein (*Fig.* 14.), consiste à mettre un pi-gnon de renvoi I qui engrenne dans la petite roüe

Fig. 14.

roüe moyenne P, & qui faifant fon tour en une minute, peut porter une éguille des fecondes excentriques, c'eft-à-dire qui ne paffera point par le centre du cadran ; la roüe de fufée de 48 dents engrenne dans un pignon de 12, la roüe G de 60 engrenne dans un pignon de 6, la roüe P de 48 conduit deux pignons de 6, un pour la roüe de champ, & un pour l'éguille des fecondes, on évite par là de charger la roüe de champ d'un éguille ou d'un cadran, & de lui donner un pivot trop gros.

XXX. Mais la conftruction la plus parfaite eft celle qui donne les fecondes par le centre, fans trop augmenter les frottemens ; tel eft le calibre (*Fig.* 52.), & le profil (*Fig.* 53.) dans lefquels le pignon *a* de la roüe d'échapement même conduit une roüe S, qui porte l'éguille des fecondes au centre, cette conftruction fupofe plufieurs attentions.

Fig. 52. 53.

1°. La roüe de longue tige G, qui fait un tour par heure avec fon pignon D E de 12, porte un canon F de même piece, qui eft chauffé à frottement dur fur une tige H K ; à l'extrémité de cette tige on peut rapporter un quarré K, fixé avec une goupille pour porter l'éguille des minutes.

2°. Cette tige eft d'une feule piece avec le pignon *b* de cadrature, auffi de 12.

3°. Ce pignon de 12, comme dans la cadrature ordinaire, engrenne dans la roüe de renvoi L

F

de 36, celle-ci porte un pignon Z de 10, qui engrenne dans la roüe de cadran T de 40, qui porte l'éguille des heures, & qui eſt ſur un canon porté par un pont V X à l'ordinaire.

4°. Le pignon *a* de la roüe d'échapement engrenne, comme on l'a dit, dans la roüe S des ſecondes, qui tourne ſur la tige H K; qui eſt très-mince, & oppoſe très-peu de frottement.

5°. Le calibre doit être tel qu'on le voit (*Fig.* 52.), c'eſt ſurtout le plus propre pour l'échapement nouveau, dont on parlera plus bas; la roüe de longue tige eſt noyée dans la platine, la petite roüe moyenne immédiatement deſſus, & la roüe C, qui tient lieu de la roüe de champ ſe met du côté de la platine du deſſus; par cette diſpoſition on acquiert une eſpace pour la manivelle de l'échapement.

Dans une Montre dont l'échapement ſeroit à roüe de rencontre, la roüe qui conduit celle des ſecondes ſeroit conduite par la roüe de champ.

CHAPITRE IV.

Remarques sur le choix des Montres.

I. IL est impossible de juger exactement de la bonté d'une Montre à la premiere vûe & sans la démonter, il n'y a même en général que les habiles Maîtres qui puissent s'en assurer, en l'examinant avec toute leur attention. Cette difficulté de discerner les bons ouvrages des médiocres, ou des mauvais, est la cause des abus & des fraudes auxquelles est exposée la crédulité du public, il est même peu de personnes auxquelles on puisse s'en rapporter en toute sûreté; parce que la nécessité de subsister oblige souvent les plus habiles à se relâcher, & ceux qui le sont moins à y suppléer, par ce qui s'appelle mal-à-propos de l'adresse.

II. L'abus le plus criant est surtout le mensonge des ouvriers obscurs, qui mettent sur leurs ouvrages le nom des Maîtres les plus connus; que ne pouvons nous espérer de voir bien-tôt le public en état de se garantir de l'erreur, de connoître le mérite de ceux-ci, & de punir, par son mépris, la témérité des premiers.

III. Nous suivrons bien-tôt en détail les perfections de chaque partie d'une Montre, mais

pour à préfent nous nous réduirons, comme M.
Sully, à des remarques, qui, quoique générales,
peuvent devenir très-utiles.

C'eft un fort préjugé contre un ouvrage, lorfqu'un Maître qui y a mis fon nom, le donne à
bas prix, parce que les excellens ouvriers ne
fçauroient travailler pour ceux qui ne payent
point leur travail; on en doit juger de même des
Montres que l'on donne à bas prix, quoiqu'elles
portent le nom d'un Artifte renommé.

IV. Une Montre chargée de nouveautés bi-
farres, qui ne fervent qu'à amufer, & qui n'ont
aucune valeur réelle, peut auffi devenir fufpec-
te; l'envie de fingularifer par des objets de cette
nature, dénote l'impoffibilité de fe diftinguer
par la bonté du travail; telles font, par exemple,
des Montres où l'on voit le Soleil fe lever & fe
coucher tous les jours à la même heure, celles
où les heures paroiffent par des fautoirs au-deffous du cadran à travers un petit trou, celles où
l'on fait paroître le balancier au-dehors, celles
dans lefquelles on cache des portraits, ou celles
enfin, que l'on a vû l'année derniere, fous le
nom de M. Caron, fe répandre au détriment de
la bonne Horlogerie, dans lefquelles il fupri-
moit la fufée, partie effentielle à la régularité
d'une Montre, en noyant une roüe dans la platine, & les autres roües dans la cadrature, pour
leur donner l'apparence fauffe de Montres à une

roüe. Si l'on obferve que dans les Montres les
mieux faites, & où les jours font diftribués avec
toute l'exactitude poffible, il arrive prefque toujours des frottemens du balancier avec le coq ou
la couliffe, du barillet avec la roüe de fufée, ou
avec la platine du nom, de la grande roüe
moyenne avec la platine des piliers; que ne
doit-il pas arriver dans celle-ci, où les trois
roües font refferrées & réduites à un fi petit efpace; ajoûtons à cela que tout le frottement fe
fait fur un des pivots, ce qui agrandira un des
trous confidérablement & fera pancher la roüe;
de plus, les roües n'ayant point de tigeron ni
de gorge pour arrêter l'huile, elle fe repand fur
les roües & y fait une colle. Tous les défauts que
je viens de citer, font encore plus grands dans
les Montres en bague.

V. Pour bien diftinguer la bonté d'une Montre, il faut l'effayer pendant quelques femaines,
& voir, en la comparant à une Pendule ou à un
Cadran folaire, fi elle avance ou fi elle retarde
tous les jours régulièrement, c'eft-à-dire de la
même quantité, c'eft là ce qui prouvera la régularité & la bonté d'une Montre, quand même
elle ne feroit pas réglée, c'eft-à-dire qu'elle
avanceroit ou retarderoit confidérablement chaque jour.

VI. Mais quand la Montre marcheroit avec
une régularité parfaite pendant quelques femai-

F iij

nes, peut-être quelques mois, il ne s'enfuivroit
pas abfolument que la Montre fût excellente, à
moins que par la bonté de fa conftruction, elle
ne fût capable de continuer toujours de même.
En effet, on voit des Montres de la plus mauvaife conftruction, dont les frottemens feront
inégaux, les dentures irrégulieres, les pivots mal
faits, aller affez bien tant que les huiles font encore fluides, que les trous & les engrenages
n'ont rien perdu ; mais outre que ce hazard favorable eft affez peu ordinaire, il ne fçauroit durer
long-tems, & les mauvaifes Montres font réduites en peu de tems à n'être plus d'aucun ufage.

VII. Une expérience journaliere nous appre~d·
qu'on ne doit faire prefque aucun fond fur ce que
les particuliers rapportent, de la bonté ou de la
défectuofité de leurs Montres.

Quelqu'un dira, par exemple, que fa Montre
eft parfaitement jufte, fans fçavoir en quoi confifte la juftefle, puifque ce n'eft point, comme
il le croira, avec le Soleil, ni avec les Horloges ordinaires, que l'on peut faire cette comparaifon ; un autre dira que fa Montre fuit pendant
des mois entiers, peut-être pendant une année,
le mouvement du Soleil, ignorant que cela feul
feroit une preuve de la défectuofité d'une Horloge, puifque le Soleil s'écarte de l'égalité d'un
mouvement uniforme de plus d'un quart d'heure, en avancement & en retard.

On en a vû nous dire, que dans des voyages
de Straſbourg, par exemple, à Breſt, une Montre s'étoit trouvée par tout d'accord avec les
Horloges, quoiqu'il y ait près d'une heure pour
la différence des Méridiens de ces deux Villes,
de maniere qu'il eſt midi à Straſbourg, lorſqu'il
n'eſt à Breſt qu'onze heures & onze minutes; par
conféquent une Montre miſe à l'heure dans la
premiere de ces deux Villes, & tranſportée dans
l'autre, y paroîtra avancer de près d'une heure ſi
elle a bien été.

Tout ceci ſoit dit en paſſant, pour montrer
combien on eſt ſujet à s'abuſer ſoi-même, lorſqu'on veut examiner une Montre ſans avoir les
connoiſſances néceſſaires.

VIII. On doit commencer par comprendre
exactement la différence qu'il y a dans une Montre, entre ce qui s'appelle *aller réguliérement*, ou
ſuivre toujours la marche d'une Pendule réglée:
une Montre qui ſuivroit exactement le moyen
mouvement du Soleil, ſans s'écarter jamais de
l'heure qu'elle doit marquer ne ſeroit pas plus
réguliere, que celle qui avanceroit ou retarderoit d'une heure tous les jours; mais ſi cette accélération ou ce retardement ſont tous les jours
les mêmes, la montre eſt réguliere, il ne s'agit
que de relâcher ou de tendre le reſſort ſpiral, de
la quantité qui répond à une heure, & enſuite
de la mettre une fois ſur l'heure qu'elle doit marquer.

On ne pourroit donc rien conclure contre la bonté d'une Montre, de ce qu'elle avanceroit ou retarderoit, même confidérablement, de ce qu'elle ne fuivroit point le Soleil ou la Pendule, & ne marqueroit jamais l'heure qu'il eſt.

Si l'on compare une Montre à des Horloges publiques, qui font ordinairement conduites aſ-fez mal, fi l'on ignore le moyen de l'avancer ou de la retarder, comme les meilleures Montres l'exigent de tems en tems, fi on la laiſſe aller long-tems fans la remettre à l'heure fur le So-leil, on pourra croire facilement qu'une Montre va mal, quoiqu'elle foit excellente, & qu'elle aille très-bien.

IX. Nous avons parlé plus haut des inégalités auxquelles eſt fujette une mauvaiſe Montre, foit par rapport à la fuſée, foit par rapport aux dif-férentes fituations dans lefquelles elle peut fe trouver ; il arrivera peut-être fouvent que par une compenſation ou combinaiſon heureuſe de ces différentes variations, une Montre qui va fort inégalement paroiſſe quelquefois fort réguliere, furtout fi on vient à la comparer à ces groſſes Horloges, dont les inégalités peuvent s'accor-der par hazard à celles de la Montre, de maniere à les faire trouver d'accord, quoique l'une & l'autre aillent fort mal ; au reſte, il dépend beau-coup de l'idée d'un chacun de combler d'éloges ou de blâmer la marche d'une Montre, puiſque

les

les uns y exigeront une précision d'une minute,
tandis que les autres ne feront pas attention à
des variations d'un quart d'heure.

X. Pour juger d'une Montre en peu de jours,
autant que cela est possible, il faut l'essayer dans
tous les sens ; on commencera par la suspendre
pendant 28 ou 30 heures à côté d'une Pendule,
en la comparant de 4 en 4 heures, pour voir de
combien elle avance ou retarde ; si elle va toujours également, c'est-à-dire qu'ayant avancé,
par exemple, au bout de 4 heures de 2 minutes,
elle avance de 4 minutes après les 8 heures, & de
12 minutes en un jour, c'est une marque que
la fusée est bien faite, si cette proportion n'y est
pas, on peut juger en général que la Montre est
mal faite ; il pourroit arriver cependant qu'un
ouvrier négligent, & qui auroit eu entre les
mains une Montre, d'ailleurs assez bonne, y eût
occasionné ce défaut, en ne mettant pas le resfort précisément à la même hauteur, ou au même degré de bande où il étoit lorsque la Montre
a été faite ; pour diminuer l'effet de ces inégalités, il faut, autant qu'il est possible, remonter
une Montre tous les jours à la même heure.

XI. Après cette première épreuve, on remettra de nouveau la Montre en comparaison
avec la Pendule, pendant 30 heures, mais sur
une table, en observant encore de 4 en 4 heures de combien elle pourra s'en éloigner ; si les

G

variations font les mêmes que dans le premier cas, & qu'au bout de 30 heures elle ait avancé ou retardé autant que la premiere fois, ou à une minute près, on a un préjugé très-fort pour la bonté de la Montre.

Si, au contraire, on trouvoit 5 ou 6 minutes de plus ou de moins que dans les 30 premieres heures, c'est un mauvais préjugé, furtout dans une Montre neuve; bien des ouvriers ne fçavent guéres les caufes de cette imperfection.

XII. Il feroit encore utile d'éprouver enfuite pendant un jour la Montre, en la mettant fur la table, mais renverfée fur fon cryftal, & un autre jour en la portant fur foi; fi fon avancement ou fon retardement journalier continue à être de la même quantité, on aura mis une Montre à toutes les épreuves par lefquelles on peut juger de fa bonté.

Pour être à l'abri de ces fortes d'irrégularités, lorfqu'on a une Montre médiocrement bonne, on doit obferver de la tenir toujours dans la même fituation, c'est-à-dire à la poche pendant le jour, & fufpendue pendant la nuit.

XIII. Enfin, l'on fçait qu'il y a dans toutes les grandes Villes, un certain nombre de Maîtres habiles, auxquels on peut s'en rapporter en toute fûreté; leur probité & leur réputation font les meilleures affûrances que puiffent fe procurer ceux qui craignent d'être trompés; fi l'on négli-

ge ce fecours, on ne fçauroit tirer un grand avantage de toutes les regles que nous venons de
donner. Lorfqu'on a une bonne Montre, il eft
important de ne la pas confier à des ouvriers né-
gligens ou mal adroits.

En général, l'art de bien raccommoder les
Montres eft auffi important que celui de les bien
faire, & l'on gagneroit fouvent plus à envoyer
fa Montre dans une Capitale, fi elle a befoin de
quelque réparation, qu'à la confier à des ouvriers qui, peut-être, feroient incapables de faire bien aller une mauvaife Montre, & très-pro-
pres à en gâter une bonne, ou du moins à la faire
aller mal.

Au refte, nous avons dit déja que lors même
qu'une Montre va mal, il n'eft pas impoffible que
ce foit une bonne Montre, c'eft-à-dire une Montre bien conftruite, dont les matériaux font bien
choifis, les parties bien difpofées & proportion-
nées avec jugement & adreffe ; on verra ci-après
le détail des perfections néceffaires à une bonne
Montre : mais ce que l'on peut appeller une
Montre véritablement bonne, eft un ouvrage
auffi rare que curieux. Combien d'Artiftes qui fe
glorifient de donner à leurs ouvrages le dernier
degré de perfection, mais qui, faute d'application, d'expérience, d'occafions, en font véritablement incapables ! je l'ai toujours vû avec dou-
leur, & je ne l'avoue qu'avec regret.

G ij

CHAPITRE V.

Maniere de faire avancer ou retarder une Montre,
par le moyen du ressort spiral.

I. NOus avons dit, ci-dessus, qu'on ne
devroit point se plaindre d'une Montre,
quand même elle avanceroit ou retarderoit d'u-
ne heure par jour, pourvû que cet avancement,
ou ce retard fussent constans & réguliers ; lorsque cela arrive, on y remédie avec la derniere
facilité par la méthode suivante.

Planch. II.　　On voit sur la platine intérieure (*Fig.* 24.),
Fig. 24.　　en ouvrant une Montre, deux pieces, l'une do-
rée & percée à jour, qui est le *coq* A B, l'autre,
argentée, qui est la *rosette* P.

I I. Le coq sert à recevoir l'un des pivots du
Fig. 31.　　balancier de la Montre, qui est représenté (*Fig.*
Fig. 27.　　31.), l'on y voit le petit ressort (*Fig.* 27.)
qui, en se contractant & se dilatant à chaque
vibration du balancier, sert de régulateur à la
Montre, & modere les vibrations du balancier.

I I I. Ce ressort fut imaginé en 1674, par M.
Hughens, & exécuté par M. Turet, habile Horloger de ce tems-là ; M. Hook, en Angleterre,
& l'Abbé de *Hautefeuille*, à Paris, prétendirent

auſſi chacun en avoir été l'inventeur ; c'eſt ce qui a fait dire dans un Mémoire publié en 1751, ſous le nom de M. *Andrieu*, Avocat de la Communauté des Horlogers de Paris, contre M. *Rivaz*, que l'Abbé de Hautefeuille en étoit l'inventeur, & M. Hughens le plagiaire ; & cela ſous prétexte de ce que le premier y avoit appliqué, dit-on, à peu près dans le même tems un reſſort ordinaire. Le fameux Leibnitz, dont le nom ſeul eſt un éloge, dans ſes remarques ſur M. Sully, (regle art. du tems p. 187) nous dit préciſément qu'il étoit alors à Paris, & que l'Abbé de Hautefeuille, qui fit un Procès à M. Hughens, fut débouté de ſes demandes.

Au reſte, les connoiſſances & le génie ſupérieur de ce grand homme, le doivent mettre au-deſſus de pareilles imputations qui, d'ailleurs, n'ont été fabriquées que par des perſonnes qui avoient intérêt dans ce tems-là, à décrier l'Académie & tous les Savans, qui en ont fait partie depuis ſon origine, mais qui ſe ſont trouvées réduites depuis à déſavouer leur ouvrage.

LV. La roüe Q, que l'on voit (*Fig.* 27. & Fig. 27.28. 28.), ſert à faire mouvoir un rateau (*Fig.* 27.) Fig. 27. qui porte une rainure R, pour recevoir le ſpiral & le contenir de maniere, que ſes vibrations, qui commencent au centre, c'eſt-à-dire proche de la verge du balancier, finiſſent en R, au lieu de s'étendre juſqu'au piton S, auquel eſt fixée

l'extrémité du spiral : par ce moyen, le spiral
étant raccourci, ses vibrations deviennent plus
promptes, & plus fréquentes, par conséquent
la Montre doit avancer.

V. La quantité dont les vibrations s'accéle-
rent par ce moyen, peut être extrêmement petite, on peut, par exemple, ne tourner la rosette que d'une quantité propre à faire retarder
la Montre d'une minute seulement par jour,
c'est-à-dire à augmenter la durée de chaque vibration de $\frac{1}{1440}$ ou $\frac{4}{388800}$ minute, cette
énorme sous-division ne se comprend qu'à pei-
ne, mais elle n'en est pas moins réelle : car enfin, on sent assez que pour faire retarder une
Montre d'une heure par jour, ou de la vingt-
quatriéme partie, il faudroit que chaque vibration durât un vingt-quatriéme de plus qu'elle
ne duroit auparavant; or, comme il y a 1440
minutes dans un jour, ou 388800 vibrations
d'une Montre ordinaire, c'est-à-dire 270 par
minute, il s'ensuit que retardant une Montre d'u-
ne minute par jour, on n'aura changé la durée
de chaque vibration que de la 388800ᵉ partie
d'une minute.

Cette extrême subtilité de division est semblable à celle des cordes tendues qui rendent
un ton plus aigu pour peu qu'elles augmentent
de tension, mais qui, sans cela, rendent toujours aussi le même son, de même qu'un ressort

fait toujours à peu près un même nombre de vibrations dans le même espace de tems, quand
même on changeroit un peu la grandeur de ces
mêmes vibrations.

VI. La rosette ou petite plaque d'argent P
(*Fig.* 24.), est quelquefois divisée par des chiffres que l'on y met à volonté, & qui ne servent
qu'à reconnoître de quel côté on doit tourner
l'éguille, & à quel endroit elle correspond ;
mais dans les Montres Angloises où la rosette,
c'est-à-dire le cadran lui-même est mobile, on
voit à la place de cette éguille quelque marque dans la gravûre, qui est autour de la rosette, comme une flêche, un serpent, un oiseau,
auquel on compare les chiffres de la rosette.
Cette éguille ou cette flêche doivent se trouver en général à égale distance du premier & du
dernier chiffre, de sorte que s'il y a 1, 2, 3, 4,
5, 6, 7, l'indice réponde environ à 4, quand
la Montre sort des mains de l'ouvrier ; le mouvement vers P, sert à faire avancer la Montre, (on
y met souvent le mot *avance*) & le mouvement
en-dedans ou vers la gauche, sert à faire retarder ; ou, ce qui revient au même, il faut tourner, ou la rosette, ou l'éguille, ensorte que l'indice, soit éguille, soit flêche, aille selon l'ordre des nombres, ou du plus petit au plus grand,
pour faire avancer la Montre, & contre l'ordre
pour la faire retarder.

Fig. 24.

VII. Quoique les rosettes à la Françoise, & qui sont fixées, soient plus commodes, les coulisses à l'Angloise peuvent avoir un avantage, en ce que la roüe pouvant être fort petite, le mouvement sera très-sensible sur la rosette, & beaucoup moins sur le rateau.

VIII. La distance d'un chiffre à un autre, répond dans différentes Montres à des quantités différentes, de sorte qu'on ne peut dire de quelle quantité on doit tourner la rosette pour faire avancer ou retarder la Montre d'une quantité donnée.

Mais il est facile à un chacun de trouver, par expérience, de combien il faut mouvoir la rosette pour produire, par exemple, un avancement ou retard d'un quart d'heure ; je suppose, en effet, qu'un jour on ait vû que la Montre retardoit de 5 minutes par jour, on tournera de dedans au dehors l'éguille de rosette, en la faisant avancer exactement d'une division, le lendemain si on voit que la Montre ait avancé de 10 minutes, c'est marque qu'une division ou l'intervalle d'un chiffre à un autre sur la rosette produit 15 minutes de différence, on sçaura donc toujours de combien il faut la faire mouvoir pour produire tel effet que l'on jugera à propos, comme de 9, de 10 minutes, &c.

IX. Il faut cependant remarquer que dans de méchantes Montres, comme il s'en trouve un si

grand

grand nombre, la coulisse peut être mal faite;
l'engrenage de la roüe de rosette avec le rateau
étant imparfait, ne produira pas l'effet qu'on en
attend; il y en a dont la plaque n'a point de chiffres, ou dont les chiffres sont marqués à contre-
sens, mais on s'en appercevra & on y supléra facilement par l'expérience que nous venons d'indiquer, & ces défauts sont aujourd'hui assez rares.

X. Il ne sera pas inutile de remarquer qu'on
est ordinairement dans l'erreur, en croyant que
lorsqu'on veut remettre une Montre à l'heure, il
est dangereux de tourner les éguilles en arriere,
de façon qu'il vaudroit mieux, suivant le préjugé, leur faire faire onze tours dans le sens ordinaire qu'un tour dans l'autre sens; mais il arrivera peut-être, au contraire, qu'à force de tourner l'éguille dans le même sens, elle tournera
si facilement, que le roüage continuant sa marche ordinaire, l'éguille pourra rester en arriere.

XI. Ce doit donc être une régle générale,
dans les Montres ordinaires, de tourner toujours
les éguilles du côté où elles ont le moins de
chemin à faire, pour aller à l'heure où elles doivent être mises, dans quel sens que ce soit, à
moins qu'on ne sentit une résistance forte en les
reculant, comme il arrive dans quelques Montres à sonnerie, à cause de la détente, qui néant-
moins le plus souvent est brisée, pour permettre
le mouvement en arriere.

H

CHAPITRE VI.

*Comparaison des Horloges & des Montres, de leur
construction, & de leur exactitude.*

I. **D**ANS les tems les plus reculés, nous
voyons que les Bergers de la Chaldée,
en observant les mouvemens célestes, divisoient
chaque révolution en parties égales, par l'écoulement de l'eau qu'ils renfermoient dans des va-
fes, divisés suivant leur hauteur; l'usage des fa-
bliers, ou celui des cadrans solaires, qui fuccé-
derent dans des tems plus éclairés, n'étoit guére
plus commode ou plus exact; les roües dentées
font le plus fûr moyen de fe procurer un mouvement toujours égal, auffi nous ne parlons ici
que des Horloges faites avec des roües.

II. Nous avons dit qu'il y avoit deux fortes de
puiffances motrices, les poids ou les refforts, il
y a auffi deux fortes de puiffances réglantes, le
balancier & le pendule.

Planch. II.
Fig. 31.
Le balancier, comme on l'a vû (*Fig.* 31.),
eft un cercle de cuivre ou d'acier, que l'on applique aux Montres, & que l'on voit auffi dans
les anciennes Horloges; quoique le balancier
foit deftiné à faire des vibrations alternatives
toujours égales, il va cependant plus vîte lorf-

que la force du roüage augmente, de maniere
que toutes les inégalités de la force motrice y
deviennent fenfibles.

III. Le pendule, au contraire, n'eft point
fujet à cet inconvénient, & une petite augmentation dans la force motrice, ou dans la grandeur des arcs qu'il décrit, ne change ni la durée
ni l'égalité des vibrations. On fait le pendule de
5 ou 6 pouces, quelquefois on le fait de 9 pouces 2 lignes, pour qu'il batte les demi-fecondes,
c'eft-à-dire que l'allée & le retour fe faffent tous
deux dans l'intervalle d'une feconde, ou 60 fois
dans une minute; on en fait furtout de 36 pou-
ces 8 lignes & $\frac{17}{100}$, ou $\frac{4}{7}$, longueur néceffaire pour que chaque battement fe faffe en une
feconde, c'eft-à-dire que l'allée & le retour fe
faffent en deux fecondes.

IV. Pour pouvoir donner au balancier des
Montres une partie de la jufteffe que le pendule procure aux autres efpeces d'Horloges,
M. Hughens, de l'Académie des Sciences de
Paris, imagina, comme on l'a dit, le petit reffort
fpiral, que l'on voit (*Fig.* 27. & 28.), qui eft Fig. 27, 28.
tendu à chaque vibration par le balancier, &
qui fert à le ramener pour former la vibration
fuivante; le balancier doit être pefant pour
mieux régler les vibrations, & affez petit pour
ne pas exiger un fpiral trop fort.

Malgré cela, la nature de la conftruction d'une Montre est telle, que quelque parfaite qu'elle puisse être, quelque soin & quelque adresse qu'on ait employé à la construire & à la régler, il est comme impossible que son mouvement dure long-tems avec le même degré de justesse.

Les Horloges à pendule ne sont pas elles-mêmes exemptes d'irrégularités ; nous en avons parlé dans le Chapitre II. mais si l'on peut s'assurer d'une Pendule bien faite, & qui aura été bien réglée, jusqu'à répondre qu'elle ne variera pas d'une minute en une année, on ne sçauroit répondre par rapport à la meilleure Montre de poche, qu'elle ne variera pas d'une minute par jour.

V. En effet, le poids dans une Pendule a une force constante & invariable, au lieu que le ressort, qui est la force motrice dans une Montre, peut varier par plusieurs causes qu'on ne sçauroit apprécier ni prévoir exactement.

VI. Le poids d'une Pendule agit sur un cylindre ou sur une poulie ; sur laquelle il y a des petites pointes pour empêcher la corde de glisser, & dont la construction est très-facile, au lieu que le ressort d'une Montre agit sur la fusée *Figures 40. 49. 50.* (*Fig.* 40. 49. 50.), qui doit être telle que son diametre ou son épaisseur en bas augmente en même proportion, que diminue la force du ressort qui se dévelope, afin que le ressort, qui agit sur un plus grand diametre, agisse avec plus d'a-

vantage, & puisse produire le même effet avec le
peu de force qui lui reste.

Cet artifice est indispensable dans l'échapement à roüe de rencontre, qui, par sa nature, ne
peut apporter aucune correction aux inégalités
de la force motrice, de sorte que les Montres
où il se trouve, (& c'est encore le plus grand
nombre) doivent avancer pour peu que la force
motrice vienne à augmenter, aussi voyons-nous
communément les bonnes Montres retarder peu
à peu, parce que le grand ressort s'affoiblit avec
le tems, & que les frottemens augmentent dans
toutes les parties, par la perte de leur poli, &
par la coagulation des huiles, surtout si le ressort
n'est pas excessivement fort, si les pivots sont un
peu trop gros, & que d'ailleurs le cuivre soit
bien forgé, les palettes dures, le balancier pésant.

VII. Le ressort est enfermé dans une espece
de tambour, ou de barillet B (*Fig.* 3. 33. 35.), Figures 3. 33. 35.
auquel la chaîne est attachée par un bout, tandis
que l'autre bout est attaché à la fusée; lorsqu'on
vient de monter une Montre, la chaîne est toute
entiere roulée sur la fusée, le ressort qui est tendu, & qui agit avec toute sa force pour faire tourner le barillet, dévuide la fusée, &, par ce moyen,
fait mouvoir le roüage.

VIII. Il est rare de trouver le ressort égal à
la fusée, c'est-à-dire tel que la fusée augmente
H iij

exactement dans la même proportion que la force
du reſſort diminue ; cette égalité ſe perd même
par le relâchement du reſſort, auſſi preſque toutes les Montres péchent à cet égard.

Il arrive même ſouvent que les différens tours
de la fuſée, étant plus ou moins gros qu'ils ne
doivent être, la Montre avancera pendant quelques tems, retardera enſuite, & cela tous les
jours, mais à différentes heures, ſi on néglige de
la monter à la même heure ; enfin, il arrivera
auſſi que le grand reſſort venant à ſe caſſer, la
fuſée ne ſera plus proportionnée au nouveau reſſort qu'on y mettra, ou ſi on entreprend de l'y
remettre on ſera obligé de gâter peut - être en-
tiérement la fuſée.

I X. Le roüage d'une Pendule eſt beaucoup
plus ſuſceptible de perfection que celui d'une
Montre, il eſt plus facile de travailler les pieces
de la premiere avec exactitude, qu'il ne l'eſt
de former les parties pour ainſi dire inſenſibles
d'une petite Montre, pour leur donner le même
degré de préciſion.

X. Quand au régulateur, celui des Montres
eſt, par ſa nature, ſujet à des irrégularités qu'on
ne rencontre point dans les Pendules : nous avons
dit plus haut que le balancier d'une Montre ne
pouvoit manquer d'aller plus vîte, pour peu que
la force du roüage devînt plus grande, la réſiſtance de l'air plus petite, & le reſſort ſpiral plus

ou moins refferré, au lieu que le pendule chargé d'une lentille pefante, & décrivant de très-
petits arcs, ne peut manquer d'être toujours *ifo-*
chrone, c'eft-à-dire de faire des ofcillations qui
ayent exactement la même durée ; on peut dou-
bler le poids d'une bonne Pendule, qui auroit
un échapement à repos bien fait, fans qu'elle
avance pour cela d'une feconde par jour, au lieu
qu'une Montre à roüe de rencontre, à laquelle
on appliqueroit une force double de celle de fon
grand reffort, pourroit avancer de fix heures par
jour & même davantage.

X I. Les différentes fituations d'une Montre
produifent auffi des inégalités dans fon mouvement ; par exemple, une Montre, en général,
allant bien lorfqu'elle eft fufpendue ; avancera
fi on la met fur une table, parce que tous les pivots font plus libres, ne portant que fur leurs
pointes, & éprouvant par conféquent un frottement beaucoup moindre, le balancier pourra
faire des vibrations plus promptes & plus fré-
quentes, la Montre devra donc avancer.

Il arrivera donc quelquefois que fi pendant la
nuit on oublie fa Montre fur une table, elle aura
avancé d'un quart d'heure plus qu'elle n'avoit
coutume, au lieu que le défaut n'eft prefque pas
fenfible dans les bonnes Montres.

X I I. Une des caufes de cette variation, arrive
lorfque le balancier ne fe trouve pas parfaitement

en équilibre; car la partie la plus péfante faifant
toujours effort pour defcendre, lorfque la Montre eft fufpendue elle ira plus lentement, fi la
partie fupérieure fe trouve la plus péfante, &
elle ira plus vîte fi c'eft la partie inférieure qui
vienne à l'emporter.

X I I I. La feconde caufe fera la longueur des
pivots du balancier, la profondeur de leurs trous,
comme nous venons de le dire, laquelle occa-
fionne un plus grand frottement dans certaines
fituations : or, un plus grand frottement eft plus
fujet au changement qu'un moindre, de-là la
caufe des variétés.

X I V. La troifiéme caufe, vient de ce que
l'axe du balancier qui devient horifontal ou vertical, lorfque la Montre eft fufpendue ou mife à
plat, engrenne plus ou moins dans les dents de
Fig. 13·34. la roüe de rencontre, comme on le voit (*Fig.*
13. *&* 34.), parce que les pivots ayant néceffairement un peu de jeu dans leurs trous, fur-
tout après avoir fervi long-tems, ils s'écartent
tant foit peu à droite ou à gauche, fuivant la fituation de la Montre; & comme les arcs du balancier deviennent plus grands lorfque les palettes engrennent davantage, elle retardera pour
lors, ce qui arrive quand la Montre eft fufpendue; on en doit dire de même de la roüe de rencontre, qui n'appuye que fur le bout d'un de
fes pivots, lorfque la Montre eft fufpendue
(Fig.

(*Fig.* 1. & 14.) au lieu qu'elle éprouve le frot-Fig. 1. 14.
tement des deux pivots lorfque la Montre eft à
plat, ce qui diminue fa facilité au mouvement,
& la grandeur des arcs du balancier.

XV. L'engrénage de la roüe de champ eft de
même nature que celui-ci ; le pignon de la roüe
de rencontre engrenne moins pour peu qu'il ait de
jeu, & s'écarte de la roüe de champ, lorfque la
Montre eft à plat, de même que cette roüe cherche à s'écarter du pignon lorfque la Montre fera
couchée fur fon cadran, le reffort agiffant pour
lors beaucoup moins, la Montre pourra avancer
confidérablement.

XVI. Les autres roües de la Montre ne feront pas fujettes à cet inconvénient, parce que
l'effort qu'elles font chacune fur le pignon qu'elles doivent conduire, étant toujours déterminé
vers un même côté, ne leur permet pas de ceder
à leur péfanteur.

XVII. La force du balancier n'eft pas à négli-
ger ; plus la circonférence en eft péfante & le
milieu léger, plus la Montre retardera en général ; dailleurs, il arrivera fouvent à un balancier
péfant, que l'un des pivots vienne à s'enfoncer
plus que l'autre dans certaines fituations ; cela
n'empêche pas que les balanciers petits & péfans
ne foient avantageux fur - tout avec un échappement à repos. Le reffort fpiral doit être fort mince afin qu'il ne puiffe jamais faire effort pour le

ver le balancier ou pour l'abaisser, ce qui rendroit le frottement des pivots différent suivant les différentes positions.

XVIII. La péfanteur de l'air varie considérablement d'un jour à un autre, la différence eſt quelquefois d'un douziéme; ſa denſité varie auſſi; lorſque l'air eſt plus péfant il oppoſe une plus grande réſiſtance aux Pendules & aux balanciers, mais la Montre en ſera beaucoup plus affectée que la Pendule, ſoit parce que le balancier d'une Montre va beaucoup plus-vîte, ſoit parce que ſa ſurface eſt plus grande, eu égard à ſa péfantéur, & que l'air a par conſéquent plus de priſe & plus davantage pour diminuer ſon mouvement.

XIX. On ne parlera pas davantage des frottemens & des irrégularités qui en proviennent, elles ne ſont pas ſujettes à des loix aſſez conſtantes, non plus que celles qui dérivent de l'uſure plus ou moins grande des différentes parties, ſuivant que leur ſituation ou leur uſage les y expoſent plus ou moins.

CHAPITRE VII.

Examen de toutes les parties d'une Montre, avec un détail de toutes les attentions nécessaires pour repasser ou finir un mouvement, & pour le réparer.

I. MONSIEUR Gaudron, célebre Horloger de Paris, a été le premier qui soit entré dans tous les détails nécessaires à celui qui veut examiner ou finir une Montre avec le dernier soin, ou la remettre dans un état de perfection, lorsque par la négligence du finisseur, ou par un long espace de tems elle est devenue moins parfaite; nous allons suivre la plus grande partie de ses remarques imprimées en 1741. dans le Traité d'Horlogerie de M. Thiout, en y faisant les additions & changemens convenables.

II. L'art de racommoder les Montres, est aussi essentiel que celui de les finir ; c'est pourquoi nous les mettons ici de pair : comme les Horlogers les plus habiles ont besoin de tous les détails dans lesquels ils doivent entrer pour ne rien laisser à désirer dans leurs ouvrages, on ne sauroit les leur mettre trop ou trop souvent devant les yeux, & nous avons crû faire plaisir aux finisseurs en particulier, & à tous les Horlogers en général, en leur rappellant toutes ces pe-

tites attentions qui font à la fois fi utiles & fi faciles à oublier. Nous croyons même que les particuliers trouveront leur avantage & leur fatisfac-
tion à connoître par eux-mêmes, d'un côté toute l'importance qu'il y a à ne confier leurs Montres qu'à des Artiftes qui foient en état de fuivre
tous ces détails, de l'autre toute la peine & le
tems qu'exige un examen auffi fcrupuleux que
celui dans lequel nous allons entrer.

III. Il faut qu'une Montre foit montée & toutes les pieces en place pour pouvoir en bien juger, pourvû d'ailleurs qu'elle foit nette, & que
les pivots ne foient point gênés dans leurs mouvemens par quelques corps étrangers; il feroit
donc utile de remonter une Montre lorfqu'elle
eft nétoyée, pour examiner en place toutes les
pieces.

IV. La premiere obfervation qui fe préfente,
concerne l'extérieur de la Boëte; on verra fi le
criftal ne touche point au cadran, de maniere
qu'il puiffe le faire éclater ou empêcher de fermer
la lunette; on examinera fi la charniere ne branle
point, fi le reffort du cadran enclique bien, s'il
n'ufe point le bord de la boëte, s'il entre affez
avant pour bien tenir, fi le mouvement ne balot-
te point en hauteur ou en largeur, fi le trou par
lequel on tire le reffort du cadran n'eft point trop
court, ou fi étant trop près du bord, le bec du
reffort ne va point toucher au criftal.

V. Paſſant enſuite aux éguilles, on obſervera que les éguilles doivent être aſſez éloignées entre elles pour ne point ſe gêner mutuellement, qu'elles doivent être ben fixiées, que l'éguille des minutes doit être fixe ſur ſon quarré ſans aucune vacillation, tourner paralellement au cadran, & n'en approcher pas plus dans un point que dans l'autre; on doit prendre garde qu'elle ne touche point au criſtal, qu'elle ne s'accroche point au bec du reſſort de cadran, ſoit lorſqu'il eſt reculé en arriere, ſoit lorſqu'il eſt fermé, que l'éguille des heures ne frotte point ſur le cadran, que ſon extrémité ne touche point au quarré de la fuſée qui ſouvent excede le cadran, qu'elle tourne ſur ſon canon également.

VI. Si la chauſſée des minutes n'eſt pas bien ajuſtée, il faut y remédier avant que de remonter la piece, parce qu'il arrive ſouvent que l'on force une dent de la roüe en le faiſant enſuite.

Pour cet effet l'on dégagera avec une lime à entrer, la chauſſée des minutes, l'on conſervera ſeulement les deux extrémités ſur leſquelles le canon des heures doit rouler, & vers le milieu à proportion que la chauſſée ſera longue, on la limera des deux côtés juſqu'au vuide; enſuite on reſſerrera un peu le milieu avec un coup de marteau, par là la chauſſée tournera également & avec douceur.

La roüe de cadran doit être libre & être rete-

I iij

nue par son assiete sous le cadran, de maniere qu'elle ne puisse point passer par - dessus le pignon de la roüe des minutes.

VII. En ôtant le cadran on verra si les goupilles ne le forcent point, si les engrénages de la cadrature sont bons, si la roüe de cadran n'est point trop juste sur la chaussée des minutes, si la roüe de renvoi est libre en tout sens, si elle n'a pas trop de frottement sur la platine ; dans ce cas il faudroit la creuser par-dessous, & ne lui laisser qu'un petit champ auprès des dents.

VIII. On remontera un tour de la fusée pour observer si chaque dent du rochet tient bien, si le cliquet est bien rivé, si les rebarbes de sa rivure ne nuisent point à la grande roüe moyenne, s'il est assez long & assez libre, & si le ressort fait son effet, si le garde-chaîne résiste bien à l'effort de la main, si le crochet de la fusée est bon, & s'il appuie bien sur le garde-chaîne.

IX. En voyant marcher le mouvement on examinera les engrénages de la petite roüe moyenne & de la roüe de champ, si le pignon de la roüe de rencontre est de bonne grosseur, s'il tourne & retourne librement dans les dents de la roüe de champ lorsque la Montre chemine bien, & si le pignon de la roüe de champ est de grosseur.

X. Le balancier doit tourner bien droit, n'avoir pas trop de jeu dans ses trous, mais uniquement la liberté nécessaire sur-tout dans celui du coq; les bouts des pivots doivent être les plus plats qu'il est possible, & ne gratter en aucun sens sur l'ongle.

XI. Le balancier ne doit point toucher au coq ni à la platine non plus que son assiette ou sa virolle, cette virolle doit circuler rondement, n'être ni trop grosse ni trop petite, la goupille ne doit point faire appuier le spiral sur l'assiette du balancier, ni percer en-dedans de la virolle, parce qu'en ce cas il se dérangeroit en tournant la virolle; le balancier doit être exactement de *pé-santeur*, c'est-à-dire en équilibre avec sa virolle & sa goupille.

XII. Le ressort spiral doit être plié exacte-ment & régulierement en spiral, tourner droit, & n'être point obligé à battre contre quelques pieces, sur-tout lorsque le rateau est poussé du côté du retard, ou lorsqu'il décrit de trop grands arcs, on aura soin pour cela que la fente du rateau soit assez distante de la coulisse, qu'elle soit assez profonde & assez large pour ne pas faire plisser le spiral en conduisant le rateau à droite ou à gau-che.

XIII. Le piton doit avoir son trou disposé vis-à-vis la fente du rateau lorsqu'il est entiere-ment poussé du côté du retard, afin que la fente ne pousse ni ne retire le spiral.

Le piton ne doit être qu'à une ligne de l'en-

droit où s'arrête la queue du rateau au bout du retard ; il faut qu'il ne soit point trop épais pour
que la longueur de son trou ne force point le spiral ; que la goupille soit un peu plate des deux
côtés afin de pouvoir baisser ou élever le spiral
avec la pincette.

XIV. Il faudra examiner si le rateau fait bien
tous ses effets, si la roüe de rosette est bien ajus-
tée, si son quarré aussi bien que celui de la chaus-
fée des minutes est de même grosseur que le quarré
de la fusée ; si en le conduisant doucement il n'y
a point de dents qui forcent ou fassent lever la
coulisse ; ou si l'engrenage n'a pas trop de jeu ; on
sent bien en effet que dans ce cas là on feroit
trompé par le mouvement de la rosette, & qu'on
croiroit avoir avancé ou retardé sa Montre lorsque réellement le rateau n'auroit pas changé de
place.

XV. On passera ensuite à l'intérieur du mouvement, pour voir si la palette d'en-bas n'approche pas trop du talon de la potence, si elle n'est
point trop à fleur du cercle de la roüe de rencontre, ensorte que la Montre étant à plat, les
dents de cette roüe prennent la palette inférieure
trop en bas ou trop au bord, si la roüe de rencontre ne touche point à l'assiette du balancier,
si les palettes de la verge sont d'équerre, bien
plattes & bien polies, d'égale longueur, propres
à faire lever 40 degrés, un peu arondies par les
bords

bords pour empêcher qu'elles ne grattent les dents lorfqu'elles les ramenent.

XVI. Il faut prendre foin d'éviter les battemens, renverfemens, ou accrochemens, conduire le balancier doucement & à la main pour juger de l'égalité ou l'inégalité de la roüe de rencontre, en comptant deux fois autant de vibrations qu'il y a de dents à la roüe.

XVII. En démontant le coq on appercevra fi les vis font folides, fi elles ne forcent point le coq ou la platine, & fi elles ne rempliflent pas trop les noiûres dans lefquelles elles font logées, ce qui forceroit le coq.

XVIII. L'on fera courir enfuite le roüage peu-à-peu & lentement, pour voir fi les roües tournent rondement, également & parallelement aux platines, on obfervera fi le barillet a des jours, deffus, deffous & de côté, de maniere qu'il ne touche point aux platines, à la fufée, à la chaîne ou à la grande roüe, ce que l'on verra plus facilement tandis que la chaîne tirant le rouage, tend à rapprocher la fufée du barillet.

XIX. On prendra foin qu'il n'y ait aucune vis de dehors qui rentre au dedans de la cage, & qui puiffe toucher au barillet ou à aucune autre des pieces; que les tiges des roües de champ & de rencontre ne fe touchent point, ou ne foient point trop écartées, ce qui feroit également défectueux; qu'aucune des roües ne touche ou aux

K

piliers, ou aux autres pieces voifines, mais fur-
tout qu'elles n'ayent point trop de liberté en cage, & que les trous ne foient pas trop grands ; il
ne faudroit pas non plus qu'elles y fuffent trop
gênées.

XX. Les trous doivent être ébifés par dehors
en forme de cones ou de réfervoirs pour recevoir
l'huile comme on l'a dit dans le Chapitre III. Il
faut que chaque pivot paroiffe au fond fans être
plus élevé ni plus court, de peur qu'une partie
du pivot ou une partie du trou venant à s'ufer plus
que l'autre, les frottemens n'en foient augmentés ; en effet il arrivera fi le pivot eft trop grand
qu'il s'y formera une gorge par l'ufure ou le frottement de la partie qui touche la platine & qui en
traverfe l'épaiffeur tandis que l'extrémité reftera
en forme de tétine ; au contraire fi le pivot eft
trop court, & s'il ne traverfe qu'une partie de l'é-
paiffeur de la platine, il s'ufera vers la pointe, &
creufera l'intérieur feulement de la platine, de
forte qu'il y reftera une petite portion de fon
épaiffeur fur laquelle frottera le pivot.

XXI. Avant que de démonter le mouve-
ment, on examinera s'il y a un repaire fur l'arbre
du barillet & fur la platine, pour remettre le reffort au même degré de bande lorfqu'il s'agira de
remonter le mouvement.

XXII. En le démontant, il fera facile d'obferver fi les piliers font d'égale hauteur, s'ils ne

forcent point la cage & ne brident point la platine lorſqu'on enfonce les goupilles avec force ;
s'ils ſont bien rivés, ſi le porte pivot de la contrepotence ne laiſſe point trop de jeu ou trop peu
à la roüe de champ, & ſi le trou du nez de la potence eſt trop grand, on y mettra un lardon à
clavette qui porte le trou de la roüe de rencontre, par là on aura la facilité de bien partager les
chutes de l'échapement.

XXIII. Après avoir ôté le balancier & la
roüe de rencontre, on verra ſi les pivots de cette
roüe ſont bien faits, ſi le pivot qui entre dans la
contrepotence ou dans le porte pivot eſt bien
bruni, autrement il perceroit le trou du piton de
la contrepotence, & les dents de la roüe de rencontre n'auroient plus la même levée. Il faut
donc que le fond du trou de la contrepotence
ſoit bien quarré, il ſera même à propos de le re-
boucher, & de faire enſorte que le pivot n'y entre pas trop avant.

XXIV. On verra ſi toutes les roües ſont bien
rivées, droites & rondes, particulierement la
roüe de rencontre, ſi la roüe de champ n'eſt
point trop épaiſſe du côté des dents ; ſi tous les
pignons ont des tigerons & des portées raiſonna-
bles, s'il y a des gorges pour empêcher l'huile
de couler juſqu'aux aîles des pignons, s'il n'y a
pas quelque trou qui ſoit ébiſé en dedans, comme font les mauvais Horlogers pour donner de
la liberté à leurs roües. K ij

XXV. On jugera par le nombre des tours
de la fufée & par celui des dents des roües fi la
Montre peut aller 30 heures comme elle le doit
faire; on examinera fucceffivement tous les engrenages pour voir s'il n'y a point d'arboutement
des dents contre les aîles en entrant, fi les dents
ont affez de liberté entre les aîles étant au milieu,
& fi en fortant elles ne forment point de foubre-
fauts; un engrenage imparfait peut faire arrêter
la Montre ou y caufer des précipitations irrégu-
lières ou des lenteurs, effets défagréables à l'o-
reille quand même ils ne produiroient aucun dérangement réel, mais qui ne peuvent guère manquer d'en affecter le mouvement.

XXVI. Les premiers engrenages font les
plus importans, parce qu'étant conduits par une
plus grande force, les frottemens y font plus rudes & y durent plus long-tems; chaque aîle du
premier pignon, par exemple, met 5 minutes à
paffer, or fi pendant cet efpace de tems cet engrenage perd quelque chofe de fa force, & que
les autres engrenages en perdent auffi dans le
même inftant, la Montre fera fujette à s'arrêter.

XXVII. L'engrenage de la roüe de champ
eft auffi de la plus grande conféquence, non-
feulement parce que le recul y eft très-fenfible,
mais parce qu'il faut que les dents en foient fen-
dues dans l'alignement de la tige de la roüe de
rencontre, qu'elles foient bien paralleles au pi-

gnon & qu'elles fe préfentent de la même maniere que fi l'axe de la roüe de rencontre paffoit
par le centre au lieu d'être placé de côté.

Il faut cependant remarquer que l'on pourroit
facilement rendre plus parfait l'engrenage de la
roüe de champ, en plaçant la contrepotence au-
devant de l'axe de la roüe de champ comme on
le pratique dans les Pendules, alors le centre de
la roüe de champ feroit dans la direction de l'axe
de la roüe de rencontre, & agiroit fur le pignon
à égale diftance des deux extrémités ; par ce
moyen le frottement & l'ufure feroient les mêmes fur tous les deux pivots, & les dents de la
roüe de champ ne fe préfenteroient plus de côté
aux aîles du pignon.

Au refte le meilleur remede que l'on pourroit
apporter aux défauts de cet engrenage, feroit de
le fupprimer totalement, par le moyen du nouvel
échapement dont on trouvera la defcription dans
la fuite de cet ouvrage.

XXVIII. La chaîne ne doit pas être trop longue de peur qu'elle ne fe replie fur elle - même
& ne diminue d'autant la force du reffort qui agiroit alors fur un levier plus court ; d'ailleurs l'efpace qui eft entre le barillet & la potence ne lui
permettroit pas de paffer.

On examinera fi la chaîne eft bonne auffi bien
que fes crochets, fi elle ne s'engage point dans
les pas de la fufée, & on la frottera avec de
l'huile.   K iij

XXIX. On observera si l'arbre du barillet est
juste en hauteur, & s'il occupe un tiers du diamétre du barillet, si le dessus du barillet est retenu exactement dans le drageoir, si il est bien
plat & sans aucuns traits intérieurs de même que
le fond du barillet. On nettoiera le ressort avec
un linge huilé, & ensuite on aura soin de ne pas
le forcer trop en l'ouvrant, de le frotter avec de
l'huile bien propre, de voir s'il est égal, s'il n'est
pas trop plein, trop haut ou trop bas, si tous les
tours se font sans frottemens ni secousses; on y
mettra une barette s'il n'y en a point; on observera qu'il fasse assez de tours pour qu'il y en ait
un & demi de plus que le nombre de tours que
la chaîne fait sur le barillet, c'est-à-dire environ trois quarts au-dessus & trois quarts au-dessous du point où il est égal à la fusée, déduction
faite du bout de chaîne qui ne se plie jamais sur la
fusée; & lorsqu'on aura trouvé le point d'égalité
on fera un repaire sur l'arbre du barillet & sur la
platine, comme on l'a dit ci-dessus.

XXX. On examinera si le ressort accroche
bien, si le dessus du barillet est assez serré dans le
drageoir, & pour plus de sûreté on passera un
brunissoir sur les bords pour le serrer.

Il est sur-tout essentiel de bien égaler le ressort à la fusée, c'est-à-dire de faire ensorte que
le ressort la tire également, au moins 28 heures;
pour cela on employe un levier divisé en parties

égales, & chargé à son extrémité d'un poids qui
ne soit point trop pésant, mais dont la légéreté
soit compensée par la longueur du levier suivant
les regles de la Statique, qui nous apprennent
qu'une livre de poids mise à trois pouces du centre, fera le même effet que 4 onces mises à un
demi pied du même centre.

XXXI. Avant que de remonter la Montre,
si elle a déja servi, on aura soin de détremper
avec de l'huile tous les trous, de les essuyer, d'y
passer du bois tel que le fusain, jusqu'à ce qu'il
en sorte bien net ; on doit nétoyer toutes les ailes des pignons avec du bois blanc, les pivots
avec du liége, & les roües avec une brosse bien
séche & bien nette.

XXXII. On doit mettre d'abord de l'huile au
talon de la potence pour le pivot du balancier,
au nez de la potence pour la roüe de rencontre,
à la contrepotence & au pivot de la roüe de longue tige, parce que si on mettoit l'huile dans
son trou, la partie de la tige qui doit passer au-
travers en emporteroit une partie.

XXXIII. Après avoir remis tout le roüage
en place, serré les goupilles, & examiné comme nous l'avons dit, si toutes les roües ont la liberté nécessaire, & si elles n'ont pas trop de jeu,
on mettra de l'huile dans tous les réservoirs dont
il a été parlé, page 38.

XXXIV. La derniere attention que l'on aura; fera de la mettre bien dans fon échapement, en tirant plus ou moins le fpiral.

XXXV. Dans les Montres dont l'échapement eft à repos, le repaire que l'on a fait une fois au fpiral, refte toujours à-peu-près le même; mais avec un échapement à roüe de rencontre, on n'eft jamais fûr qu'une Montre qui étoit reglée avant que d'être démontée, le fera encore après l'avoir remontée; de forte qu'on aura toujours befoin de lâcher le fpiral, ou d'en retirer fuivant qu'elle fe trouvera en avancement ou en retard.

CHAPITRE VIII.

Méthode pour connoître la marche d'une Pendule par le moyen du Soleil & des étoiles fixes.

I. ON appelle en général une heure, la vingt-quatriéme partie du jour, c'eft-à-dire d'un retour du Soleil au Méridien; mais comme les retours du Soleil au Méridien ne fe font pas en tems égaux pendant toute l'année, à caufe des inégalités du mouvement de la Terre; on eft obligé de diftinguer les jours moyens ou égaux, & les heures moyennes ou égales, des jours vrais ou apparens, & des heures vraies ou apparentes.

II.

II. Pour avoir des heures moyennes ou égales, les Aftronomes fuppofent par exemple, que le 24 de Décembre un Aftre dont la marche totale foit égale à celle du Soleil, mais cependant toujours uniforme & égale, commence à fe mouvoir avec le Soleil en partant de fon apogée, & d'une vîteffe telle qu'au bout de l'année ils puiffent fe retrouver tous les deux au même point; comme c'eft alors le tems où les retours du Soleil au Méridien font les plus lents, l'Aftre fuppofé arrivera le lendemain au Méridien 30 fecondes plûtôt que le Soleil, & avancera de même tous les jours jufqu'au 15 Avril qu'il fe trouvera au même point que le Soleil; il reftera en arriere jufqu'au 15 de Juin qu'il reprendra les devants & précédera de nouveau le Soleil jufqu'au 1er Septembre; enfin depuis le 1er Septembre jufqu'au 24 Décembre l'Aftre du moyen mouvement retardera fur le Soleil, ces retards ou ces avancemens forment ce qu'on appelle le tems moyen, & c'eft celui fur lequel on doit regler les Pendules, fi on veut les fixer à demeure & les voir d'accord avec le Soleil * 4 fois l'année fans y toucher jamais. La différence entre le tems moyen & le tems vrai, marquée par le Soleil fur les Cadrans Solaires ou fur les Méridiennes ordinaires, forme l'équation du tems.

* Le 24 Décemb.
Le 15 Avr.
Le 15 Juin.
Le 1er Septembre.

III. Il y a deux caufes de ces inégalités du Soleil, la premiere vient de ce que la Terre décrit autour du Soleil non point un cercle ; mais un ellipse *excentrique* , c'est-à-dire dont le centre n'est point dans le Soleil ; or son mouvement se ralentit , lorsqu'elle s'éloigne du Soleil ; & il devient plus rapide lorsqu'elle s'en raproche ; par exemple , vers le milieu de Décembre la Terre étant le plus près du Soleil qu'elle puisse être ou environ , elle fait un degré , une minute , 7 secondes par jour , au lieu que le premier Juillet étant dans son plus grand éloignement , elle ne décrit que 57 minutes , 12 secondes en 24 heures , & le premier Octobre , 59 minutes , 8 secondes ; or dans le tems où le Soleil paroît décrire 61 minutes en allant d'Occident vers l'Orient , il arrivera au Méridien 8 secondes plus tard que le premier Octobre , parce qu'alors il sera reculé de 2 minutes vers l'Occident dans l'espace de 24 heures plus qu'il ne l'étoit au mois de Décembre , & que ces 2 minutes ne passent qu'en 8 secondes de tems , ainsi les jours vrais , c'est-à-dire les retours du Soleil d'un Méridien à l'autre , seront plus longs de 8 secondes en Décembre qu'en Octobre par l'effet de cette seule cause.

IV. La seconde cause de l'inégalité des jours , vient de ce que le mouvement diurne se fait suivant la direction de l'équateur , c'est-à-dire autour des poles du Monde , tandis que le mouvement apparent propre du Soleil qui se fait en sens

contraire, fuit le plan de l'écliptique qui eft incliné à celui de l'équateur de 23 degrés & demi ; de-là vient que dans le mois de Décembre
quoique le mouvement du Soleil paroiſſe être de
61 minutes fur le plan de l'écliptique, il paroît
de 66 minutes & demi, rapporté à l'équateur ; de
même au mois d'Octobre il paroît de 59 minutes
fur l'écliptique, & de 54 & demi fur l'équateur ;
la différence eft de 4 minutes & demi, au lieu
de 5 minutes & demi qu'elle étoit en hiver, &
cela en fens contraire ; voilà donc encore 10 minutes de degré dont le Soleil s'avancera vers l'O-
rient chaque jour en hiver de plus qu'au mois
d'Octobre ; comme 10 minutes paſſent en 40 fecondes de tems, il faut ajoûter ces 40 fecondes
aux 8 que nous venons de trouver, ce qui fait
48, quelquefois même 50 fecondes, dont les
jours vrais feront plus longs vers le milieu de Décembre qu'au commencement d'Octobre.

V. Cette différence étant accumulée tous les
jours, forme l'équation du tems ou la différence
entre le tems de l'arrivée du Soleil au Méridien,
& le tems où il y feroit arrivé fi fon mouvement
eût été toujours égal par rapport à l'équateur ;
on doit donc concevoir que toute la durée de
l'année eft compofée de 8766 heures égales, au
lieu que celles que nous donne la marche journaliere du Soleil & les Cadrans Solaires, font fort
éloignées de cette égalité.

Or, comme on ne peut faire fuivre à une Pendule ordinaire le tems vrai, & que c'eft néanmoins celui dont on fe fert dans l'ufage de la vie civile ; il eft néceffaire d'avoir une table qui faffe voir chaque jour, combien le tems moyen marqué à la Pendule, eft différent du tems folaire vrai. On la trouvera à la fin de ce livre pour 4 années différentes, ce qui fuffira dans toutes les autres.

VI. La méthode la plus fimple de regler une Pendule fur le moyen mouvement, eft de fe fervir de quelque étoile de la manière fuivante.

La Terre faifant chaque jour une révolution fur fon axe dans une efpace de tems toujours égal, les étoiles reparoiffent au Méridien tous les jours après un même intervale de tems, parce que le mouvement propre de la Terre n'eft pas fenfible par rapport aux étoiles, à caufe de leur prodigieux éloignement ; mais je fuppofe que le Soleil ait paffé une fois dans le Méridien avec une étoile ; le lendemain comme le Soleil à midi par le mouvement annuel de la Terre, paroîtra d'un degré environ plus oriental que l'étoile : il ne viendra au Méridien qu'environ 4 minutes après l'étoile, le jour fuivant 4 minutes encore plus tard, & tous les jours autant, de manière qu'au bout d'un mois l'étoile paffera au Méridien deux heures avant le Soleil.

VII. On comprend bien que, puifque le mouvement de la Terre eft inégal, comme nous l'avons dit, cette accélération des étoiles ne sera pas exactement de 4 minutes, mais d'un peu plus ou d'un peu moins.

Il faut donc encore avoir recours à notre Astre du moyen mouvement, pour savoir de combien est l'accélération moyenne des étoiles; or on trouve que cette accélération est de 3 minutes, 56 secondes, c'est-à-dire que le plus étant compensé par le moins, dans les différens tems de l'année, le Soleil suit l'étoile chaque jour de 3 minutes, 56 secondes; on sera donc assûré qu'une Pendule suit exactement le moyen mouvement du Soleil, si en observant tous les jours le passage d'une étoile par le Méridien, on trouve que la Pendule marque chaque fois 3 minutes, 56 secondes de moins que la veille.

VIII. Comme les étoiles n'ont aucun autre mouvement apparent qui soit sensible, il importe peu qu'on les observe dans le Méridien ou ailleurs : on peut donc fixer une lunette contre un mur quelconque, de maniere que quelque belle étoile vienne tous les jours la traverser; si au moment que l'étoile entre dans la lunette ou qu'elle en sort, la Pendule marque 3 minutes, 56 secondes de moins qu'elle ne marquoit la veille, au moment du passage à ce même fil qui a demeuré fixe, on est assûré que la Pendule est reglée quant à la longueur du balancier; si elle marquoit 3 minutes, 58 secondes de moins que

L iij

la veille, ce feroit marque qu'elle auroit rétardé
de 2 fecondes puifqu'elle donneroit trop peu, fi
elle ne donnoit que 3 minutes, 54 fecondes de
moins, ce feroit une preuve qu'elle auroit avancé puifqu'elle marqueroit 2 fecondes de plus
qu'elle ne devroit marquer.

IX. Au lieu d'une lunette fixée contre un
mur, on peut encore fe contenter d'une plaque
percée d'une petite ouverture, ou même feulement d'un morceau de papier colé contre une vi-
tre & percé auffi d'un petit trou au travers duquel on verra une étoile fe cacher derriere un
clocher, une cheminée ou un toit qui foit fort
éloigné, pendant qu'une autre perfonne comp-
tera les minutes & les fecondes à une Pendule :
on verra de même fi le lendemain l'étoile fe cache exactement lorfque la Pendule marque 3 minutes, 56 fecondes moins que la veille, & ce
fera une marque que la Pendule fuit le moyen
mouvement; il n'y aura donc plus qu'à la mettre
une fois à l'heure, & l'on fera fûr qu'elle ne s'en
écartera plus qu'autant que l'exigeront les inégalités du Soleil, & fuivant la table de l'équation, & qu'elle fe retrouvera d'accord avec le Soleil 4 fois l'année, les jours où l'équation du tems
eft marqué zéro dans la Table.

X. La même étoile ne peut pas fervir bien
long-tems pour cette opération, parce qu'avan-
çant de 2 heures chaque mois, celle qu'on aura

obfervé fur le foir, paffera bien tôt de jour, &
par conféquent ne fera plus vifible fans une bonne lunette.

XI. On prendra foin de ne pas confondre une
planette avec une étoile, parce que les planettes
ayant des mouvemens particuliers, elles n'accé-
lérent pas conftamment fur le Soleil, ni de la
même quantité que les étoiles; Venus, Mars,
Jupiter & Saturne peuvent être pris quelque fois
pour des étoiles, avec cette différence cependant
que ces planettes paroiffent prefque toujours plus
brillantes que les étoiles, & cependant n'ont
point cette vivacité & cet éclat étincellant des
étoiles fixes, mais une lumiere morte & tranqui-
le; d'ailleurs on pourra prendre la peine d'obferver plufieurs jours de fuite un Aftre que l'on
foupçonne n'être point une étoile; fi on voit
qu'elle accélere tous les jours également, & de
3 minutes, 56 fecondes environ, c'eft véritablement une étoile.

XII. On a vû que le tems vrai marqué par les
révolutions diurnes du Soleil, étoit trop inégal
pour pouvoir être marqué fur une Pendule ordinaire dont toute la perfection confifte dans une
parfaite égalité; on eft donc obligé de remettre
de tems en tems les éguilles d'une Pendule fur le
tems vrai, à moins qu'on ne veuille chaque jour
recourir à la Table d'équation; mais quoi qu'on
mette une Pendule à l'heure, on n'eft point obli-

gé d'en changer le mouvement, c'eſt-à-dire la
longueur du balancier.

XIII. Si on ſe ſert du Soleil obſervé à une
Méridienne ou à un Cadran Solaire pour regler
la Pendule ſur le moyen mouvement, il faudra
voir dans la Table du tems moyen au midi vrai,
de combien le Soleil avance ſur le tems moyen,
faire enſorte que la Pendule retarde d'autant, &
qu'elle marque ce qui eſt dans la Table.

Si la Pendule entre un midi & l'autre, a marqué plus de tems qu'il n'y en a entre les deux
tems moyens qui ſe trouvent dans la Table, c'eſt
une preuve qu'elle a avancé; ſi elle a marqué
moins, c'eſt une preuve de retard.

XIV. Beaucoup de perſonnes ſe ſervent d'une
Table d'équation que l'on trouve dans la connoiſ-
fance des tems ſous le nom d'équation de l'Horloge; elle revient au même que la Table du tems
moyen au midi vrai, avec cette ſeule différence
qu'on trouve l'équation plus grande dans tous les
tems de 16 minutes, 9 ſecondes dans la premiere que dans l'autre; ainſi quand on voudra avoir
l'équation de l'Horloge, il ne faudra qu'ajoûter
16 minutes, 9 ſecondes au tems moyen que l'on
trouve dans notre Table, & en retrancher 12
heures, ſi la ſomme eſt plus grande que 12
heures, on aura le nombre de minutes marqué
dans la Table de l'équation de l'Horloge : la
commodité de cette Table conſiſte en ce que la

Pendule

Pendule à laquelle on fera marquer le nombre
de minutes que marque cette Table, avancera
tous les jours fur le Soleil, & ne fera point tantôt en retard & tantôt en avant fur le Soleil ;
elle ne fera d'accord avec le Soleil qu'au commencement de Novembre, le tems moyen étant
11 heures 43 minutes 51 fecondes, c'eft-à-
dire de 16 minutes 9 fecondes en retard, ce
qui eft le plus dont il puiffe retarder ; fi on avance les éguilles de 16 minutes 9 fecondes, &
qu'on les mette d'accord avec le Soleil, elles ne
retarderont plus, mais elles avanceront toute
l'année de 16 minutes 9 fecondes plus qu'elles
n'auroient avancé ; de maniere que le 10 Février
l'équation qui n'auroit été que de 14 minutes
44 fecondes, fera de 30 minutes 53 fecondes,
c'eft-à-dire 16 minutes 9 fecondes plus grande.

XV. Il y a ordinairement au bas de la lentille d'une Pendule à fecondes un écrou ou efpece
de rofette mobile que l'on doit tourner en-dedans pour abaiffer la lentille lorfqu'on veut faire retarder la Pendule, & en-dehors pour la faire avancer : on trouvera à la fin de ce Livre une Table de ce
dont il faut accourcir le pendule pour faire avancer l'Horloge autant qu'on le juge à propos ; elle
eft fondée fur ce que les longueurs des Pendules
font comme les quarrés des tems que chacun employe à faire ces vibrations ; il eft beaucoup plus
commode de placer cet écrou au-deffus de la

M

fufpenfion, comme nous le dirons en traitant cette matiere; par exemple, le premier jour de Janvier on a mis une Pendule fur le tems vrai, c'eft-à-dire fur le Soleil; le 10 Janvier fuivant, on trouve qu'à midi la Pendule marque 4 minutes 59 fecondes; on voit auffi dans la table d'équation que le tems moyen a avancé de 3 minutes 59 fecondes, puifque de 4 minutes 6 fecondes à 8 minutes 5 fecondes, il y a 3 minutes 59 fecondes; on en conclura que la Pendule marquant 4 minutes 59 fecondes, elle a avancé d'une minute en 10 jours, ou de 6 fecondes par jour.

XVI. Si c'eft une étoile que l'on ait obfervé le premier jour de Janvier, & le 10 il faudra avoir recours à la table de l'accélération des fixes, qui eft à la fin de ce Livre, dans laquelle on verra qu'en 10 jours la Pendule doit marquer 39 minutes 19 fecondes de moins; fi donc la Pendule ne marque que 38 minutes 19 fecondes de moins, c'eft une marque qu'elle a avancé d'une minute en 10 jours, il faudra donc alonger la Pendule.

XVII. On a dit qu'il étoit néceffaire pour les ufages de la vie civile, de remettre de tems en tems une Pendule avec le Soleil, lors même qu'elle eft exactement reglée, parce qu'elle s'en écartera néceffairement dans certain tems d'un quart-d'heure dans l'efpace d'un mois, mais ce

changement fe peut faire, même fans voir le Soleil; car je fuppofe que le premier jour de Janvier on ait mis une Pendule d'accord avec le Soleil, & que par le moyen d'une étoile obfervée
le premier jour de Janvier, & le 10, on voie
que la Pendule ait fuivi le tems moyen; comme
la table du tems moyen au midi vrai, fait voir
que le Soleil retarde du premier au 10 de 3 minutes 59 fecondes, on pourra reculer l'éguille
de 3 minutes 59 fecondes, & l'on fera fûr par-
là qu'elle eft d'accord avec le tems vrai, puifqu'on l'aura retardé de la quantité dont le tems
moyen avoit avancé.

XVIII. Toutes les opérations dont nous
avons parlé fe peuvent faire auffi fur une bonne
Montre de poche pour la regler; mais le plus
commode & le plus fimple, eft de regler une
Montre fur quelque bonne Pendule à laquelle
on la rapportera au moins une fois la femaine,
ou enfin par un Cadran Solaire ou une Méridienne fur laquelle on la mettra toutes les fois qu'on
aura occafion d'y obferver le Soleil.

XIX. Nous dirons encore un mot ici de la
maniere de regler les Pendules fur la révolution
de la Terre ou des fixes, quoique cette méthode n'ait guères été d'ufage jufqu'apréfent que
dans l'Aftronomie. Je fuppofe que l'on veuille
obferver tous les jours le paffage d'une étoile
ainfi que nous l'avons indiqué plus haut, par un

point quelconque du Ciel, & faire enforte que la Pendule marque tous les jours précifément la même heure & la même minute à l'heure de ce paffage ; alors la Pendule avancera tous les jours fur le Soleil de 3 minutes 56 fecondes, plus ou moins felon l'équation du tems ; par exemple, le premier de Janvier l'étoile a paffé à 5 heures 12 minutes de tems vrai, le 10 elle paffera à 4 heures 32 minutes, mais fi la Pendule eft reglée exactement fur la révolution des fixes, elle marquera encore 5 heures 12 minutes, c'eft-à-dire qu'elle aura avancé de 40 minutes, quantité dont le Soleil retarde fur les étoiles fixes dans ce tems-là, on en trouve une table dans la connoiffance des tems, mais on peut la trouver par la Table *du tems moyen au tems vrai.*

XX. On verra dans la fuite de cet ouvrage que l'on peut par le moyen d'une efpece de courbe ovale irréguliere qui a une partie de fa circonférence concave, & une partie convexe, faire marquer à une éguille le tems vrai malgré toutes fes inégalités, & c'eft ce qu'on appelle ordinairement la courbe d'équation.

Mais fans recourir à ces fortes d'ouvrages qui jufqu'à préfent ont été affez compliqués & peu fufceptibles de précifion, on peut fe contenter de mettre autour du cadran d'une Pendule un autre cadran que l'on puiffe faire tourner à la main, & qui foit divifé en 60 minutes, de la même maniere que l'autre ; on fait fur ce cadran quelques divifions pour les mois de l'année qui répondent à un index, de façon que plaçant le jour du mois, dans lequel on fe trouve, fur l'index ; les nombres qui indiquent les minutes fur ce cadran mobile, fe trouvent écartés de ceux du cadran fixe de la quantité de l'équation, & la même éguille qui marque les minutes du tems moyen fur le cadran fixe, marque les minutes du tems vrai fur le cadran mobile ; on peut voir fur les cadrans mobiles ce qu'a dit M. Dufay dans les Mémoires de l'Académie, 1725. L'on met encore quelquefois une autre efpece de cercle mobile autour des cadrans, on fe contente d'y marquer les jours des mois, & à côté de chaque jour, la quantité dont le Soleil avance ou retarde fur le tems moyen, on fait mouvoir ce cadran par le moyen d'une roüe de la fonnerie ou du remontoir lorfqu'il y en a, (pour ne point altérer le mouvement,) enforte que le jour du mois réponde toujours à un index fur lequel on peut jetter les yeux pour voir tous les jours l'équation du tems & le quantiéme du mois.

Fin de la Premiere Partie.

M iij

TRAITÉ

D'HORLOGERIE.

SECONDE PARTIE.

TRAITÉ
D'HORLOGERIE.

SECONDE PARTIE.

*QUI comprend la description de plusieurs Pendules à son-
nerie, à répétition, à une roüe, à équation; l'horloge
horisontale, les remontoirs, le réveil, &c. L'histoire criti-
que des meilleurs échapemens connus jusqu'aujourd'hui,
une explication détaillée des avantages & de la construction de mon nouvel échapement; un traité des engrenages & du mouvement d'oscillation, des tables d'é-
quation, une table des longueurs du pendule comparées
avec la durée des oscillations, &c.*

CHAPITRE PREMIER.

*Description d'une Pendule à ressort, sonnant l'heure
& la demie.*

§. PREMIER.

L E S Pendules à ressort, sonnant les heures & les demies, sont les plus com-
munes dans l'usage ordinaire; elles se
remontent tous les 15 jours.

N

Le barillet B, (*Planche III. Fig. 3.*) contient un reſſort qui fait ordinairement ſix à ſept tours, quoiqu'on n'en employe que cinq environ pour faire aller la Pendule pendant 15 jours; le barillet a ordinairement 84 dents, & engrenne dans un pignon de 12, porté ſur la première roüe L, de 80; celle-ci engrenne dans un pignon de 8, placé ſur la roüe de longue tige ou grande roüe moyenne G, laquelle fait ſon tour en une heure; la roüe de longue tige G de 72, engrenne dans un pignon de 6, placé ſur la petite roüe moyenne P, qui fait ſon tour en 5 minutes; enfin la petite roüe moyenne P, de 60 dents, engrenne dans un pignon de 6 qui porte la roüe d'échapement E, celle-ci fait ſon tour en une demie minute, & porte 30 dents, ce qui produit des vibrations d'une demi-ſeconde chacune. Nous ne dirons rien ici de l'échapement, on en parlera dans la ſuite.

Si l'on vouloit y appliquer un pendule fort court, il faudroit changer les nombres; quelquefois même on y ajoûte une roüe, de ſorte qu'il y en a alors 3 après la roüe de longue tige.

II. La roüe de longue tige porte ſur ſon axe

Fig. 1.

au-dehors de la cage & ſous le cadran, (*Fig. 1.*) une autre roüe avec ſon canon qui y eſt chauſſé à frottement dur, & l'éguille des minutes tient quarrément au bout de ce canon; la roüe C, engrenne dans une roüe de renvoy R, de même nombre qui est portée par un coq Q, & qui fait aussi son tour en une heure ; cette roüe porte un pignon de 6, qui conduit la roüe de cadran de 72, en 12 heures ; cette roüe est montée sur un canon qui passe sur celui des minutes, & l'éguille des heures est à frottement sur la roüe de cadran ; mais pour ne pas charger la roüe des minutes du poids de la roüe de cadran, on fixe avec deux vis un pont O, P, sur la platine qui porte un canon fixe au-dedans duquel passe celui des minutes, & sur lequel tourne celui de la roüe de cadran.

III. La sonnerie (*Fig.* 2. *&* 3.), a aussi un Fig. 2. 3. barillet *b*, & un ressort, semblables à ceux du mouvement ; le barillet de 84 dents engrenne dans le pignon de 12 de la premiere roüe C, qui a 72 dents ; celle-ci porte sur son axe la *roüe de compte* ou *chaperon* qui est derriere la platine, & qui a 12 entailles ; la roüe C engrenne dans le pignon de 8 *de la roüe de cheville* D, de 60 ; c'est elle qui porte 10 chevilles destinées à lever le marteau ; celle-ci engrenne dans le pignon de la roüe d'*étoteau* E, qui fait un tour à chaque coup de marteau, & qui porte une cheville pour arrêter la sonnerie ; la roüe d'étoteau a 64 dents, elle engrenne dans la *roüe volante* ou roüe *de délai* E de 48, & celle-ci dans le pignon de 6 du volant.

IV. La seconde roüe C de la sonnerie, fait son tour en 12 heures, mais inégalement, par-

N ij

ce qu'au moment que midi sonne , elle a 12 fois plus de chemin à faire qu'à une heure ; comme il y a 90 coups de marteau dans 12 heures en comptant les demies , & qu'on ne met que 10 chevilles sur la roüe de cheville afin de leur conserver une distance raisonnable , il faut que cette roüe fasse 9 tours en 12 heures; ainsi que les nombres précédents le donnent; il faut aussi que la roüe suivante E ait un nombre rentrant , & fasse un tour pour chaque cheville ; hors de - là les nombres sont indifférens , & peuvent être variés de différentes façons.

V. La sonnerie est retenue au moyen de la cheville E , (*Fig.* 2. *&* 3.) qui est sur la roüe d'étoteau , & qui appuye sur le crochet E de la détente E X Y Z , (*Fig.* 3.) jusqu'à ce qu'elle doive sonner.

La roüe des minutes de cadrature C , (*Fig.* 1.) porte deux chevilles qui à chaque demie-heure levent le détentillon T H , celui - ci leve le bras de la détente Z ; alors la cheville est dégagée , la roüe d'étoteau commence à tourner , le chaperon avance tant soit peu ; mais la cheville V de la roüe de délai , (*Fig.* 3.) rencontre aussitôt le crochet H , (*Fig.* 1.) du détentillon qui suspend le mouvement jusqu'à ce que le détentillon T , ait échappé de la cheville de la roüe des minutes , C ; alors la sonnerie va jusqu'à ce que la détente rencontre en R , (*Fig.* 2.)

Fig. 2. 3.

Fig. 3.

Fig. 1.

Fig. 3.

Fig. 1.

Fig. 2.

une entaille du chaperon dans laquelle elle
s'enfonce de maniere que le crochet E, descend
pour recevoir & arrêter de nouveau la cheville
E, de la roüe d'étoteau.

VI. On voit aussi (*Fig.* 1.) la roüe des che- Fig. 1.
villes D, qui écarte pour chaque coup la palette ou *levée* Q, de la verge du marteau tournant.

VII. Le chaperon (*Fig.* 3.) se divise dans la Fig. 3.
construction en 90 parties, dont 24 sont évui-
dées, pour former les entailles ; après que midi
a sonné, la détente tombe dans la premiere entaille qui est double des autres, & qui occupe 4
parties, parce que midi & demie, une heure, &
une heure & demie, doivent encore sonner sans
que la détente sorte de cette entaille ; pendant
que deux heures sonnent, le chaperon avancera
de la quantité *b a*, (*Fig.* 3.) qui est de deux Fig. 3.
parties, & tombera dans la seconde entaille, &
ainsi de suite ; les longueurs des intervales pleins,
décident du nombre des coups de marteau par le
tems qu'ils employent à passer.

VIII. La piece S que l'on voit (*Fig.* 3.), est Fig. 3.
une roüe dans laquelle il n'y a que 5 entailles,
& qui sert à limiter les tours du ressort de la maniere suivante : quand on a choisi le milieu d'un
ressort & les 6 tours les plus avantageux pour les
employer dans le mouvement ; on place une palette A, sur l'axe du barillet, & une roüe V S,
qui l'empêche de descendre & de se dévuider

davantage., enforte que toutes les fois que le barillet aura fait les 6 tours, la palette A, fera retenue par la roüe V; de même quand on remontera le barillet, la palette tournant 6 fois, fera
paffer les 5 dents de la roüe V, mais à la 6e, elle
fera retenue par la roüe en T, & empêchera
qu'on ne puiffe remonter davantage le barillet.

CHAPITRE II.

Defcription d'une Pendule à répétition.

I. L E nom feul de Pendule à répétition que
quelques perfonnes appellent avec affez de fondement Pendules à réponfe, indique
qu'il s'agit ici de l'affemblage des pieces néceffaires pour faire fonner l'heure qu'il eft, toutes
les fois que l'on en a befoin, en tirant fimple-
ment le cordon qui fert à bander un reffort, & à
mettre ces pieces en mouvement, c'eft ce qu'on
appelle cadrature de répétition ou *tirage*.

II. On place communément aujourd'hui la
cadrature derriere la Pendule, depuis que M. le
Roi imagina en 1728. cette difpofition qui a plufieurs avantages ; d'un côté il en devient plus facile de raccommoder l'ouvrage, & d'en voir les
effets, d'un autre côté les pieces y peuvent être
plus grandes & plus folides, par ce que l'on n'y

eſt point gêné par les roües de cadran, les faux
piliers, l'arbre du remontoir & ſon rochet; les
Horlogers Anglois qui ont fait les premieres.
Montres à répétition, prenoient beaucoup de
peine à y mettre des ſecrets pour empêcher
qu'elles ne pûſſent être ouvertes & copiées, on
a même ſouvent été obligé de couper le cadran
ou la fauſſe plaque pour pouvoir les ouvrir & les
raccommoder; M. le Roy bien éloigné d'une ja-
louſie ſi peu digne d'un véritable Citoyen, n'a
cherché qu'à mettre tous les Horlogers à portée
de voir ſes ouvrages, de ſe ſervir de ſes lumieres, & d'y ajoûter les leurs.

III. Le limaçon *F*, eſt fixé ſur l'axe d'une Plan. IV.
roüe de cadrature qui fait ſon tour en une heure; à chaque tour que fait le limaçon il entraîne
par le moyen d'une cheville placée ſous le limaçon vers le point *f*, un des 12 rayons de l'étoile
G, de maniere que l'étoile fait ſon tour en 12
heures; elle eſt aſſujettie dans chacune de ſes ſi-
tuations, par le moyen d'un ſautoir *H*, capable
de la contenir en faiſant reſſort, mais qui céde à
l'effort du limaçon pour le paſſage de chaque
dent.

IV. Sur la même étoile *G*, eſt fixé un autre
limaçon *B K*, qui a 12 degrés ou 12 entailles
qui vont en ſe rapprochant du centre, de façon
que la premiere *B*, eſt beaucoup plus éloignée
du milieu ou du centre de l'étoile que la cin-

quiéme K, ou que les autres qui font cachées dans la figure par l'étoile.

Les différens dégrés de ce limaçon fervent à recevoir & à arrêter le bras N, du rateau R A, de maniere qu'il defcende fort-près du centre à midi, & qu'au contraire à une heure il s'arrête fur le plus haut degré du limaçon afin qu'il n'y ait que les premieres dents O, du rateau qui puiffent paffer.

V. Voyons maintenant ce qui arrive lorfqu'on tire le cordon L de la répétition, le pignon qui eft fous le chaperon M, & la piece E, font fixées fur le même arbre que la poulie fur laquelle paffe le cordon que l'on tire, auffi-bien que la roüe qui porte les chevilles deftinées à lever les marteaux, & le reffort de la répétition ; ainfi le cordon que l'on tire bande le reffort, fait rétrograder la roüe des chevilles & le pignon M, & par conféquent fait defcendre le rateau jufqu'à ce que le talon N du rateau rencontre le limaçon des heures.

Auffi-tôt que la réfiftance que rencontre le rateau fur le limaçon, a fait lâcher le cordon, la force du reffort qui fe développe fait retourner la roüe des chevilles, qui rencontre le marteau des heures, & le leve autant de fois qu'il y a de chevilles à paffer ; le rateau remonte en même tems, & la piece E revenant vers D, accroche le doigt des quarts D, qui l'oblige de s'arrêter.

VII.

VII. On comprend bien que le nombre de coups que donnera la répétition, dépend du nombre de chevilles qui paſſera dans le retour de la roüe des chevilles, & le nombre des chevilles qui paſſeront, ſera le même nombre que l'on aura fait revenir en tirant le cordon, il ſera plus grand, à meſure que le rateau aura eu la liberté de deſcendre plus proche du centre G de l'étoile ; ſi par exemple, le talon du rateau peut deſcendre juſques dans la plus profonde des entailles, on aura avancé la roüe de 12 chevilles en tirant le cordon, & par conſéquent en retournant par la force du reſſort, les 12 chevilles rencontreront chacune la baſcule du marteau, & la Pendule répétera midi ; mais ſi le rateau ne peut deſcendre que juſqu'à la partie la plus élevée du limaçon, la roüe des chevilles ne pourra retourner que d'une petite quantité, c'eſt-à-dire d'une ſeule cheville ; cette ſeule cheville reviendra, & la Pendule ne répétera qu'une heure, par ce qu'en effet le rayon de l'étoile & la partie la plus élevée du limaçon ſe trouvent placés à une heure par le mouvement qu'ils reçoivent du petit limaçon, de maniere que le talon du rateau à une heure, tombe préciſément ſur la partie la plus élevée du limaçon.

VIII. Pour comprendre l'uſage de la piece des quarts P Q S D ; on obſervera que le limaçon des quarts. ſ F L O, tourne en une heure de

O

tems, de maniere que quand l'heure ſonne,
c'eſt la partie f, la plus élevée & la plus éloignée de ſon centre qui eſt tournée vers le talon
P de la piece des quarts P Q, qui appuye
toujours en P, à cauſe du poids de la partie op-
poſée C ; un quart-d'heure après, c'eſt la partie
F, un peu moins élevée qui répondra au talon P
de la piece des quarts ; lorſqu'il ſera la demie,
ce ſera la partie L, encore plus baſſe que la précédente, & enfin aux trois quarts, ce ſera la partie O la plus profonde, comme on le voit dans
la figure, ſur laquelle le guide des quarts portera.

IX. Lorſque le guide des quarts entrera plus
avant & plus proche du centre du limaçon ; le
doigt D qui eſt fixé ſur la piece P Q C, ſera
plus éloignée du chaperon E des quarts ; ſi au
contraire il appuye ſur la partie la plus élevée f,
du limaçon, le doigt ſera fort-proche du centre
M, & la premiere cheville E, l'acrochera dans
le retour du chaperon, de maniere qu'il appuye-
ra auſſi-tôt contre le bout de l'axe M, empêchera le chaperon de retourner plus avant, & par
conſéquent la roüe des chevilles qui tourne avec
le chaperon ; or la roüe des chevilles outre les
12 chevilles dont nous avons parlé, deſtinées à
lever les baſcules pour faire ſonner les heures,
en a encore 3 autres diſpoſées de façon que la
premiere des 3 ne pourra parvenir juſqu'à la baſcule, ſi le chaperon vient à être retenu par la

premiere cheville E , mais elle y parviendra &
levera la bafcule fi le chaperon des quarts n'eft
retenu que par fa feconde cheville *e*, parce qu'a-
lors le chaperon aura la liberté d'avancer un peu
plus que lorfque le doigt étoit pris dans la premiere cheville ; de même fi le doigt n'eft accroché que par la troifiéme cheville du chaperon 3
il y aura 2 des 3 chevilles de la roüe qui agiront ; enfin s'il n'eft accroché que par la quatriéme cheville 4 , ce qui arrivera lorfque le guide des quarts repofera fur la partie O la plus baf-
fe du limaçon , le chaperon & la roüe des chevilles faifant plus de chemin dans leur retour, les
3 chevilles dont nous parlons , pourront agir
fucceffivement , & on entendra 3 quarts.

X. Pour empêcher qu'on ne confonde les 3
quarts avec les heures, on obferve 1°. De mettre un intervale entre les 3 chevilles qui doivent
faire fonner les quarts & les 12 chevilles qui ap-
partiennent aux heures. 2°. On leur fait fonner les
coups doubles , c'eft-à-dire que ces 3 chevilles
qui paffent des deux côtés de la roüe , levent
tout à la fois deux bafcules , une de chaque côté,
au lieu que les chevilles des heures étant toutes
d'un même côté, elles n'en font lever qu'une ;
on a encore foin de faire une de ces deux bafcules un peu plus courte que l'autre , afin que le
bruit des marteaux ne foit point fimultané , &
qu'on les entende tous les deux , ce qui diftin-
gue les quarts.   O ij

XI. Le doigt des quarts D, eſt contenu ſur la piece P Q C, par un reſſort C S, qui l'empêche de s'éloigner du point M, mais qui lui permet de s'en rapprocher, lorſqu'étant engagé entre les chevilles E, il empêcheroit le chaperon E de ſe dégager, lorſqu'on tire le cordon L.

XII. Il reſte à dire un mot d'une piece qui ſert non à multiplier les effets, mais à les rendre avec plus de préciſion, & à empêcher les momens *critiques*, c'eſt la *ſurpriſe*.

Le limaçon des quarts eſt couvert par une piece de même forme que lui, du moins vers ſa partie f, cette piece qui eſt la ſurpriſe, a un petit mouvement ſur le limaçon, & la cheville f qu'elle porte, paſſant dans un trou long du limaçon, lui laiſſe aſſez de jeu pour que dans le moment où la partie de cette cheville qui eſt ſous le limaçon, a fait avancer le rayon 10 de l'étoile, le rayon ſuivant 11, frappe contre la partie inférieure de cette cheville f, & faſſe avancer la ſurpriſe afin que la partie la plus haute du limaçon reçoive le guide des quarts P; ſans cela, il arriveroit que même après le paſſage du rayon de l'étoile qui fait 10 heures, le guide des quarts pourroit rentrer dans la partie la plus baſſe O du limaçon, ce qui feroit encore ſonner les 3 quarts qui répondoient à l'entaille précédente.

XIII. Il étoit inutile d'avertir que la roüe des chevilles qui porte le chaperon des quarts, &

qui retourne par la force du reſſort de la répétition, eſt modérée par un rouage compoſé de 3
roües & un volant, mais qui ne ſervent qu'à ra-
lentir plus ou moins ſon mouvement, & à mettre un intervalle ſuffiſant entre les coups de marteau; ce volant eſt néceſſaire dans tous les roüages
où il n'y a point d'échapement, on en voit la figure dans la Pendule à reſſort dont les roüages
de ſonnerie produiſent le même effet que celui
dont nous parlons ici.

On a propoſé depuis peu de ſubſtituer à ce
roüage de répétition, un balancier avec un échapement, pour modérer la vîteſſe, ſurtout dans
les Montres où on a peu d'eſpace, mais cette
méthode eſt plus difficile dans l'exécution que
celle du roüage ordinaire.

CHAPITRE LII.

Cadrature de répétition avec la Piece appellée Tout-ou-rien.

I. LE tout-ou-rien eſt une piece C K, ſur Plan. V.
laquelle l'étoile D, & le limaçon B des
heures ſont portés; cette piece eſt fixée au point
C, & le trou K, dans lequel entre une broche
deſtinée à la contenir en K, étant ovale lui laiſſe
un petit mouvement; elle eſt contenue par un

O iij

reſſort S, qui la preſſe continuellement vers H.

II. Cette piece a vers ſon extrêmité un cro-chet L, qui retient le guide des quarts L G C M, & par ſon moyen la baſcule M du marteau ſe trouve relevée, de maniere que ſi on tiroit le ra-teau A d'une petite quantité, le rochet F, qui tient ici lieu de la roüe à chevilles dont nous avons parlé dans le Chapitre précédent, ne tou-cheroit point les levées, & la Pendule ne ſon-neroit point ; au contraire dans les Pendules où manque cette piece, comme dans le tirage ſim-ple du Chapitre précédent, ſi l'on ne tiroit le ra-teau que de deux ou trois dents, & qu'on lachât enſuite le cordon, la Pendule ſonneroit deux ou trois coups au lieu de ce qu'elle auroit ſonné ſi l'on eut tiré le rateau juſqu'au bout, c'eſt-à-di-re, de maniere à faire deſcendre le talon N juſ-ques ſur le limaçon.

III. Mais ſi l'on tire le rateau A A, de manie-re que ſon talon N vienne appuyer ſur une des entailles du limaçon B D des heures, alors la piece C K ſe trouvant repouſſée en arriere, le guide des quarts L ſera dégagé, & par la force du reſſort O, la piece des quarts G C M, ſera renverſée juſqu'à ce que ſon talon P, vienne appuyer ſur le limaçon des quarts H.

IV. La piece des quarts étant renverſée, la levée qui étoit retenue par le bras ou l'extrêmité M de la piece des quarts, deſcendra & ſe préſen-

tera aux dents du rochet F , qui en revenant par
la force du reſſort de la répétition , leveront cette
baſcule autant de fois qu'il y aura de dents du rochet qui auront paſſé au-delà de la baſcule en tirant le rateau ; ce nombre eſt reglé par les degrés
du limaçon B , ſur leſquels le talon N eſt obligé
de s'arrêter aux différentes heures , & ſuivant la
ſituation de l'étoile D qui tourne en 12 heures.

V. Le rochet en revenant dans ſa ſituation , &
tournant de F en G , rencontrera par le moyen
d'un petit bras K , une cheville fixée ſur la piece
des quarts ; celle-ci par conſéquent ſera rame-
née , alors les 3 dents S , ſuppoſé qu'il y ait 3
quarts , leveront la baſcule T , & les 3 dents Q ,
leveront la baſcule M , ce qui formera les coups
doubles.

VI. Mais ſi le talon P de la piece des quarts
ſe trouve ſur la partie O la plus élevée du limaçon , comme il arrive à chaque heure avant qu'il
y ait un quart , les dents S , Q , n'ayant pas pû en
ſe renverſant , reculer juſques vers les baſcules
T M , il n'y aura aucun quart ; ſi le talon P ſe
trouve ſur le ſecond degré I du limaçon , il n'y
aura eu que la premiere dent S qui aura paſſé la
baſcule T , & la premiere dent Q qui aura été
au-delà de la baſcule M , de ſorte qu'il n'y aura
qu'un coup double.

VII. La *ſurpriſe* dont on a vû l'effet dans le
Chapitre précédent , paroît encore en Z , avec

cette différence que la partie V de la furprife y
tient lieu de cheville, & fert à faire avancer l'é-
toile, par exemple, le rayon 10, & après qu'il
a avancé, le rayon 11 la repouffe & la fait revenir comme on le voit en Z, pour recevoir le guide des quarts.

CHAPITRE IV.

Defcription d'une Pendule à quatre parties.

I. ON appelle Pendule à 4 parties, celle
qui a tout à la fois, mouvement, fonnerie des heures & des quarts, & répétition;
celle que nous allons décrire eft *à grande répétition*, c'eft-à-dire, fonne d'elle-même les heures à tous les quarts, ou les quarts feulement
quand on le veut.

II. Nous fuppoferons que le lecteur a compris l'effet de la fonnerie décrite au Chap. I. pag.
95, & du tirage fimple de répétition que l'on a
vû Chap. II. pag. 100; nous n'aurons que peu
de chofe à ajoûter pour faire bien entendre les
effets de celle-ci.

Plan. VI.
Fig. 1.

III. Le limaçon des quarts placé fur la roüe
des minutes, porte 4 chevilles pour lever à chaque quart le détentillon brifé A B C D E F; le
détentillon étant levé, le rateau fe dégage, parce

ce qu'il est toujours pressé par le ressort GGH,
& descend jusqu'à ce que la queuë du rateau soit
appuyée sur une des entailles du limaçon des
heures. La détente K qui étoit relevée par le rateau, étant sollicité par le ressort L M, descendra & dégagera la cheville de la roüe d'étoteau,
pour former le délai, mais la partie D du détentillon descendra pour retenir la cheville de la
roüe de délai, jusqu'à ce que le détentillon ait
échapé en A de dessus la cheville du limaçon.
La roüe d'étoteau tournera donc sans résistance,
la palette N qui est fixée sur son axe, à chaque
tour fera avancer une dent du rateau, & la roüe
des chevilles fera lever le marteau par le moyen
de la bascule Y, que l'on voit tracée en points
sous le rateau, cela continuera jusqu'à ce que la
cheville P C du rateau soit arrivée sur une des 4
divisions de la piece des quarts Q, qui l'arrêtera
& fera en même tems relever la détente K, pour
arrêter la roüe d'étoteau.

IV. La palette R sert à mettre en prise les
bascules des quarts pour faire sonner les coups
doubles, si le rateau avance assez pour que sa
partie relevée S, fasse relever cette palette R.

V. Le même effet que l'on vient de voir, &
qui est produit par le mouvement de la Pendule,
on pourra le produire à tout moment en tirant
le cordon V X, & la Pendule répétera de la
même maniere qu'elle sonnoit.

P

VI. Il reſte à montrer de quelle maniere l'on peut empêcher que la Pendule ne ſonne les heures à tous les quarts, & faire qu'elle ne ſonne que les quarts ſeulement.

La piece T ſemblable à la piece F, eſt fixée ſur le même axe à frottement dur, elle deſcend un peu plus bas quand on le juge à propos; alors elle empêche de ſonner les heures à tous les quarts, par ce que la cheville Z du rateau ſe trouve arrêtée par le crochet en O, en ſorte que le rateau ne peut échaper entierement; mais lorſque l'heure doit ſonner, la 4ᵉ cheville A du limaçon des quarts, étant plus écartée du centre, levera davantage la détente, le crochet dégagera entierement la cheville Z, & le rateau ſonnera les heures & les quarts.

VII. La piece d'acier *h m*, que l'on voit à côté de la figure, ſert à donner aux limaçons des heures & des quarts, la liberté de rétrograder pour pouvoir les mettre à l'heure; cette piece eſt fixée ſur la queuë du rateau H I, enſorte qu'il n'y a que ſon extrêmité *m*, qui appuye ſur le limaçon; comme cette extrêmité eſt taillée en biſot auſſi-bien que le bord du limaçon, & qu'elle fait reſſort en *h*, elle s'éleve facilement pour donner au limaçon la liberté de tourner; on met une ſemblable piece ſur le bras M de la piece des quarts.

CHAPITRE V.

Description d'un Réveil de la construction la plus parfaite pour les Montres.

I. LA partie qui constitue le Réveil, est un rochet A, qui fait mouvoir avec rapidité un marteau; ce rochet est mis lui - même en mouvement par un ressort contenu dans un barillet qui agit sur la roüe C, celle - ci sur la seconde roüe B, & la roüe B, sur le pignon du rochet.

II. Lorsque le rochet est libre, il agit alternativement sur les deux leviers D, E, comme dans l'échapement à double levier, (*Planche* XIII. *Fig*. 6.) l'axe du levier D, qui porte le marteau, le fait frapper alternativement sur la boëte en F, & en G; mais dans son état ordinaire, c'est - à - dire lorsque le Réveil ne sonne point, le marteau est engagé par une goupille *f*, placée perpendiculairement sur sa tige dans l'extrêmité de la détente.

III. La détente *f* G, est mobile autour d'un axe L I, ensorte que quand son extrêmité G a la liberté de descendre, le ressort K qui presse toujours de bas en haut, fait élever la partie *f*, qui dégage la goupille & le marteau.

P ij

IV. Tout se réduit donc à concevoir comment cette partie G de la détente a la liberté de descendre à l'heure où le Réveil doit sonner, & pourquoi tout le reste du tems elle est relevée, malgré le ressort M K qui tend à l'abaisser; pour cela on doit concevoir que la roüe de cadran est dessous la partie G de la détente, & qu'elle est fixée sur la roüe des heures; sous l'éguille des heures est placée l'éguille du Réveil N O, qui a une entaille N, aussi-tôt que la cheville P, qui est sur l'éguille des heures rencontre cette entaille, elle entre dedans, alors le ressort M K a la liberté de faire enfoncer la roüe de cadran en G, & par là, dégager la goupille F, parce que la détente F G tourne au tour de l'axe L L.

V. La piece d'arrêt P, sert a déterminer le nombre de tours que l'on peut faire faire au ressort contenu dans le barillet en remontant le Réveil; on en a déja vû une semblable dans la *Plan. III. Fig.* 3. là palette N fixée sur l'axe du barillet, lorsqu'on montera le Réveil accrochera successivement les dents 1, 2, 3, & au dernier tour viendra se reposer sur la partie pleine & relevée 4.

VI. L'usage de la piece O H R, est de faire cesser le mouvement du Réveil promptement & avec précision; en effet lorsque le Réveil commence à sonner, l'extrêmité R de la piece O H R, étant sur la partie 4 la plus relevée de la pie-

ce d'arrêt, son autre extrêmité *f*, est écartée de
la cheville, & ne gêne point le mouvement du
marteau, mais au moment où le ressort aura achevé ses 5 tours, & que la palette N sera prête à
se reposer en N, la partie R tombera dans la premiere entaille, & l'autre extrêmité *f* qui a une
petite ouverture demi circulaire pour embrasser
la cheville *f*, arrêtera subitement le marteau.

CHAPITRE VI.

Description d'une cadrature de Montre à répétition.

I. L E S premieres Montres à répétition furent faites à Londres, par MM. *Quare*
& *Tompion* après que la répétition eut été imaginée par Barlow en 1676. Si l'on a compris les
pieces de la Pendule dont on a déja vû la description Chap. III, il sera facile de comprendre
celles-ci par le moyen des premieres.

II. A est la piece qui tient lieu de *rateau*, Plan. VI.
cette piece étant écartée par le *poussage*, elle tire Fig. 3.
en B la chaîne qui passe sur une poulie de renvoi
C, & qui entoure la poulie E, sur laquelle elle
est accrochée.

La poulie E, est mise quarrément sur l'arbre
du ressort de la répétition qui porte sur son axe
un rochet; ce rochet est dans l'intérieur de la ca-

ge , il produit l'effet de la roüe de chevilles en Pendules , & sert à lever le marteau pour faire sonner les heures ; ainsi après avoir poussé le rateau jusqu'à ce que le bras E appuye sur une des entailles plus ou moins profonde du limaçon des heures , que l'on voit sous l'étoile F , la poulie E retourne aussi - bien que le rochet qui est fixé sur son axe dans l'intérieur de la cage , & ce rochet leve le marteau autant de fois qu'il y a eu de dents de passées.

III. G D H , est la piece des quarts , mobile autour du point D , elle porte 3 dents à chaque extrêmité à cause des coups doubles , elle porte aussi un bras H pour renverser la levée des heures , & empêcher qu'elle ne puisse sonner ; la même piece des quarts , porte encore un bras K qui doit être retenu par l'extrêmité L de la piece du tout ou rien.

IV. La piece du tout ou rien L M , est mobile autour du point M , elle porte le limaçon des heures , & l'étoile F ; elle est pressée vers F , au moyen du ressort f , qui d'un côté est fixé sur la piece , & de l'autre appuye contre une broche f sur laquelle la piece passe librement & avec jeu.

V. Aussi-tôt que le rateau a pressé le limaçon F assez fortement pour écarter la piece du tout ou rien , & pour dégager le bras K de la piece des quarts , cette piece descend jusques sur le limaçon des quarts N , étant sollicité par le resfort D, c'eſt en quoi conſiſte l'effet du tout ou rien; car ſi l'on ne pouſſoit pas aſſez le rateau pour que le bras K vint appuyer ſur le limaçon & l'écarter, le bras K de la piece des quarts ne ſe dégageroit point, la levée du marteau ſeroit toujours retenue en I, & ne répéteroit rien du tout.

Dès que la levée des quarts eſt dégagée en I, le reſſort ponctué O la repouſſe pour la mettre en priſe, & la partie P de cette même levée ſe trouve placée ſur le chemin de la piece des quarts.

VI. Suivant que la piece des quarts aura rencontré en N, une entaille plus ou moins profonde du limaçon, il y aura 3 dents *a*, *b*, *c*, de la piece des quarts, deux, une, ou point du tout, de paſſées au-deſſus de la levée P, & au-deſſous de l'autre levée Q; par conſéquent dans le retour de cette piece les deux levées frapperont autant de coups doubles qu'il y aura de dents de paſſées; le retour de la piece des quarts ſe fait par le moyen d'une palette E, ou petit bras placé ſur le même axe que le rochet, & qui prend en paſſant la goupille R pour ramener cette piece qui fait frapper les coups doubles en P & en Q, & finit par relever de nouveau la levée des heures P, & la faire déſengrenner du rochet.

VII. La levée Q du marteau des quarts, eſt toujours aſſujettie contre la boëte par le reſſort X, la partie G en retournant, l'oblige à agir ſur la queue Y du marteau des quarts ; la levée du marteau des heures au contraire est toujours écartée de la boëte par le ressort Z, & la piece R en revenant, l'oblige de s'approcher & de pousser la queuë *m* du marteau.

VIII. Chaque marteau a aussi un ressort tel que *n*, qui le presse contre la boëte, & l'oblige d'y revenir fraper avec force, quand il en est écarté par la levée P.

La piece S & la piece *ſ*, sont fixées avec une vis chacune sur la platine, elles ne servent qu'à contenir le bras du rateau, & le tout ou rien, pour les empêcher de s'élever.

IX. Les deux vis V V agissent chacune sur un levier qui peut détourner tant soit peu la levée du marteau, afin de le faire fraper au timbre de plus près, & de donner plus ou moins de force & de son à chaque coup de marteau.

X. La piece T, est une sourdine ; lorsqu'on la presse, elle releve par ses deux extrêmités les marteaux pour empêcher qu'ils ne frapent contre le timbre ou contre la boëte.

CHAPITRE,

CHAPITRE VII.

Description d'une Pendule à remontoir, c'est - à - dire dans laquelle le poids moteur ne descend que d'une ligne, étant remonté continuellement par un ressort.

I. LES inégalités & les inconstances d'un ressort ont toujours fait désirer de pouvoir employer les poids dans le mouvement des Pendules, même du plus petit volume, c'est pour cela qu'on a imaginé les *remontoirs*.

On appelle en général remontoir la partie d'une Pendule qui sert à remonter le poids, soit pour épargner la longueur de l'espace qu'il parcouroit naturellement, soit pour faire aller la Pendule plus long-tems; celui que nous allons décrire est des plus commodes, il fut imaginé par *Pierre Gaudron*, pour Monseigneur le Duc d'Orléans, Régent, en 1717.

II. L'idée de cette machine consiste à faire ensorte que la premiere roüe d'une Pendule à ressort telle que celle du Chap. I. c'est-à-dire la roüe qui conduit celle des minutes, soit détachée du mouvement, & serve à remonter par un côté le cordon d'un poids qui agit par l'autre côté sur la roüe des minutes, qui est alors la pre-

Q

Plan. VII. miere roüe du mouvement. La figure est sensée mise derriere la Pendule, ensorte que ce qui paroit à droite, est véritablement à gauche, quand on regarde le cadran ; A est le barillet qui contient un ressort de 15 jours, & qui fait mouvoir une seconde roüe B qui ne sert qu'au remontoir.

III. La roüe B engrenne dans le pignon de la roüe C qui n'est pas non plus du mouvement, celle-ci porte la poulie D du remontoir qui a 6 lignes de diametre, & est garni de pointes ; cette roüe engrenne dans le pignon du volant N N ; F est la poulie du mouvement portée sur la roüe de longue tige ou des minutes, sur laquelle elle agit, on conçoit assez que le poids n'a besoin que de très peu de force, puisqu'il n'a que 3 roües à conduire, la roüe des minutes, la petite roüe moyenne, & la roüe d'échapement.

IV. Le poids I porté par une poulie ordinaire E, dans une chape M, agit moitié sur la poulie F du mouvement, & moitié sur la poulie remontante D, le cordon S S passe dans une poulie G fixée au fond de la boëte, il agit d'un côté en descendant par son poids sur la poulie F du mouvement, & de l'autre il est remonté de la même quantité par la poulie D aussi garnie de pointes, qui est animée par le grand ressort A, cela se fait à peu près à toutes les minutes.

V. Il nous reste à parler de la piece qui arrête le mouvement du remontoir, & d'une partie qui n'eſt que de précaution.

La piece O L qui eſt repréſentée ſeule (*Fig.* Fig. 3.
3.), eſt mobile autour d'un axe O, elle a 4
branches L, R, Q, & la partie O P qu'on a dé-
taché (*Fig.* 2.)   Fig. 2.

La branche K L appuye toujours ſur la chape
M, & facilite la deſcente du poids; la branche
R en forme de crochet, eſt deſtinée à retenir
des chevilles qui ſont ſur la roüe C, en cas que
le cordon vînt à ſe rompre, pour empêcher le
roüage de couler; la partie Q ſerviroit à recevoir auſſi les chevilles de la roüe C, & à faire les
fonctions de la piece O P, ſuppoſé que celle-ci
vînt à manquer toute ſeule.

VI. Pour ce qui eſt de cette partie O P (*Fig.* Fig. 1. &.
1. & 2.) elle eſt néceſſaire même dans l'état naturel pour arrêter en N le volant, & pour empêcher l'action du grand reſſort juſqu'à ce que
par la deſcente du poids cette action ſoit devenue néceſſaire; mais auſſi-tôt que le poids eſt
deſcendu d'une ligne de même que la branche L,
la cheville P quitte le volant N, & lui laiſſe faire
un demi tour, le grand reſſort agit librement, la
roüe B & la roüe C tournent un peu, la poulie
D, par le moyen de ſes pointes releve le cordon
S S du poids, & le fait monter auſſi-bien que la
piece L K; dès que le poids eſt remonté de la
quantité dont il étoit auparavant deſcendu, la
cheville P ſe préſente contre le volant en N pour

l'arrêter. Comme le coup du volant contre le crochet P seroit trop fort, on a rendu la piece O P coulante & mobile sur une autre petite regle *o p*, & on y a mis un ressort *a b* qui tend toujours à éloigner la partie P, mais qui céde tant soit peu à l'effort du volant pour adoucir le choc.

VII. L'auteur ajoûtoit encore deux pieces à ses Pendules qui ne sont point dans la figure, n'étant pas essentielles à cette mécanique, l'une pour arrêter le petit roüage quand on transporte la Pendule & qu'on en ôte le poids; l'autre pour le cas où le grand ressort étant au bas, la poulie seroit trop descendue pour pouvoir la remonter sans faire partir le roüage.

VIII. M. *Gaudron* avoit jugé aussi que pour diminuer le bruit que pouvoit faire le volant en venant fraper contre la cheville P, il valoit mieux y ajoûter deux roües, dont la derniere n'étoit qu'un cercle d'étain.

IX. Les nombres sont arbitraires, voici ceux que M. *Gaudron* employoit; le barillet 84, la roüe B 72, & son pignon 12; la roüe C 72, & son pignon 8; le pignon du volant 8.

CHAPITRE VIII.

*Description d'une Pendule qui est continuellement re-
montée par le seul mouvement de l'air.*

I. **L**A construction de cette Pendule ne dif-
fere pas quant à l'intérieur du mouvement de celle que nous avons décrite ci - dessus
page 6. mais elle renferme de plus un remontoir composé de 3 roües & d'un volant, nous allons en donner la description.

II. On sait que la température de l'air extérieur est ordinairement différente de celle des appartemens que l'on habite, & qui sont défendus
par l'épaisseur des murs contre une partie de la
chaleur ou du froid que la masse totale de l'air
éprouve successivement dans les différentes heures du jour, ou dans les différentes saisons ; ainsi
toutes les fois que l'air extérieur se trouve plus
froid & par conséquent plus pésant, comme il
le sera, par exemple, le matin avant le lever du
Soleil, la force de son ressort & de sa pésanteur
l'oblige à s'insinuer par les moindres ouvertures
qui peuvent lui donner accès dans des lieux rem-
plis d'un air moins froid, par conséquent moins
condensé, & qui résiste moins à son action.

De même l'air qui occupe l'intérieur d'un ap-

Q iij

partement étant plus calme & plus paifible que l'air extérieur, celui-ci ne peut manquer d'enfiler les iffuës qui fe prefentent au dehors, & de pénétrer dans l'intérieur par la feule force de fon mouvement.

III.　D'après ces notions préliminaires, il fera facile de comprendre l'effet & l'utilité de cette machine ; on pratiquera une ouverture extérieure par laquelle l'air puiffe s'introduire dans un conduit E E S S, (*Fig.* 1.) par le côté E E, & reffortir en S S, dans une cheminée ou au dehors de la chambre ; l'intérieur de ce conduit fera traverfé dans toute fa largeur par les aîles d'un moulinet B A A, qui par conféquent fe trouveront pouffées de A vers S ; toutes les fois que le vent du dehors ou la chaleur du dedans obligeront l'air extérieur à s'introduire par l'ouverture E E ; la longueur de ces aîles fera d'environ 3 pouces.

Pl. VIII.
Fig. 1.

IV.　L'axe du moulinet portera un pignon C, qui fera mouvoir une roüe D D de D en C, celle-ci portera de même un pignon F qui entraînera la roüe F G de F en G , enfin celle - ci par le moyen du pignon H, entraînera la roüe H K I de H en K, & par conféquent auffi la poulie L qui eft fixée fur cette roüe, & dont les pointes remontent le poids P, par la partie L P du cordon, tandis que ce poids par la partie Q R du cordon agit fur la poulie Q du mouvement.

V. Pour empêcher que le mouvement de l'air souvent trop rapide & presque continuel, ne détruisît la machine lorsque le poids parvenu jusques vers la poulie, ne pourroit plus se remonter ; on a pratiqué proche de l'ouverture extérieure E E une vanne V qui est remontée jusqu'en T, par le moyen de la bascule X Y qui est mobile autour du point Y, & que le poids P R oblige de remonter lors qu'il approche de la poulie Q.

Cette vanne étant une fois parvenue en T, ferme entierement le passage de l'air extérieur, de maniere qu'il ne peut plus agir sur le moulinet B A, qui sans cela seroit bien-tôt fracassé, comme l'expérience me l'a appris ; mais aussi-tôt que le poids commence à redescendre, la bascule Y X descendant par son propre poids, aussi-bien que la vanne V X, le passage de l'air devient libre, & l'effet du remontoir recommence.

VI. Le conduit d'air que l'on doit pratiquer pour cette machine, peut se placer derriere une tapisserie, ou dans tout autre lieu qui sera plus commode, il peut être droit ou recourbé, rond ou applati suivant la circonstance des lieux ; lorsqu'il s'ouvre dans une cheminée, il doit être le plus bas & le plus proche qu'il se pourra du foyer, de peur que la fumée ne s'y introduise, il peut même alors servir de fumifuge, en donnant à la cheminée un air qui facilite l'élévation de la fumée.

VII. On aura foin de mettre une féparation exacte entre le volant & le refte de la machine, pour que l'air ne puiffe s'y infinuer; pour cet effet, on fe fervira d'une piece de bois ou de ferblanc Z W qui ne donne paffage qu'à la tige C C du pignon C, & qui fépare le volant du roüage.

VIII. Cette machine eft d'une grande commodité dans l'ufage, l'expérience eft d'accord avec le raifonnement; j'en ai placé dans divers endroits, entr'autres dans la falle de l'Académie de Peinture & de Sculpture au Louvre; il n'eft perfonne qui ne foit charmé d'être déchargé pour toujours du foin de remonter une Pendule, & de la crainte de la laiffer arrêter par négligence ou par oubli.

IX. Quoique le mouvement perpétuel mécanique foit jugé impoffible, on n'en doit être que plus attaché à faire valoir les forces de la nature dans la production d'un mouvement perpétuel phyfique tel que celui que l'on vient de voir, ou d'autres femblables que l'on peut imaginer; j'efpere pouvoir produire le même effet par la feule péfanteur de l'air qui étant variable & comme on le fait, capable de faire équilibre avec une colonne de Mercure de 29 pouces de hauteur, peut à plus forte raifon être employée à faire mouvoir une machine; je ne fais fi on y a fongé jufqu'à préfent.

CHAPITRE,

CHAPITRE IX.

Pendule à une roüe faite en 1751.

I. **L**E défir de fimplifier les machines d'Horlogerie ne paroiffoit pas pouvoir nous
conduire jamais à une fimplicité plus grande que
celle de 3 roües pour une Pendule qui marque
les heures, les minutes & les fecondes.

II. Nous lifons dans un Mémoire de M. de
Rivaz, imprimé fur la fin de l'année 1751. qu'il
avoit fait plufieurs tentatives à ce fujet; il avoit
d'abord fubftitué au roüage d'une Pendule 4 rateaux qui fe conduifoient l'un & l'autre; il fit enfuite en 1740. une Horloge qui n'avoit aucune
roüe de mouvement, mais feulement 3 roües de
cadrature, dans laquelle le pendule conduifoit la
roüe des fecondes, qui à chaque révolution faifoit paffer une dent de la roüe des minutes, &
celle-ci à chaque tour une dent de la roüe des
heures qui en échapant reftituoit au pendule le
mouvement néceffaire pour agir pendant l'heure
fuivante.

III. Au commencement de 1751. le fils aîné
de M. Julien le Roy me propofa de faire une
Pendule dans laquelle il n'y auroit qu'un rateau
qui feroit retenu par des échellons fixés fur le ba-

R

lancier ; la roüe des minutes devoit pousser le rateau pendant une minute , & le rateau devoit revenir par son propre poids, ou par le moyen d'un
contrepoids, pendant la minute suivante ; le pendule placé sur le côté de la roüe devoit recevoir
toutes les 2 minutes , un coup d'une dent de la
roüe des minutes pour lui restituer le moüve-
ment ; cette idée étoit encore fort éloignée de
l'état de perfection où je la portai bien-tôt, après
des tentatives réitérées & des peines infinies ,
pour la mettre en l'état où nous la présentâmes
au Roi dans le mois de Mai 1751.

Plan. IX.   IV. Le pendule A B C D E F suspendu en A
porte les 4 palettes G, H, K, L ; il est recourbé
en forme de manivelle afin que le point de suf-
pension A , étant sur le milieu de la cage, le balancier ne soit point arrêté par l'axe de la roüe ,
& que sa partie D puisse se présenter vers la circonférence de la roüe qui doit restituer le mouvement aux deux palettes M , N , portées sur la
verge du balancier.

V. La roüe est mise en mouvement par le
poids qui agit sur une petite poulie T ; la dent
x de la roüe agit sur deux leviers , l'un $o\,p$ auquel on donne une figure courbe, telle à peu
près que la dent agisse sur toute sa longueur $o\,p$
avec une force toujours égale ; l'autre q, qui est
une palette rectiligne.

VI. Considérons le moment où la dent de la

roüe preſſe la palette *q*, pour faire aller le rateau de droite à gauche, & où (le pendule étant vertical), il eſt arrêté contre la premiere palette K après une vibration ; le balancier s'éloignant enſuite vers la gauche pour faire une ſeconde vibration, le rateau S R tombera ſur la palette L, à la 2ᵉ ſeconde, & toutes les autres de ſuite, enſorte que la 15ᵉ dent R du rateau tombera ſur la palette L à la 30ᵉ vibration, & la premiere dent S ſur la palette G à la 31ᵉ ; la ſeconde dent tombera ſur la palette H à la 32ᵉ vibration, & par conſéquent la derniere dent du rateau, ſera ſur H à la 58ᵉ, ſur G à la 59ᵉ, & à la 60ᵉ elle échapera entierement.

VII. Mais au même inſtant que le rateau ſe trouve dégagé des palettes, la dent de la roüe qui agiſſoit ſur le petit levier *q* en échapera, & la dent ſuivante *x*, commencera à agir ſur le levier *o p* ; comme ce levier *o p* eſt une courbe inclinée en dedans, deſorte que le point *o* de cette courbe eſt plus éloigné du centre, ou de l'axe, que le point *p*, la dent faiſant effort pour s'approcher du centre obligera le levier *o p* à s'écarter vers la gauche, & ramenera le rateau vers la droite.

Ainſi à la 61ᵉ ſeconde le rateau reviendra ſur la palette G pour commencer la minute ; à la ſeconde vibration ſa dent R tombera ſur la palette H, & le pendule venant à faire une oſcillation à droite qui baiſſe tant ſoit peu la palette H, la ſe-

conde dent du rateau tombera fur l'autre palette
G, à la 3ᵉ feconde, & la premiere dent paffera
entre les deux palettes ; en allant de fuite on
comprend que la 15ᵉ dent S tombera fur la palette H à la 30ᵉ feconde, & la dent R fur la palette K à la 31ᵉ ; par conféquent la derniere dent
S tombera en K à la 59ᵉ feconde, & le rateau
échapera entierement à la 60ᵉ : alors pour commencer la minute fuivante, la dent de la roüe
échapera du levier o p, commencera à agir fur
le levier q, & ramenant le rateau vers la gauche
la premiere dent S fera fur la palette K à la premiere feconde, & fur la palette L à la 2ᵉ, comme on l'a vû en commençant.

VIII. Les deux palettes M, N, qui font placées fur la verge du pendule perpendiculairement à la ligne A M tirée du point de fufpenfion,
reçoivent la dent de la roüe chaque fois qu'elle
échape des leviers p ou q, & que le rateau fe
trouve en même tems dégagé des palettes H ou
K ; la premiere palette M reçoit la dent à la fin
de la premiere minute, & la palette N la reçoit à
la fin de la feconde minute ; ces palettes font terminées par des plans inclinés fur lefquels la dent
gliffe & agit fuffifamment pour reftituer le mouvement que le pendule a perdu pendant une minute ; le rateau porte fur fon axe l'éguille des fecondes, telle qu'on la verra dans le Chapitre
XI.

IX Quoique la poulie T fut extrêmement petite, comme elle faisoit un tour à chaque heure,
la Pendule n'alloit pas assez long-tems ; pour y
remédier & pour diminuer la descente du poids,
au lieu de 30 dents que la roüe devoit avoir
pour pouvoir porter l'éguille des minutes, on
lui en donne 45, desorte qu'elle ne tourne qu'en
une heure & demie ; on fixe sur son arbre à frottement dur une roüe de 60 M, cette roüe engrenne dans une roüe N de renvoi, qui a 40
dents, qui par conséquent fait son tour en une
heure, & porte l'éguille des minutes. La roüe
M porte en V un pignon de 10 qui engrenne à
son tour dans la roüe Y de 80 dents, cette roüe
porte l'éguille des heures.

X. L'échapement de cette Pendule est composé comme on le voit d'une courbe $o\,p$, & d'u-
ne palette q, sur lesquelles la dent x agit alternativement pour faire aller le balancier à droite
& à gauche ; cet échapement étoit sujet à plusieurs défauts qui me l'ont fait abandonner depuis, pour y substituer celui qu'on verra dans le
Chapitre XI. Le frottement de la dent x de
la roüe sur la courbe $o\,p$ est trop dur, & produit
un effort considérable sur l'axe Z de la piece $o\,p\,q$,
qui ayant une longueur assez grande, peut facilement se courber & peut-être même abandonner
la roüe.

L'effort de la dent x de la roüe sur la courbe

R iij

o p, & fur la palette *q*, eſt trop inégal, & depuis le commencement de l'impulſion juſqu'à la fin il va toujours en diminuant, au lieu que l'effort de cette dent fur la palette *q*, va toujours en augmentant par la longueur du levier.

XI. Quelque défectueux que fût cet échapement, on pouvoit être féduit par la propriété qu'il avoit, étant appliqué aux Montres, de fupprimer la roüe de champ, & d'être aſſez facile à exécuter, c'eſt ce qui a porté le Sieur Chriſtin au mois de Mars dernier, à en faire l'application aux Montres, & à le publier dans les gazettes comme le plus nouveau & le plus parfait de tous les échapemens, l'expérience fera voir à tout le monde qu'il étoit fort loin de compte.

Le ſeul changement qu'il y ait fait eſt un vice qu'il y a ajoûté de plus en allongeant beaucoup la palette ou levier *q*; il la diminue auſſi de la moitié ſur ſon épaiſſeur, afin de laiſſer paſſer les dents ou pointes de la roüe qui ſont longues, par deſſous la palette *q*, & pour l'impulſion de cette palette il place ſur le milieu de la longueur de chaque dent de la roüe, une autre dent relevée de champ deſtinée à agir ſur la partie *q*, tandis que les pointes mêmes des dents agiſſent ſur le levier courbe *o p*, ainſi les deux leviers d'impulſion deviennent très-inégaux, puiſque dans l'un les dents agiſſent par leur extrêmité ou par leur partie la plus éloignée du centre, & dans l'autre elles agiffent par leur partie moyenne qui eft beaucoup plus près du centre. Une production fi imparfaite ne méritoit pas d'être revendiquée, auffi nous n'avons fongé ni M. le Roi le fils, ni moi, à rappeller nos prétentions à ce fujet. Au refte cette Pendule eft l'ouvrage d'Horlogerie le plus difficile que je connoiffe.

CHAPITRE X.

Defcription d'une Pendule faite fans roües de mouvement, & avec deux feules roües de cadrature, inventée au mois d'Août 1752.

I. DANS la Pendule que nous venons de décrire, la roüe reftituoit le mouvement au pendule à chaque minute, recevant elle-même fon mouvement d'un poids comme dans les Pendules ordinaires ; je ne tardai pas à m'appercevoir que l'on pouvoit en fimplifier la conftruction en employant une fonnerie qui reftitueroit le mouvement à chaque coup de marteau, c'eft ce que j'ai pratiqué dans celle-ci.

II. Le pendule A B étant mis en mouvement Plan. X, eft capable d'ofciller de lui - même affez long- Fig. 1. tems pour attendre l'opération qui devra lui rendre la quantité de mouvement qu'il perdroit peu à peu ; fur le haut du Pendule & vers le point de fufpenfion eft placée perpendiculairement une

traverse C c qui porte à ses extrémités deux leviers mobiles C D, c d, dont les extrémités vont
s'engager dans les dents d'un rochet e qui porte
l'éguille des secondes ; ces deux leviers forment
quelque chose de semblable à la machine de *La-
Garoufte*, ou une espece de cliquet. Lorsque le
pendule fera une oscillation à gauche, le levier
c d descendra & fera avancer une dent du rochet ; en même tems le levier C D paffera d'une
dent à la suivante, il fera donc en état de pouffer
à son tour le rochet, lorsque le pendule revenant
à droite fera baisser le levier C D, & que le levier c d continuellement appliqué au rochet par
un reffort en c paffera auffi d'une dent à l'autre.

III. Ainsi le rochet qui a 30 dents, fait un
tour en une minute, il porte affez près du centre
une cheville e qui à la fin d'une révolution, fait
paffer une dent d'un autre rochet F F qui eft retenu par un cliquet, & eft taillé intérieurement
afin de pouvoir tourner dans le même sens sans
aucune cadrature ; le rochet F ayant 60 dents,
fera donc son tour en une heure, & portera l'é-
guille des minutes.

Pour ce qui eft des heures, elles feront marquées par le chaperon des heures, au travers d'un
trou, ou vis-à-vis d'un index.

IV. La roüe des minutes F F porte 4 chevilles g, g, qui levent à chaque quart le détentillon M K H, celui-ci dégage la détente L qui retenoit

tenoit une des chevilles derriere le chaperon des
quarts P P, & le détentillon reçoit la cheville
suivante du chaperon, qu'il retient jusqu'à ce qu'il
ait échapé en *g*, alors le chaperon tourne par la
force du poids & fait lever les marteaux jusqu'à
ce que la détente L rencontre une autre entaille.

V. A chaque coup de marteau les chevilles
du chaperon tombent sur des arcs de cercle N,
dont le centre est en A, qui se terminent par des
plans inclinés, & qui sont fixés sur la verge du
pendule; la cheville en échape à chaque vibration, & passant sur la partie inclinée, elle resti-
tue le mouvement au pendule; c'est là le principe du mouvement.

VI. Ce chaperon des quarts fait son tour en
6 heures afin que le poids qui agit sur les 2 chaperons tout ensemble ne descende pas si considérablement, il a par conséquent 72 chevilles d'un
côté, dont 30 plus longues servent à lever les
marteaux; & les 42 autres ne servent qu'à reposer sur le détentillon & la détente; des 72
chevilles, il y en a 36 qui passent alternativement de l'autre côté du chaperon pour reposer
sur les plans, toutes les 72 servent au détentillon & à la détente; les 36 plus longues qui sont
d'un côté, servent à restituer le mouvement & à
modérer la vîtesse du chaperon; des 72 qui sont
de l'autre côté, les 30 plus longues levent les

marteaux, elles font alternatives avec les cour-
tes, excepté une de fix en fix.

VII. Le chaperon des quarts à chaque heure,
ayant une partie plus élevée telle que *p*, fouleve
davantage la détente, & par le moyen d'une bafcule de communication, dégage le chaperon des
heures qui étoit retenu en R; le chaperon des
heures tourne comme le précédent; il a 78 chevilles qui levent les marteaux, dont 39 étant plus
longues reftituent le mouvement fur des plans
inclinés S, T, fixés à l'autre côté de la verge du
pendule, & femblables à ceux dont nous avons
déja parlé, ces 39 font auffi alternatives.

VIII. Cette Pendule eft la plus fimple que
l'on ait encore imaginé pour produire un fi grand
nombre d'effets; les 2 chaperons pourroient fe
réduire à un feul en le faifant plus grand; elle
n'a aucune roüe de mouvement, point de rateau
ni de pignon, & 2 feules roües de cadrature.

M. le Mazurier en a préfenté une au mois de
Mars 1755. qui étoit faite fur le même principe,
mais dans laquelle il s'étoit feulement efforcé par
une complication extrême, de faire reftituer le
mouvement à chaque minute; cette Pendule n'é-
vitoit pas l'inconvénient de celle-ci qui eft l'irrégularité que la fonnerie caufe aux vibrations du
pendule, puifque les queuës des marteaux y re-
pofoient également fur des palettes fixées au balancier.

C'eſt ce défaut d'uniformité qui m'a fait négli-ger la Pendule que je viens de décrire ; il n'étoit pas poſſible qu'un pendule qui recevoit 12 fois plus d'impulſion à midi qu'à une heure , fût tou-jours parfaitement iſochrone ; on verra une Pen-dule dans le Chapitre ſuivant beaucoup plus parfaite , preſque auſſi ſimple , & plus facile à exécuter ; elle fut inventée & exécutée par mon Frere , au mois de Janvier 1754.

CHAPITRE XI.

Deſcription d'une nouvelle Pendule à une roüe, avec la ſonnerie ſans roüage & par un ſeul chaperon.

I. LE poids P ſuſpendu à un cordon qui paſſe ſur une poulie A garnie de pointes, eſt le premier moteur de la Pendule ; cette pou-lie eſt fixée ſur l'axe de la roüe D C qui eſt la ſeu-le roüe de mouvement , & qui faiſant ſon tour en une heure , eſt chargée de l'éguille des minu-tes ; cette roüe eſt ſupportée par un coq S en de-dans de la cage , afin que l'extrêmité B de ſon axe puiſſe porter le canon de l'éguille des heu-res , qui porte une étoile R en dedans de la cage.

II. Cette roüe paſſe entre 2 pieces d'acier D & *d*, qui forment un échapement dans le genre de celui que l'on verra Chap. XIV. la piece *d* eſt

Pl. XI.

S ij

ponctuée sur le plan pour faire voir qu'elle est située derriere la roüe, & l'autre D en devant de la roüe.

Ces deux portions de cylindre D & *d*, sont recourbées intérieurement en allant du centre vers la circonférence comme des portions de spirales.

III. La roüe D C qui porte 30 chevilles de chaque côté, rencontrant vers le centre une des courbes *d*, & faisant effort pour la pousser vers E, on voit par la situation de la courbe ponctuée *d*, que la portion de roüe K G F qui est fixée sur le même arbre que les cylindres D, *d*, tendra à se mouvoir dans le sens contraire, de G en F.

IV. La portion de roüe K G F porte deux rangées de chevilles, l'une F G de 31 chevilles, l'autre G K de 30 ; ces deux rangées sont séparées en G par un intervalle suffisant pour la chûte d'une des courbes sur l'autre.

V. Les deux bras F & G de l'ancre portent chacun 2 arcs concentriques, l'un extérieur F, G, l'autre intérieur *f, g*, ils portent aussi chacun deux plans inclinés comme on les voit aux extrêmités des arcs F, G, *f, g*.

VI. La portion de roüe K G F est sollicitée à se mouvoir de G en F ; la premiere cheville rencontrera le plan incliné *f*, & l'écartant de la perpendiculaire, elle fera faire une oscillation au pendule ; aussi-tôt qu'elle aura échapé de ce plan ; la seconde cheville de l'autre rangée repofera fur l'arc G; (on verra bien-tôt pourquoi la premiere cheville de la feconde rangée n'agit point dans ce cas là.)

VII. Le pendule ramenant bien-tôt les bras de l'ancre de F vers G, la même cheville G rencontrera le plan incliné inférieur G, & agira pour la feconde vibration ; ainfi les chevilles de la premiere rangée aideront toutes les vibrations impaires 1, 3, 5, &c. par le moyen du plan incliné fupérieur f, & les chevilles de la feconde rangée G K feront les vibrations paires 2, 4, 6, &c. par le moyen du plan incliné inférieur G; ainfi la 59e appartiendra à la premiere rangée f, & la 60e fera déterminée par la 31e cheville de la feconde rangée, puifque la premiere n'a eu aucune part au mouvement.

VIII. Avant que la 60e vibration fe faffe, & que la 31e cheville K échape, il y aura eu 30 chevilles de la premiere rangée qui auront échapées, ainfi quand la derniere cheville K échapera, la portion de roüe f échapera auffi, & quittera entierement les bras de l'ancre; mais dans ce moment la cheville de la roüe D E C échapera de la courbe d, & la cheville fuivante tombera fur la courbe de l'autre cylindre D, par conféquent la portion de roüe K G F fe trouvera déterminée à revenir fur fes pas, & la derniere cheville K qui venoit d'échaper de deffus le plan incliné G reviendra fans produire aucun effet dans

fon retour ; ainfi cette cheville-là eft furnumé-
raire, & doit être la 31e de cette feconde rangée ; mais la 30e cheville qui venoit d'échaper
du plan incliné *f*, retombera fur le repos F, &
deffus le plan incliné F de deffous, & produira la premiere vibration de la feconde minute,
ainfi les 30 chevilles qui avoient fait les vibrations impaires, les feront encore & les 30 chevilles de la feconde rangée produiront les vibrations paires jufqu'à 58.

IX. A la 60e vibration la cheville de la roüe
D E C éhapera de la courbe D fur *d*, alors la portion de la courbe F G K changeant de direction
en un inftant, & dans le moment que le bras de
l'ancre G eft encore levé, la même cheville qui
a produit la 60e vibration en agiffant fur le plan
incliné *g*, reviendra où elle étoit fans produire
aucune vibration, & ce fera la premiere cheville
de la premiere rangée qui tombera fur le repos *f*,
comme nous l'avons dit, voilà donc la raifon
pour laquelle la premiere cheville de la feconde
rangée paffe fans produire aucun effet : car comme elle vient d'agir fur le plan incliné *g*, & de
repouffer le bras de l'ancre ; ce bras fe trouve encore éloigné lorfque la portion de roüe K G F
vient à retourner fur fes pas & par conféquent la
cheville trouvant le paffage libre, revient auffi
fans trouver aucun obftacle, & fans faire rien
compter.

X. Ce feroit la même chofe fi l'on vouloit mettre les 31 chevilles à la premiere rangée, & les
30 chevilles à la feconde; car fuppofons que la
premiere cheville des 31 de la premiere ait paffé
le bras de l'ancre F fans agir, & que ce foit la
premiere cheville de la feconde rangée qui agiffant fur le plan incliné G, produife la premiere
vibration, la 30ᵉ produira la 59ᵉ feconde, & la
31ᵉ cheville de la premiere rangée échapera de
deffus le plan f à la 60ᵉ; & à caufe de la cheville qui échapera auffi en D, & du changement de
direction; la même cheville reviendra fans rien
produire, & ce fera la 30ᵉ cheville de la feconde
rangée qui en revenant produira la premiere feconde; ainfi celle que nous avons appellé la premiere de la feconde rangée, produira la 59ᵉ feconde, & la premiere cheville de la premiere
rangée produira la 60ᵉ, puifque la 31ᵉ n'a rien
produit; alors la portion de roüe venant à changer de direction dans le tems que le bras F de
l'ancre eft encore levé, la premiere cheville de
la premiere rangée repaffera fous l'ancre fans rien
produire, & la premiere cheville de la feconde
rangée recommencera la premiere feconde dans
le même ordre.

XI. On fent affez que l'efpace qui eft entre la
premiere & la feconde rangée eft néceffaire pour
la chûte de l'échapement D, car il eft néceffaire
que la portion de roüe K G F puiffe fe dégager

entierement des bras de l'ancre; en effet, lorfqu'une cheville de la roüe D E C quitte la courbe *d*, & que la cheville fuivante vient fur la
courbe D, il faut abfolument une petite liberté
pour le paffage, qui quelque bien ménagée qu'elle foit, produit tout au moins après un certain
tems une petite chûte de la cheville fur la courbe D; je fuppofe que cette chûte foit d'un 6e de
ligne, comme la portion de roüe a 6 fois plus de
largeur que la courbe D, ce 6e de ligne pour la
chûte en D exigera une ligne entiere de mouvement dans la portion de roüe, ce qui ne pourra
arriver fans que la portion de roüe forte entierement des bras de l'ancre pour céder d'une ligne
entiere à l'impulfion de la roüe D E C; cette
chûte eft fort indifférente.

XII. L'axe A B de la roüe des minutes porte un
canon *t r* à frottement dur, fur lequel eft fixé quarrément l'éguille des minutes, & qui fert pour la
remettre à l'heure fans faire couler le roüage.

Ce canon porte une cheville *r* qui à chaque révolution de la roüe leve le détentillon *q* dans le
profil, & O X Y fur le plan; ce détentillon leve
une détente W qui eft toujours dans une entaille
du chaperon & qui retient la roüe de fonnerie par
le moyen d'un crochet qui paffe fous une des
chevilles de la partie poftérieure du chaperon N
O; cette détente étant levée, ce chaperon par la
force du poids de la fonnerie eft mû de N en *n*,

mais

mais les chevilles de la partie antérieure telles que *y* rencontrant bien-tôt le détentillon Y, la roüe eft arrêtée pendant un efpace de tems qu'on appelle le délai, jufqu'à ce que le bras du détentillon *q* ait échapé de deffus la cheville *r*, alors le détentillon revient, le chaperon devenu libre continue de fe mouvoir de N en *n*, & à lever les marteaux jufqu'à ce que la détente rencontrant une autre entaille *z* où elle puiffe rentrer, fe replace dans les chevilles de la face poftérieure de la roüe, & arrête le mouvement.

Chacune des chevilles du chaperon fait lever le marteau; mais pour modérer fon mouvement & mettre un certain intervale entre les levées des marteaux, les chevilles de la face poftérieure de la roüe *y z* tombent fur deux plans inclinés, ou palettes, fixées à la verge du balancier, l'une au-deffus de l'autre qui ne laiffent paffer qu'une cheville, & par conféquent un feul coup de marteau à chaque feconde.

XIII. Le chaperon produit encore un autre effet effentiel: parmi les chevilles qui font fur fa partie antérieure il y en a une à chaque entaille, telle que *v* un peu plus longue que les autres, de façon qu'il en paffe une à chaque heure fur l'étoile T R dont elle entraîne un des rayons; le fautoir qui eft placé en V T retient l'étoile dans la même fituation jufqu'à ce qu'une autre cheville vienne de nouveau faire paffer un rayon de l'étoile ; c'eft elle qui porte l'éguille des heures.

XIV. Pour ce qui eft de l'éguille des fecondes M L, elle ne fait pas des révolutions comme les autres, mais étant fixée fur les cylindres ou fur les courbes D , *d*, avec la portion de roüe K G F, elle va par conféquent de L en *l*, tandis que la portion de roüe va de G en K ; l'éguille revient au contraire de *l* vers L, lorfque la portion de roüe revient de G vers F ; l'éguille maintient auffi l'équilibre.

CHAPITRE XII.

Defcription d'une groffe Horloge horifontale.

I. **I**L n'y a pas un grand nombre d'années que l'on s'eft apperçû de l'avantage qu'il y a à placer dans un même plan horifontal toutes les roües d'une Horloge , au lieu de les mettre les unes fur les autres dans une cage verticale, (comme on le voit dans toutes les anciennes Horloges) ; de cette maniere on fupprime la hauteur de la cage , on rend les frottemens moindres , & les engrenages plus conftans & moins fujets à varier par l'ufure ; on a des modeles en ce genre dans mes Horloges de la Meûte , du Luxembourg, de Belle-vûe, des Ternes & de l'Hôtel des Fermes &c. dont quelques-unes font faites avec tant de foin , que le mouvement peut marcher avec quatre onces de poids.

II. Le chaſſis de cuivre A B C D E F auquel un artiſte d'ailleurs célebre a donné le nom de cercle (R. A. 336.), préciſément parce que c'eſt un quarré, eſt placé horiſontalement, & porte le roüage du mouvement, & celui de la ſonnerie des quarts B C D E, il doit être compoſé de cinq pieces enclavées les unes dans les autres.

III. Le mouvement eſt compoſé de 3 roües, la premiere G H de 80 dents appellée la grande roüe, ſur laquelle eſt porté le cylindre que la corde envelope, & ſur lequel agit le poids moteur de l'Horloge : cette roüe engrenne dans le pignon G de 10 de la roüe moyenne L M qui a 75 dents, celle-ci dans le pignon L de 10 de la roüe d'échapement N qui a 30 dents ; le cylindre ou la premiere roüe fait ſon tour en une heure, elle porte ſur l'extrêmité K de ſon axe une roüe qui y tient à frottement dur, mais que l'on peut faire mouvoir pour remettre l'Horloge à l'heure ; cette roüe K porte 4 chevilles qui à chaque quart-d'heure levent le détentillon K O fixé ſur l'axe O P qui porte auſſi le bras P Q R.

Ce détentillon leve la détente T T V, par le moyen d'un bras de communication.

IV. Le roüage de la ſonnerie des quarts renfermé dans la portion B C D E de la cage, eſt compoſé de deux roües & un volant ; la premiere X X X de 100 dents, porte le cylindre ſur lequel la

corde du poids s'envelope, elle engrenne dans
le pignon X de 10 de la seconde roüe, cette
roüe Z Z est de 80, & engrenne dans le pignon
de 10 qui est sur l'axe du volant & &.

Aussi-tôt que la détente T T V est levée, le
collet ou tourteau *u* qui étoit retenu au moyen
d'une entaille, par un petit bras *y* qui fait partie
de la détente, est dégagé, de même que le crochet V dans lequel le volant étoit aussi retenu,
& le rouage se met en mouvement ; mais aussi-
tôt que le volant a fait un tour, la pièce coudée
S rencontre le détentillon Q R qui est levé, &
s'arrête pour quelques momens, c'est ce qu'on
appelle le délai ; quand la cheville de la roüe K,
qui tenoit relevé le détentillon K O P Q R l'aura
laissé échaper, alors la partie Q R redescendra,
la pièce coudée S devenue libre, le volant reprendra son mouvement, & la roüe X X qui
porte des chevilles de chaque côté 1, 2, 3, 4, 5,
levera, en tournant, les extrêmités des queuës des
marteaux ou bascules 6, 8, 9, 10 ; & 7, 12,
13, 14, 16, 17, qui sont mobiles autour des
axes 17, 13, & 8, 11, qui portent des bras 9,
10, & 16, 14, pour lever les marteaux. Le
chaperon Y qui est porté sur l'axe X Y a 3 entailles, pour la demie, pour les trois quarts, & pour
les quatre quarts : le compteur ∫ *t* qui est fixé
quarrément sur l'axe T T *r* de la détente, se ter-
mine en crochet, & il appuie sur le chaperon ;

dès qu'il rencontre une de ces entailles, il y retombe, & les pieces V y de la détente arrêtent le roüage, ainsi le roüage ne peut jamais couler que pendant le tems que durera le passage d'une entaille à l'autre.

La 3e entaille qui répond aux 4 quarts, c'est-à-dire à l'heure, est précédée d'une éminence en forme de mentonet sur le chaperon Y, qui éleve beaucoup la détente *t s* T T avant que de la laisser retomber, de façon que le levier opposé *r q* est abaissé & fait baisser le bras *q p* de la détente *q p o n* mobile sur l'axe *p n* ; la détente *o m* est donc élevée à chaque heure, & le collet 22 dont le mentonnet étoit retenu en *m* se dégage.

VI. Le roüage de la sonnerie des heures est renfermé dans un chassis de fer horisontal & rectangle *a b c d*, séparé des deux autres roüages pour plus grande commodité.

Il est composé d'une roüe *f e* de 80 dents ; cette roüe porte 8 chevilles, 25, 26, &c. destinées à lever les marteaux, elle est renforcée par une double roüe qui lui est parallele 27, 28, & qui soûtient les chevilles avec la roüe *e f* ; la roüe *e f* engrenne dans le pignon *f* de 10 de la seconde roüe qui a 80 dents, la roüe *g* engrenne dans le pignon *h* de 10 qui porte le volant 29, 30, destiné à modérer l'écoulement du roüage ; ce roüage toujours sollicité au mouvement par le poids fixé à la corde 32, est retenu

T iij

par des mentonnets 22 & 33, fixés fur la tige du pignon de la feconde roüe; & fur celle du volant.

VII. Auffi-tôt que la détente fera levée, la piece *o m* fortira auffi de l'entaille du tourteau & de la branche d'arrêt; la feconde roüe & le volant feront hors de prife, la roüe *e f* tournera, & fon pignon 35, la roüe de compte 34 fur laquelle eft fixé le chaperon, tournera jufqu'à ce que le bras *l m* de la détente dont l'extrêmité eft recourbée en forme de crochet, rencontre une autre entaille, dans laquelle il puiffe retomber, alors le bras *o m* tombant en même tems, arrêtera le volant & la feconde roüe par les pieces 33 & 22.

Ainfi la diftance d'une entaille à l'autre, détermine le nombre de chevilles de la roüe *e f* qui doivent paffer, c'eft - à - dire le nombre de fois que la bafcule 18, 19, du marteau doit être levée.

VIII. Comme le bras 20 eft élevé en même tems que la bafcule 18, 19, il y faut adapter un renvoi pour qu'il puiffe tirer les marteaux du haut vers le bas, à moins que les timbres ne fuffent au deffous du roüage.

IX. Les cylindres de ces 3 roüages fe remontent chacun par une roüe de remontoir 36, 37, fixée fur le cylindre, au moyen d'un pignon dont le quarré 38 reçoit une manivelle.

Le cylindre a la liberté de tourner fans la roüe

des chevilles, en un fens, c'eft-à-dire pour le remonter par le moyen d'un cliquet qui l'arrête
dans le fens oppofé & oblige la roüe à tourner
avec le cylindre.

La roüe de compte, dont on vient de parler &
qui eft jointe au chaperon, ne fe rencontre point
dans les Pendules, parce que le chaperon y eft
porté fur une des roües de la fonnerie qui fait fon
tour en 12 heures.

X. Cette conftruction donne l'avantage de pouvoir placer le poids 32 entre la roüe du cylindre
& le pignon dans lequel elle engrenne; par ce
moyen le poids n'agit prefque pas fur l'axe ou fur
les pivots du cylindre; mais fon action principale eft fur le point de conduite, c'eft-à-dire
fur la circonférence du pignon; au contraire fi
les poids étoient placés vers la partie oppofée
de leurs cylindres; les pivots du cylindre feroient chargés & du poids entier, & de la réfiftance qui s'exerce de l'autre côté vers le pignon,
laquelle eft encore prefqu'égale au poids; l'ufure
fera donc ici infiniment moindre fur les pivots.

Mais l'effet de cette ufure deviendra encore
moindre par la difpofition des roües à côté de
leurs pignons, puifque les trous pourront devenir plus profonds fans que l'engrenage foit changé.

XI. Les pivots de toutes les roües fe placent
dans des entailles demi-circulaires, recouvertes par

des tenons de cuivre qui s'y mettent à vis , ce qui fournit le moyen de les déplacer les unes ou les autres féparément fans toucher au refte pour les néttoyer , & y mettre de l'huile ; on pourroit pratiquer dans la jointure de ces tenons avec les chaffis des petits angles creux où les ordures fe retireroient & feroient arrêtées par le mouvement du pivot.

XII. M. le Roy qui a beaucoup perfectionné les groffes Horloges , propofoit de placer près du cadran de l'Horloge un mouvement de Pendule à fecondes qui n'auroit que la force néceffaire pour conduire les éguilles & pour lever la détente, cette précaution devient moins néceffaire en faifant le mouvement d'une Horloge avec foin, tel que nous venons de le décrire.

Les volans & & 29, 30 font brifés , c'eft-à-dire que leurs aîles ou les parties extrêmes peuvent tourner fur des axes 39, fur lefquels elles tiennent à frottement dur ; par-là on les incline plus ou moins pour préfenter à l'air une furface différente, & faire couler la fonnerie plus vîte , en diminuant la prife & la réfiftance de l'air ; il faut remarquer à ce fujet que le volant accéléreroit continuellement fa marche en même tems que le poids fuivroit la loi de la chûte des graves, fi les chevilles de la roüe en levant les marteaux ne formoient une réfiftance femblable à celle d'un échapement.

Le

Les éguilles font conduites par le moyen d'u-
ne petite roüe de renvoi qui engrenne dans la
roüe K placée fur l'axe de la roüe G H; mais
dans les cas où le cadran eft fort éloigné de l'Horloge, on fe fert d'une lampe de cardan, c'eft-à-
dire d'un efpece de genou formé par une croix,
dont les deux traverfes font chacune le diamettre d'un demi cercle mobile; elle peut tourner
en tout fens & fert à mouvoir les éguilles.

Nous n'avons rien dit de l'échapement dont
on voit la roüe en N, on peut voir là deffus le
Traité des échapemens.

CHAPITRE XIII.

Traité des échapemens.

ARTICLE PREMIER.

Divifion des échapemens en général.

I. L'ÉCHAPEMENT d'une Horloge ou d'u-
ne Montre, eft le jeu des parties deftinées à modérer le mouvement du dernier mobile, & à réprimer fon accélération.

II. On donne auffi le nom d'échapement aux
pieces même deftinées à produire cet effet, &
furtout à celle qui tient au balancier, & qui pour

V

l'ordinaire oblige les dents de la derniere roüe à
paffer fucceffivement & en tems égaux.

III. Le plus ancien que l'on connoiffe eft l'é-
chapement à roüe de rencontre ou échapement à
verge dont on voit la figure (*Plan. II. Fig.* 13. &
34.) qui d'ailleurs eft connu de tout le monde ;
on ignore & fon auteur., & l'époque de fa premiere invention , on le voit dans les plus anciennes pieces d'Horlogerie dont on ait trouvé des
veftiges.

Plan. II.
Fig. 13, 34.

IV. Les échapemens font ou à repos , ou à
recul , cette divifion eft devenue célébre de nos
jours , mais elle n'auroit pas dû l'être ; les échapemens à repos font fi fupérieurs aux autres, que
j'ai peine à concevoir qu'on ait pû même les faire
entrer en comparaifon ; il s'eft trouvé cependant
encore une perfonne qui a ofé dire que tous les
échapemens étoient égaux quant à l'ufage & à la
précifion , je fuis perfuadé qu'elle ne fera pas
long-tems de cet avis.

V. L'échapement à recul eft celui dans lequel
une des dents de la derniere roüe , ayant imprimé un mouvement trop grand au régulateur, eft
obligé de céder enfuite à la force par laquelle le
régulateur revient à fon état naturel , & par conféquent de retourner en arriere avant que de
pouvoir à fon tour communiquer un mouvement
au balancier ; on apperçoit affez combien il y a
de force de perdue , & combien le double frot-

tement qui se fait à aller & à revenir, cause d'u-
sure & de destruction dans les pieces.

VI. L'échapement à repos est celui dans lequel le régulateur en revenant dans son état naturel, au lieu de trouver une dent qui lui résiste,
comme dans le premier cas, ne rencontre qu'un
arc de cercle qui lui est concentrique, & sur lequel il se meut sans aucune résistance jusqu'à ce
qu'il ait rencontré la dent qui doit lui donner un
nouveau mouvement.

Cet arc concentrique s'appelle *l'arc de repos*,
parce que tant que le régulateur décrit cet arc,
il ne reçoit aucun mouvement du roüage, la force motrice reste sans effet, & n'agit que sur l'a-
xe du balancier, au lieu de s'opposer au mouvement du balancier qui l'obligeroit au recul.

VII. Avant l'application du ressort spiral aux
Montres, ou du pendule aux Horloges, le recul étoit absolument nécessaire, en effet le régulateur n'ayant aucune force pour revenir sur lui-
même que l'action du roüage, il se feroit toujours arrêté sur les arcs de repos où cette action
du roüage est suspendue pour lui.

VIII. Par le moyen des échapemens à recul,
le balancier peut se mouvoir sans spiral, mais
plus lentement d'une moitié environ, de sorte
qu'un balancier dont la pésanteur n'est pas trop
grande, doit faire sans spiral 28 ou 29 minutes
par heure, ou suivant quelques-uns 30 minutes,

V ij

c'eſt-à-dire la moitié du nombre des vibrations qu'il fait avec le ſpiral ; c'eſt ainſi qu'on éprouve communément ſi la péſanteur d'un balancier eſt convenable.

IX. L'échapement à repos diminue les frotte-mens, il facilite de plus grandes & de plus fré-quentes vibrations, ce qui forme un avantage dans les Montres ; on a de plus la commodité d'y mettre de l'huile, au lieu que dans un échape-ment à recul l'huile ne ſerviroit qu'à rendre les effets plus variables ; ceux-ci ſont privés par là de tout ce qui peut rendre les frottemens plus doux, diminuer l'uſure, & conſerver la liberté du mou-vement ; car en général l'on peut dire que le ter-me de la conſervation des huiles eſt auſſi celui de la juſteſſe d'une Montre.

Comme de tous les échapemens à repos celui de *Graham* a été juſqu'à préſent le plus employé, quelques perſonnes ſe ſont attachées à en prouver l'excellence, ſurtout dans les Montres, ſous le nom d'échapement à cylindre : nous ne ſuivrons point tous ces détails, mais nous l'examinerons ſucinctement, de même que tous les bons écha-pemens ; après avoir indiqué les défauts de l'é-chapement à roüe de rencontre, comme le plus uſité & le plus connu.

ARTICLE SECOND.

De l'échapement à roüe de rencontre.

X. Dans l'échapement à roüe de rencontre,
le nombre des dents de la roüe est nécessairement impair, il s'ensuit que chaque dent étant à
la partie inférieure comme X *(Plan. II. Fig. 13.)*
elle répond à l'intervalle de deux dents de la partie supérieure B & C ; la dent X de la partie inférieure qui va à droite, rencontre la palette A D,
lorsque cette palette va vers la gauche en vertu
de l'effort qu'elle a reçu du ressort spiral ; la dent
est obligée par conséquent de reculer vers la gauche pour céder à l'effort de la palette, jusqu'à ce
que le balancier ait achevé sa vibration ; alors la
palette céde à l'effort de la roüe qui revient vers
la droite, & qui la conduit jusqu'à son extrêmité, où elle la quitte pour lui laisser achever une
plus grande vibration ; l'étendue de cette vibration doit aller au-delà d'un quart de cercle, au
lieu que *l'arc de levée* ou *l'arc constant*, c'est-à-
dire l'arc que décrit la palette pendant qu'elle
est conduite & poussée par la dent, n'est que de
20 degrés.

Aussi-tôt que la dent X inférieure quitte l'extrêmité D de la palette A D, la dent supérieure
C rencontre la palette supérieure A E qui l'o-

Plan. II. Fig. 13.

V iij

blige de reculer, pour que le balancier puisse achever sa vibration; ainsi chaque dent rencontre une palette qui la repousse & la fait reculer, la dent reprend le dessus & repousse à son tour la palette, qu'elle ne quitte que quand la palette inférieure rencontre une des dents inférieures.

XI. L'échapement à roüe de rencontre a de très grands défauts, outre l'extrême difficulté qu'il y a à le bien exécuter; 1°. Il rend la Montre sujette à avancer par la moindre augmentation dans la force motrice; 2°. Il l'expose aux variations qui proviennent des situations différentes dans lesquelles elle se trouve; 3°. Il cause les battemens du balancier contre la coulisse, ou des palettes contre la potence, dans les mouvemens un peu considérables; 4°. La perte de l'huile du pivot inférieur arrive facilement; l'huile se communique aux dents de la roüe de rencontre à cause de leur voisinage avec le pivot in-

Fig. 34.
Plan. II. férieur, comme on le voit en D (*Fig. 34. Plan. II.*), elle passe de-là aux palettes, & empêche la Montre de se regler; 5°. D'un autre côté la roüe de champ étant poussée continuellement vers le bas par la roüe de rencontre, est plus sujette au frottement qu'aucune autre; d'ailleurs cet engrenage est très défectueux, en ce que les tiges se croisant, les roües n'agissent point suivant leur direction naturelle; 6°. Le frottement du dedans de la roüe de rencontre est beaucoup plus grand que celui du pivot le plus éloigné, soit par l'effort de la roüe de champ, soit par la réfiftance des palettes dont il eft très proche, auffi voit-on le trou de ce pivot toujours confidérablement élargi, en forme d'ovale, alongé vers les côtés où la roüe eft pouffée par l'effort des palettes.

7°. Le balancier eft fujet aux renverfemens, parce que dans les vibrations un peu trop grandes, les palettes allant au de-la de leur fituation naturelle, ne peuvent plus être ramenées par les dents de la roüe de rencontre, ce qui empêche abfolument qu'on ne puiffe faire décrire de grands arcs au balancier.

8°. La roüe de rencontre eft néceffairement très-petite à caufe du peu d'efpace que lui laiffe la hauteur d'une Montre, furtout lorfqu'on veut ménager un tigeron au pivot inférieur de la verge, pour empêcher l'huile de s'étendre jufqu'aux palettes; étant plus petite, elle a par conféquent plus de force, quoique dans ce point là il ne doive y en avoir que le moins qu'il eft poffible, c'eft - à - dire précifément la quantité néceffaire pour reftituer au balancier ce qu'il perd par les obftacles qui tendent à diminuer le mouvement, comme le frottement & la réfiftance de l'air.

9°. La roüe de rencontre doit engrenner toujours également dans les palettes, fans quoi les arcs décrits par le balancier venant à changer

confidérablement, la Montre perdroit fa régularité; elle doit auffi être parfaitement égale &
uniforme, fans quoi ces inégalités revenant à
chaque inftant, & influant de leur quantité toute
entiere fur les arcs du balancier, elles rendront
le mouvement très inégal.

Or, l'une & l'autre de ces conditions font
également difficiles à remplir avec précifion, il
eft impoffible d'ailleurs qu'à la longue, l'engrenage de la roüe de rencontre avec les palettes
n'éprouve quelques changemens, & que les dents
ne foient auffi altérées plus ou moins.

10°. La rupture du pivot fupérieur du balancier qui arrive fréquemment, caufe à la denture
un dommage qui eft fouvent irréparable.

11°. Les bords des palettes ne peuvent s'é-
carter de 45 degrés à droite & à gauche, fans
heurter les flancs des dents de la roüe de rencontre, par là elles doivent les creufer peu-à-peu;
d'ailleurs les palettes décrivent 90 degrés de
chaque côté, ainfi il y a 45 degrés à droite & à
gauche qui fe font fur les flancs des dents, & le
refte fur leurs pointes.

XII. Pour exécuter cet échapement avec le
moins de défaut qu'il eft poffible, voici les di-
menfions que prefcrivoit M. Sully, quoiqu'il
n'eut probablement d'autres raifons qu'une expérience qui eft toujours douteufe jufqu'à un certain point.

Il

Il faut faire felon lui l'angle des deux palettes de 95 degrés, ou tout au plus de 98; l'inclinaifon de la partie plane des dents de la roüe de rencontre, par rapport à l'axe de cette roüe, eft de 25 à 27 degrés, car la partie que l'on fait courbe pour donner plus de folidité aux dents, n'ayant aucune action, n'eft ici d'aucune conféquence, fi ce n'eft qu'elle doit être affez dégagée pour laiffer paffer la palette.

La diftance de l'axe de la verge à la pointe des dents de la roüe, eft, felon M. Sully, un cinquiéme de la diftance d'une pointe de dent à l'autre; la quantité dont les palettes engrennent dans les pointes des dents, deux cinquiémes de cette diftance, & la longueur des dents deux tiers de cette même ouverture; par ce moyen les dents de la roüe de rencontre agiffent un moment fur un levier triple de celui fur lequel elles agiffoient l'inftant d'auparavant, mais cela dans le tems où le fpiral plus tendu, & le pendule plus élevé a befoin ce femble d'une plus grande force, & où cette force influe le moins fur l'égalité de fes vibrations.

XIII. Ce que dit M. Sully dans un Mémoire qui fe voit à la fin du premier Volume de M. *Thiout*, que l'engrenage ne doit pas être trop profond ni les arcs trop grands, eft différent des maximes reconnues aujourd'hui de tout le monde; on ne fauroit guère rendre les arcs trop

X

grands, & l'on ne peut même regler, avec cet échapement, une Montre qui ne décriroit pas de grands arcs; mais si cet engrenage n'étoit pas assez profond, les vibrations seroient trop petites, & la roüe agissant avec plus de force, il faudroit rendre le balancier trop grand pour lui faire équilibre; cette grandeur du balancier produit de plus grands frottemens, expose d'avantage les pivots à être rompus, rend la Montre plus sujette à être dérangée par les secousses.

XIV. M. Sully se trompe encore en disant que l'on ne doit pas faire l'angle des dents par rapport à l'axe de la roüe de rencontre, trop grand, de peur de rendre les dents trop foibles; il est au contraire essentiel de les incliner beaucoup afin que les palettes n'agissent jamais que sur les pointes des dents, au lieu que si en les inclinant trop peu, les bords des palettes viennent à porter contre les faces des dents, elles viendront à agir subitement sur un levier beaucoup plus grand, & le balancier sera plus exposé aux inégalités de la force motrice.

XV. L'ouverture des palettes doit être toujours plus grande que 90°, à moins qu'on n'arondisse leur épaisseur par l'extrémité pour que la pointe de la dent puisse porter jusqu'à moitié de la palette; si l'ouverture étoit moindre, les palettes ne pouvant plus suffisamment engrenner, les arcs deviendroient trop petits.

XVI. La méthode usitée aujourd'hui parmi les Horlogers, consiste à voir si le balancier parcourt 40 degrés de chaque côté ; pour cela, on divise le coq en 9 parties, on fait une marque sur le balancier, & en conduisant la roüe de rencontre jusqu'à ce qu'elle échappe de dessus les palettes, on voit si le balancier a parcouru 40 degrés, c'est-à-dire une des 9 divisions du coq, à droite & à gauche, & on n'exige rien de plus, sur les dimensions & sur la figure des palettes ; mais il n'est pas aisé de parvenir du premier coup à remplir cette condition, & cet échapement à la derniere rigueur, est aussi difficile à bien exécuter que les échapemens à repos.

ARTICLE TROISIÉME.

Examen des différens échapemens de Montres.

XVII. Le premier changement que l'on ait fait à l'échapement ordinaire, a été dans les Montres à piroüette.

Le balancier portoit un pignon au lieu de palettes ; la roüe de champ étoit dans la place où est la roüe de rencontre, & engrennoit dans le pignon du balancier ; la roüe de rencontre étoit placée où est la roüe de champ, & engrennoit dans des palettes de la roüe de rencontre ; par ce moyen chaque vibration de ces palettes faisoit

faire plusieurs tours au balancier qui devoit aller
7 ou 8 fois plus vîte que la roüe de champ. M.
Hughens en étoit l'auteur de même que du ressort spiral; on jugea que cette méthode étoit
moins parfaite que la construction ordinaire : en
effet, la vîtesse toujours inégale de ces différens
tours du balancier; l'inégalité du ressort dans la
chaleur ou l'humidité étoient des obstacles à la
perfection de cet échapement.

XVIII. On a trouvé un ancien échapement
dans de grosses Horloges d'Allemagne dont on
ignore l'Auteur & la première époque; il est

Pl. XIII.
Fig. 1. représenté (*Plan.* XIII. *Fig.* 1.); il y a deux balanciers E, F, qui sont dentés par leur circonférence, par laquelle ils engrennent l'un dans
l'autre; chacun de ces balanciers porte une palette A, B; ces palettes sont poussées alternativement par les dents d'un rochet C D, qui est
placé entre les deux balanciers; nous ne parlons
ici de cet échapement que parce qu'il est comme
la source des échapemens de Montres dont nous
allons parler.

XIX. Le docteur Hoock publia, dit M.
Sully, en 1675. un échapement fort semblable
à celui-là, & il est probable qu'il l'avoit véritablement imaginé; du moins il disoit l'avoir examiné & perfectionné en secret depuis 17 ans;
cet échapement avoit deux balanciers qui en-
grennoient l'un dans l'autre par leurs circonfé-

rences, comme dans la figure premiere ; mais il y avoit une palette sur le milieu de la longueur de chaque verge, une roüe parallele aux deux platines placée entre ces deux verges de balancier, dans l'intérieur de la cage, & qui agissoit d'abord sur une des palettes, ramenoit l'autre nécessairement dans une situation telle que, la roüe échapant de la premiere, elle rencontroit la seconde ; cet échapement avoit la propriété de n'être point troublé dans ses vibrations, par les secousses subites & les mouvemens extraordinaires.

XX. Nous ne savons d'où vient que l'abbé de Haute-feuille, dans un ouvrage publié en 1722, s'attribue l'invention de cet échapement.

Dans le même ouvrage il en propose un autre où il n'y a qu'un balancier, deux roües à rochet, l'une sur l'autre qui tournent en sens contraire, étant conduites par une roüe de champ qui engrenne dans les pignons de toutes deux ; cette complication ne produit pas un grand avantage.

XXI. Comme l'échapement à deux balanciers étoit encore à recul ; M. *du Tertre* voulant en faire un échapement à repos, & y donner son nom, y ajoûta en 1726 une seconde roüe sur le même axe, & parallele à celle qui agissoit sur les deux palettes.

Cette seconde roüe appellée la roüe d'arête, a le même nombre de dents que la premiere,

X iij

mais elle a un diametre un peu plus grand, de
maniere qu'elle atteint précisément le centre des
axes des deux verges des balanciers, & par conséquent chacune de ces dents est arrêtée par l'é-
paisseur de ces mêmes arcs, & frotte sur leur
circonférence, ce qui fait le repos; ce repos
dure pendant la moitié d'une vibration des balanciers; mais comme les arbres de chaque balancier ont d'un côté une entaille jusqu'au centre, & même un peu plus, lorsque le retour des
balanciers présente cette entaille à la roüe, les
dents de la roüe d'arête passent librement, &
alors une dent de la roüe de rencontre tombe sur
une palette, qu'elle écarte jusqu'à ce qu'ayant
échapée, la dent suivante de la roüe d'arête se
trouve reposée sur l'axe de l'autre balancier;
nous appellerons avec M. Sully roüe de rencontre celle qui agit sur les palettes, quoi
qu'improprement, puisqu'elle n'est point taillée
de champ & obliquement comme les roües des
Montres ordinaires; la roüe de rencontre a son
diametre plus petit que celui de la roüe d'arête,
parce qu'elle ne doit atteindre que les palettes,
tandis que la roüe d'arête doit atteindre jusqu'au centre des deux verges des balanciers.

Lorsque la Montre n'est point montée, une
des dents de la roüe de rencontre se trouve nécessairement appuiée contre l'une ou l'autre des
palettes, qu'elle n'a point la force d'écarter;

mais la Montre venant à être montée & le reffort agiffant fur le roüage, cette dent écartera la palette avec d'autant plus de force que fon rayon eft plus petit, & celui de la palette plus grand, il conduira cette palette jufqu'à ce que venant à la quitter, la dent de la roüe d'arête vienne frotter fur la partie convexe de la verge du balancier; ce frottement eft d'autant moindre que le rayon de la roüe d'arête eft plus grand, & le diametre de l'arbre plus petit, ce qui fait une très - grande perfection dans cet échapement, outre l'égalité des impulfions qui fe font fur des leviers égaux & dans des vibrations femblables; il remédie beaucoup aux inégalités de la force motrice, ainfi que tous les échapemens à repos.

M. Sully croyoit encore cet échapement fort fufceptible de perfection, & le regardoit cependant déja comme un des meilleurs qui fut connu, mais l'augmentation de deux pivots de balanciers, & d'un engrenage pour les deux balanciers, fait une augmentation de frottement, & un défaut par conféquent que l'on ne fauroit fauver dans la nature de cet échapement, quoique chacun de ces balanciers foit plus leger & puiffe avoir des pivots beaucoup plus fins que dans les Montres ordinaires.

Le moindre changement ou le moindre obftacle dans le frottement des balanciers, produit par les feules particules hétérogenes dont l'air eft chargé, influe fenfiblement fur la grandeur & la liberté du mouvement, d'ailleurs ces Montres arrêtent quelques fois au doigt, & elles ont befoin d'être mifes en mouvement après qu'elles ont été remontées, fi les dents de la roüe d'arête fe trouvent fur les repos.

XXII. Au lieu de faire engrenner les balanciers par leur circonférence, on a effayé depuis de les rapprocher & de les faire engrenner par deux pignons de 16; il paroît que par cette méthode on doit diminuer beaucoup les frottemens, mais on diminue auffi, ce femble, l'avantage qu'il y a de pouvoir réfifter aux fecouffes & aux mouvemens extraordinaires.

XXIII. Si les machines les plus compliquées étoient auffi les plus utiles, nous parlerions encore d'une autre addition qu'on a faite à cet échapement : elle confiftoit à faire porter les palettes fur deux doubles rateaux qui par un côté engrenoient l'un dans l'autre, & par l'autre côté chacun dans le pignon d'un balancier, auxquels par conféquent ils faifoient faire plufieurs tours à chaque vibration; ceci n'ajoûtoit rien aux avantages de l'échapement que l'on a vû *Fig.* 1.

XXIV. En 1727. M. Pierre le Roi publia un échapement qui confiftoit en une feule palette fur le balancier, avec une entaille oppofée & une roüe d'arête comme dans le précédent, de maniere

niere que la moitié des vibrations étoit indépendante du roüage, M. du Tertre en prétendit
auſſi l'invention, mais l'Auteur même l'a abandonné depuis.

XXV. M. Thompion, l'un des Reſtaura-
teurs de l'Horlogerie en Angleterre, propoſa
vers l'an 1695, un autre échapement dont la
roüe étoit auſſi parallele aux platines ; dans cet
échapement la verge du balancier porte un cylindre auquel il y a ſeulement une entaille du
haut en bas, dans le ſens de l'axe du balancier,
les pointes des dents ou rayons de la roüe entrent
dans cette entaille, & la pouſſent par ſes bords
pour faire vibrer le balancier ; auſſi - tôt que la
dent qui pouſſe l'entaille en a échapé, la dent
ſuivante tombe ſur la circonférence convexe du
cylindre comme ſur un repos, ſur lequel elle
frotte juſqu'à ce que le balancier étant revenu
préſenter l'entaille à la dent ſuivante, celle - ci
commence à agir à ſon tour ; il ne ſe fait par
conſéquent qu'un battement pour deux vibrations du balancier, c'eſt-à-dire l'allée & le retour.

1°. Cet échapement a le défaut de s'arrêter
au doigt. 2°. La preſſion continuelle des dents
ſur le cylindre & ſur les pivots du balancier
augmente le frottement. 3°. Quoi qu'il paroiſſe
à repos, il y a cependant un peu de recul, parce que le balancier en ramenant l'entaille qui

Y

tient lieu de palette, vis - à - vis d'une dent, ne peut manquer après avoir rencontré la dent de paſſer encore au-delà; & par conſéquent de la faire reculer quoique d'une aſſez petite quantité.

XXVI. En 1727, M. Flamenville perfectionna cet échapement, en mettant deux tranches cylindriques au lieu d'une, ſur la verge du balancier, avec une roüe de rencontre ou à couronne, ordinaire; chacun de ces deux cylindres a une entaille, les parties ſupérieures & inférieures de la roüe de rencontre agiſſent alternativement ſur chacune de ces entailles, après avoir repoſé ſur la partie convexe du cylindre; cet échapement fut très-accueilli à Londres où on l'exécuta pendant pluſieurs années, mais on étoit fort curieux alors de tous les échapemens qui tendoient à diminuer le recul & les inégalités de la force motrice; on les avoit employé dès les premiers tems du reſſort ſpiral.

XXVII. Vers l'an 1700, M. *Facio* Genevois inventa les rubis percés qu'on a employé depuis très-utilement dans les Montres de prix, pour porter les pivots du balancier qui ſont les plus ſujets aux frottemens. M. de Baufre Horloger François, à Londres, travailloit de concert avec lui; on voit dans quelques - unes de leurs Montres l'échapement que d'autres ont attribué à M. Enderlin, ou du moins un fort ſemblable, compoſé de deux rochets placés verticalement, qui agiſſoient ſur les bords inclinés ou ſur les tranches obliques d'un demi-cylindre de Diamant, d'Agathe, ou d'Acier, & qui avoient leur repos ſur la baſe ; M. Sully l'a enſuite employé dans ſes Pendules à leviers, en réduiſant les deux rochets à un ſeul, mais ſéparant le cylindre qui porte le repos de celui qui porte le plan d'impulſion, & mettant l'échapement ſur la tige de la roüe de champ, comme dans les Montres à piroüette ; on n'a pas été ſatisfait de la plûpart des Montres où ces échapemens ont été employés ; chacun a cherché à en donner quelque raiſon, peut-être cela ne venoit-il que des défauts d'exécution, quoiqu'il en ſoit M. Sully ſe dégouta alors des échapemens à repos.

XXVIII. Enfin l'échapement de Graham a ſuccedé à tous ceux-là, il parut en France vers l'an 1730, & a toujours été regardé depuis comme le plus parfait ; nous le croirions encore tel ſi nous n'en n'avions un à lui oppoſer, qui lui eſt de beaucoup ſupérieur, comme on le verra dans le Chapitre ſuivant.

ARTICLE QUATRIÉME.

E'chapement de Graham *, ou échapement à cylindre dans les Montres.*

XXIX. L'échapement de *Graham*, eſt com-

Y ij

Pl. XIII.
Fig. 3.
posé d'un demi-cylindre creux, A, (*Fig.* 3.)
fort mince, dont la surface concave & la surface conxexe forment les arcs de repos ; on en voit
le plan dans ses différentes situations B, C, D,
Fig. 2. (*Fig.* 2.), ce cylindre n'a point de palettes ni
de plans inclinés, mais les dents de la roüe sont
elles-mêmes des plans inclinés qui poussent les
bords presque tranchants de ce demi cylindre,
pour lui faire commencer ses vibrations, & qui
se reposent ensuite sur sa circonférence pendant
que ces vibrations s'achévent.

XXX. La pointe de chaque dent B, E, F,
doit toujours passer par le centre même de la
verge & du cylindre, & toutes les pointes des
dents doivent être par conséquent sur une même
circonférence qui passe par le centre de cette
verge.

XXXI. Pour éviter les battemens & les con-
trebattemens du cylindre contre les dents, & faciliter la grandeur des vibrations, on a relevé de
Fig. 3. champ les plans inclinés G, H, (*Fig.* 3.) des
dents de la roüe, & on a échancré le cylindre
en K, pour lui donner la liberté de s'engager
dans les grandes vibrations, entre les dents, qui
sont un peu isolées, & plus larges à leur extrémité qu'à leur racine, c'est-à-dire à leur insertion
dans la roüe, comme on le voit en I ; on met
aussi une cheville L, au bas du cylindre pour pré-
venir les renversemens.

On voit dans la Fig. 2, les dents de la roüe d'échapement en M & en N, au moment où elles viennent à quitter les arcs de repos pour agir fur les lèvres du cylindre qu'elles rencontrent; on voit en E, & en B, des dents en action, c'eft-à-dire qui pouffent par leurs plans inclinés le bord du cylindre pour le faire tourner fur fon axe, mais elles y doivent agir fort légèrement à caufe de la grande vîteffe du balancier; aufli cet échapement doit-il faire fort peu de bruit, & feulement dans la chûte de la roüe fur les repos, prefque point dans la levée; ce feroit un défaut fi l'on y entendoit un bruit prefque continuel, produit par le frottement de la roüe fur les tranches cylindriques; on croit qu'un balancier petit & péfant eft un des moyens néceffaires pour parvenir à cette perfection.

Dès qu'une dent comme E, ceffe de pouffer le cylindre, la dent fuivante O tombe fur la circonférence extérieure ou convexe du cylindre, fur laquelle elle frotte & repofe jufqu'à ce que le retour du balancier ayant ramené le bord du cylindre contre la dent, elle recommence à agir; de même à la fin de cette action, la dent tombera fur la circonférence intérieure du cylindre où elle fe repofera à fon tour, comme on le voit en D.

XXXII. Les différentes grandeurs du balancier font fort à confidérer dans cet échapement:

on a obfervé que fi le balancier eft trop grand, la Montre retardera par l'augmentation de la force motrice, à caufe de la grandeur des arcs; mais fi le balancier eft trop petit, elle avancera par cette même augmentation de force motrice, parce que le reffort fpiral trop foible ne peut vaincre la preffion de la roüe fur les arcs de repos, d'où fuit un engagement dans les vibrations qui n'ont pas le tems de s'achever; il y auroit donc une diftribution avantageufe, poffible, & telle que l'augmentation la plus grande de force, ne produiroit pas plus d'inégalités dans une Montre que dans une Pendule, en faifant abftraction des produits de la chaleur, de l'humidité & de la variété des frottemens, qui feront toujours plus fenfibles dans une Montre; il y a cependant d'habiles Horlogers qui recommandent en général les balanciers grands & légers avec de petits fpiraux.

XXXIII. Cet échapement rend prefque infenfibles les inégalités de la force motrice, il donne le moyen de fupprimer la roüe de champ, & de regler la Montre également bien dans toutes fes pofitions.

Mais, 1°. Cet échapement eft fujet à engrener plus ou moins par l'élargiffement des trous dans lefquels font placés les pivots du balancier & de la roüe.

2°. Il eft beaucoup plus difficile à exécuter

que les autres échapemens, fur-tout par rapport
à la roüe qui doit porter autant de courbes que
de dents, dont les courbes décident de la levée
du balancier & de la grandeur de fes arcs; cette
roüe feule eft l'ouvrage de trois jours pour un très-
habile ouvrier qui ne fauroit même jufqu'au dernier moment fe promettre qu'un ouvrage fi délicat
fortira de fes mains fans aucun accident; on y
employe pour plus grande fûreté, du vieux cuivre de chaudière qui eft plus ferré, plus égal,
plus doux & moins fragile.

3°. Il eft plus fujet aux fecouffes & aux mouvemens extraordinaires que celui de du Tertre.

4°. Les deux arcs de repos font néceffairement inégaux, puifque la furface concave eft
toujours plus petite que la furface convexe du
cylindre; ainfi les frottemens changent d'une vibration à l'autre; il eft vrai qu'on peut réduire
cette inégalité à peu de chofe, mais on ne doit
pas auffi rendre le cylindre trop mince.

5°. Les arcs de repos font trop éloignés du
centre, & ils ne peuvent en être rapprochés fans
diminuer les longueurs des crochets de chaque
dent qui font les arcs de levées, & qui doivent
entrer dans le cylindre; cette longueur des arcs
de repos produit un frottement fort long, fur
lequel il faut remettre fouvent de l'huile, au contraire de l'échapement à roüe de rencontre; c'eft
là le principal défaut de cet échapement; ce

frottement produit fouvent une efpece de raînuré
& d'entaille au cylindre, qui devient très - profonde, & qui détruit totalement la bonté de la
piece, pour peu que les matieres foient défec-
tueufes, le cylindre trop peu ouvert, ou les arcs
des levées trop grands.

6°. On lui reproche auffi avec raifon la grandeur des chûtes, qui fe font lorfqu'une dent paffe du repos convexe au repos concave; il eft
vrai que la levée & l'impulfion des tranches cylindriques fe fait dans le paffage, mais cette impulfion étant fort legere à caufe de la grande vîteffe du balancier qui fe fouftrait très - promptement à l'effort de la roüe, la chûte eft toujours
fort grande; ce n'eft point répondre à cette ob-
jection que de dire : » .La levée rendue infenfi-
» ble, ne nous permet donc pas de remarquer le
» moindre obftacle dans les ofcillations du ba-
» lancier & du reffort fpiral, » c'eft conclure,
pour ainfi dire, que cette chûte eft une perfection.

XXXIV. On divife ordinairement la roüe
en 13 dents, & on leur donne 20 degrés de levée; l'épaiffeur du cylindre, c'eft-à-dire la diftance de fa furface convexe à fa furface concave,
eft de $\frac{1}{7}$ de la longueur d'un des plans, ou de la
portion de la circonférence de la roüe qu'occupe chaque dent.

XXXV. Les courbes de la roüe pourroient
être

être diftribuées fur leur longueur, de maniere que chaque partie égale de la courbe, opérât des arcs de levées égaux, & les tranches cylindriques auffi terminées par des courbes qui fiffent une petite portion de la levée ; mais il eft infiniment difficile d'avoir toutes ces fortes d'attentions dans la pratique ; on fe contente de faire les dents rectilignes ou droites, à peu de chofe près.

XXXVI. Le diametre intérieur du cylindre doit être tel que la longueur d'une des courbes y entre avec très-peu de jeu ; il doit avoir un peu plus que la circonférence d'un demi - cylindre, c'eft-à-dire que fa bafe doit avoir plus de 180° degrés ; on demande auffi que les deux courbes qui le terminent, foient capables de produire un feptiéme de la levée, c'eft-à-dire environ 3 degrés, indépendamment des arcs de la courbe, fi toutes fois il eft poffible de pouffer jufques là la fineffe de l'œil & celle de la main.

XXXVII. Il y auroit peut - être de l'avantage à donner au balancier moins de levée ; par exemple 15 degrés de chaque côté feulement, parce qu'on obferve que plus l'arc de levée eft petit dans un échapement à repos, plus les arcs entiers décrits par le balancier deviennent grands ; or l'étendue des arcs eft un avantage auffi grand dans une Montre, que la petiteffe de ces mêmes arcs dans une Pendule ; ainfi dans le cas où l'on voudroit diminuer les arcs de levée,

Z

il feroit plus commode de terminer toutes les
dents par des lignes droites, ou en forme de
plans inclinés, rectilignes, que d'y affecter des
courbes inutiles dans la spéculation, impossibles
dans la pratique.

ARTICLE CINQUIÉME.

Divers échapemens pour les Horloges & les Pendules.

XXXVIII. L'échapement à roüe de rencontre, a été très-long-tems employé dans les Pendules comme dans les Montres, on se contentoit
de faire faire aux palettes un angle de 60 degrés
environ, au lieu d'un angle droit, afin de faire
décrire au pendule de plus petits arcs, mais on
ne pouvoit parvenir à les diminuer assez en con-
servant la nature d'un pareil échapement; on a
vû au Chapitre II. les inconvéniens des grands
arcs; l'application de la cycloïde aux Pendules,
imaginée par M. Hughens, les rendoient à la
vérité isochrones, mais elle étoit toujours trop
mal exécutée, & accompagnée d'une suspension
trop imparfaite pour pouvoir être long-tems en
usage.

XXXIX. On lui substitua même dans le siecle
passé l'échapement à ancre & à rochet que l'on
voit (*Fig. 4.*) l'ancre B A C E, dont la Figure
d'ailleurs est assez arbitraire, doit avoir deux por-

Fig. 4.

tions de courbes, une convexe C E, une concave F D, fur lefquelles agit fucceſſivement chaque dent du rochet C ou D, mais dans cet échapement les leviers étant fort courts & inégaux, exigent une force trop grande, & qui ſe conſume en pure perte; d'ailleurs le recul eſt un vice que l'on n'introduira plus dans l'Horlogerie depuis que l'on connoît l'avantage des échapemens à repos; il pourroit cependant encore s'employer dans de bonnes Pendules; cet échapement fut adopté aſſez généralement vers l'an 1680, on l'a attribué à M. G. *Clement* Horloger de Londres; le Docteur *Hook* l'a auſſi revendiqué, & il paroît probable que c'eſt lui qui en eſt l'Auteur; on appella Pendules Royales celles qui furent faites avec cet échapement, preuve de l'admiration que produiſit cette nouvelle découverte.

XL. M. Sully remarqua une fois qu'en doublant le poids moteur d'une Pendule à ancre, elle avoit avancé d'environ une minute par jour, quoique les arcs décrits fuſſent devenus plus grands, & qu'ils dûſſent par conſéquent la faire retarder; il s'enſuit donc que la force du roüage ajoûtoit trop à la gravité naturelle, & accéléroit la chûte & l'afcenfion du pendule; les ofcillations n'ayant pas le tems de s'achever, & ſe ſuccédant avec trop de rapidité de la part du pendule; mais nous liſons dans les Mémoires de l'A-

Z ij

cadémie, que M. Saurin l'un des Géomettres de l'Académie Royale des Siences dans des expériences qu'il fit en 1720, avec MM. *le Bon* & *le Roy*, habiles Horlogers, trouva que de deux bonnes Pendules à ancre l'une avançoit en augmentant le poids, & l'autre retardoit, quoique dans toutes les deux, les vibrations fussent devenues plus grandes ; il observa aussi que dans la premiere, la courbure de l'ancre étoit telle que l'effort de la dent suivant la perpendiculaire à la courbe, alloit toujours en augmentant, depuis le point D où commence l'action, jusqu'au point *F* où elle finit, parce que les perpendiculaires à cette courbe coupoient les rayons du cercle décrit par l'extrémité de l'ancre en des points de plus en plus éloignés du centre de l'ancre, & de même par rapport à l'arc C E ; le contraire s'observoit dans la seconde Pendule.

Ainsi cette augmentation de force produite par le rouage, se trouvoit augmentée ou diminuée suivant les différens leviers auxquels elle étoit appliquée, & elle faisoit parcourir les différens arcs avec plus ou moins de vîtesse, en agissant dans différens points de l'arc que décrit le pendule avec des forces inégales.

XLI. M. Saurin en conclud qu'en donnant à cette courbe la figure d'une développante du cercle, tous les leviers devenant égaux, l'augmentation de poids ne pouvoit plus produire de variation dans la Pendule, & l'expérience de l'Artiste justifia les réfléxions du Géomettre.

Il remarqua cependant qu'il falloit courber un peu plus les faces de l'ancre à cause de la variation continuelle de l'angle de la dent avec les courbes de l'ancre qui rend la force perpendiculaire plus grande vers la fin de l'arc.

On avoit donc par ce moyen un échapement parfait par rapport aux oscillations du pendule, c'est-à-dire tel que la force que le roüage ajoûtoit au mouvement du pendule étoit égale à ce que les oscillations du pendule perdoient de leur promptitude, c'est-à-dire au retardement causé par la grandeur des arcs.

XLII. Les échapemens que l'on verra ci-après, sont encore plus parfaits en ce qu'ils n'ajoûtent au pendule à chaque vibration, que la quantité précise de mouvement qu'il perd par le frottement, ou par la résistance de l'air.

XLIII. M. Saurin qui faisoit ces réfléxions pleines de sagacité & d'intelligence, s'en servit pour montrer dans le même Mémoire (*Mém. Acad.* 1720.) ainsi que M. de la Hire l'avoit fait déja, l'inutilité & les défauts même de la cycloïde dans les Pendules ; M. Sully lut aussi un Mémoire sur ce sujet, & il paroît que depuis ce tems elle fut totalement abandonnée.

XLIV. Les échapemens où une roüe faisant fonction de manivelle, conduit pour ainsi dire le pendule, ou immédiatement, ou par un renvoy, comme dans celui de M. l'Abbé *Soumille*, ne trouveront pas place ici ; ils ne peuvent fervir que dans des Horloges de nuit où les chiffres des heures étant éclairés par derrière & percés à jour, viennent fe préfenter fucceffivement à une petite ouverture.

XLV. La Pendule ingénieufe de M. Hughens dont les ofcillations étoient circulaires ou coniques, & toujours dans le même fens, avoit de même la propriété de ne faire aucun bruit ; on ne l'a abandonnée qu'à caufe de quelques difficultés d'exécution, par la même raifon que tant d'autres inventions admirables dont on ne fait pas ufage dans la fociété, foit parce qu'elles ne répondent pas à quelqu'un de nos befoins actuels, foit parce qu'elles font peu connues.

XLVI. M. J. B. du Tertre animé par le fuccès de fes deux balanciers dans les Montres, voulut auffi les transporter aux Horloges à pendule, en plaçant fur chacun de fes deux pendules des roües par lefquelles ils engrenoient l'un dans l'autre ; chacun des deux balanciers portoit une palette, & le rochet placé entre deux, agiffoit fur la premiere qui en s'écartant ramenoit la feconde, & ainfi de fuite ; mais il ne paroît pas naturel dans ce cas-ci de vouloir corriger les inégalités dont un pendule feroit fufceptible, en en doublant la caufe, c'eft cependant ce qui ar-

riveroit ; car chaque pendule agiffant avec une
très-grande force , ne peut manquer de communiquer à l'autre une partie de fes variations.

XLVII. On a vû ci-deffus (*Pag.* 164.) un
fort ancien échapement d'Allemagne , compofé
ainfi de deux balanciers , portant chacun une palette , & qui a pû être l'origine de tout ce que
l'on a fait de femblable : nous trouvons auffi que
fur la fin du fiecle paffé , on préfenta à l'Académie un échapement que l'on nomma *à patte de
taupe*, & qui étoit compofé comme on le voit,
(*Fig.* 5.) de deux pignons , ou bien de deux Fig. 5.
fegmens de roüe C , D , portant chacun une palette A F , & B G ; M. Julien le Roy renouvel-
la cet échapement en 1727 , & il y ajoûta une vis
E , propre à changer l'inclinaifon des leviers pour
rendre les chûtes égales.

XLVIII. On réduifit enfuite ces deux portions de roüe à deux feules branches A F , B G ,
pour former ce qui a été appellé depuis l'échapement *à deux leviers*, & qu'on a prétendu attri-
buer à M. le Chevalier *de Bethune* ; dans cet
échapement chaque palette ou levier d'impulfion
eft une piece féparée, mobile autour d'un point
fixe ; l'une des palettes B G porte la fourchette
dans laquelle paffe le pendule ; celle-ci ayant reçû en G fon mouvement du rochet , le communique à l'autre , & l'oblige de defcendre en F ,
pour recevoir à fon tour l'effort des dents du ro-

chet: nous avons plusieurs constructions différentes de cet échapement, de M. *Julien le Roy*,
du P. *Thomas Hildeyard* Jésuite à Liége ; de MM.
Maillet de Morlier & *Belle - Fontaine* du Comté
de Bourgogne, & de M. *Thiout* l'aîné ; mais
enfin cet échapement est à recul, & je crois que
cela suffit pour s'épargner la peine d'en recher-
cher d'ailleurs les défauts ; je ne suis pas en cela
de l'avis de ceux qui croyent que les échapemens
à repos sont mal dans les grosses Horloges.

XLIX. On composa en 1727 un autre échapement dans lequel l'on rapprocha cet échapement à levier, & le second de M. du Tertre pour
les Montres dont nous avons parlé ; dans cet
échapement un des leviers ou une des palettes
étant poussée par le rochet, fait baisser un axe
cylindrique qui retient une dent du rochet ; le
pendule ramenant la palette à la vibration suivante permet à l'axe de se relever & d'abandonner le
rochet qui agit de nouveau sur la palette.

L. M. *Thiout* a simplifié cet échapement en
mettant sur la fourchette même ou sur le pendule, l'axe dont nous venons de parler, & le levier d'impulsion ; le pendule tourne autour de
l'axe qui doit retenir le rochet dès qu'il a échapé, & l'entaille de ce même axe laisse passer le
rochet dès que la palette se présente à lui.

M. Thiout y a aussi mis une espece d'ancre,
dont un bras portoit un crochet qui devoit retenir

nir le rochet pendant une vibration jufqu'à ce que l'autre bras qui fervoit de palette vint fe préfenter de nouveau à l'impulfion du rochet.

Il a auffi appliqué cet échapement aux Montres ; ces trois échapemens n'agiffent que de deux en deux vibrations, c'eft pourquoi on leur préfére toujours ceux dont l'action conftante revient à chaque vibration, & dont les inégalités font par conféquent reparties fur toutes les moindres portions du tems.

LI. L'échapement de M. *Vergo* compofé de deux roües à dents & à chevilles, qui engrennent l'une dans l'autre, defcendoit affez vifiblement de l'échapement à deux balanciers ; il étoit cependant auffi fort ingénieux, & il a pû donner lieu à tous les bons échapemens qui fe font faits depuis, & dont la plûpart ne différent qu'en apparence, ou du plus au moins comme on va s'en appercevoir.

Cet échapement confifte en une piece prefque triangulaire A B C, fixée fur la fourchette, concave des deux côtés, placée entre deux rangs de chevilles, & qui céde alternativement aux deux roües.

LII. Il n'y avoit qu'un pas à faire, & cet échapement devenoit un échapement à repos, en faifant enforte qu'une portion des deux arcs A B, A C, eut pour centre le point de fufpenfion A comme on le voit (*Fig.* 8.) où l'on a

Fig. 7.

Fig. 8.

A a

tranché la piece A B C, de façon que les arcs B D, D C, ayent pour centre le point A, en confervant le reste fous la forme de plans inclinés; c'est fur les portions B D, D C, que fe repofe la roüe pendant les excurfions du balancier au-deffus de l'arc conftant.

LIII. Encore un moment de réfléxion, & au lieu de faire engrenner les deux roües, comme dans la Fig. 6., on les auroit retournées pour les monter fur un même axe, & parallelement l'une à l'autre, en plaçant l'ancre entre deux, c'est ainfi qu'il eft pratiqué aux Horloges du Luxembourg, de Belle-vûe & de la Meûte.

LIV. Un peu d'attention devoit fuffire pour fentir qu'il y auroit de l'avantage à mettre une roüe entre les deux bras de l'ancre, au lieu d'un ancre entre deux roües, c'est ce qu'a pratiqué M. Thiout dans deux échapemens différens où une roüe de champ dentée des deux côtés, c'est-à-dire faifant fonction de deux roües, agit fur les deux moitiés d'ancres ou féparées ou fixées l'une fur l'autre qui fe regardent, comme dans la Fig. 4. & auxquelles les Horlogers ont donné le nom d'*ancre* qui eft fort ufité aujourd'hui dans ce fens là; il ne s'agiffoit donc que de retourner les deux

Pl. XIV.
Fig. 1. pieces de l'ancre A D B, & A D C, (*Fig.* 1.) mobiles autour du point A, & de les faire venir dans les fituations A E F, A E F, mais un peu écartées l'une de l'autre.

LV. Après cela il n'y avoit qu'un bien petit changement à faire pour le simplifier encore; car en rapprochant les deux moitiés de l'ancre, & rendant l'une un peu plus longue, on pouvoit faire qu'une même roüe taillée en rochet ordinaire, descendit alternativement sur chaque bras de l'ancre, comme l'a fait aussi M. *Thiout*; mais l'inégalité des deux branches de l'ancre, devenoit un petit défaut dans cette construction, comme dans l'échapement de *Graham*.

LVI. Ces quatre échapemens ne pouvoient guère s'appliquer à des Pendules ordinaires, à moins d'y mettre une roüe de plus, ou de faire osciller le pendule dans un plan perpendiculaire au cadran, ce qui ne se fait que dans de grosses Horloges ou dans des Pendules placées dans des encoignures d'appartemens.

LVII. Pour sauver cet inconvénient, on pouvoit comme l'a fait M. *Amant*, retourner simplement l'ancre & la mettre dans un plan parallele à celui de la roüe en mettant des chevilles perpendiculaires sur cette roüe; cette disposition devenoit plus simple & plus commode, mais l'échapement de M. Amant avoit encore le défaut des deux repos inégau

LVIII. Il valloit donc autant, comme le fameux M. *Graham* l'avoit fait dans l'échapement qui porte encore son nom, (*Fig.* 9.) écarter les deux bras de l'ancre, & placer un rochet au

Pl. XIII.
Fig. 9.

A a ij

milieu & dans le même plan ; on ne pouvoit pas
à la vérité, rendre les deux leviers & les deux
repos égaux, puisque la roüe se reposant d'un
côté au-dessus de l'ancre sur la partie concave D
C, se reposoit dessous l'ancre, & sous la partie
convexe B E, à l'autre côté ; M. Graham pour
y remédier en quelque sorte, a mis ces deux repos C D, B E, à même distance du centre, de
maniere qu'ils sont sur un seul arc B E C D,
décrit du point A, comme centre, & que l'un
des leviers commence à la même distance où
l'autre finit ; cet échapement a été universelle-
ment adopté jusqu'à présent comme le meilleur
de tous, il y manquoit cependant quelque chose
pour être parfait, puisque le plan d'impulsion
qui est à gauche s'éleve de la quantité E G, au-
dessus des repos, tandis que celui qui est à droite, descend de la quantité C F, ensorte que les
deux leviers sont inégaux.

LIX. On eut pû y remédier, en mettant
les deux bras de l'ancre du même côté avec deux
rochets contigus, & appliqués l'un contre l'autre,
ensorte que les dents de l'un répondissent aux
intervales de l'autre, & que chaque rochet ré-
pondit à un des leviers, il est surprenant que M.
Graham ne l'ait pas imaginé ; on va voir cependant dans le Chapitre suivant, que je l'ai pratiqué dans un autre genre & d'une maniere encore
plus simple, en mettant des deux côtés d'une

même roüe, deux rangées de chevilles dont les unes répondent aux intervales des autres.

LX. La génération d'échapemens que je viens de donner, n'eſt pas exactement conforme à l'ordre des tems où chacun de ces échapemens a été imaginé, mais elle peut éclairer beaucoup l'eſprit, en faiſant voir l'enchaînement de toutes ces idées que l'on auroit pû regarder ſans ces conſidérations, comme fort différentes entr'elles ; ainſi quelque ſoit le premier de ces échapemens que le haſard ou le génie nous ait procuré, tous les autres ont pû s'enſuivre aſſez naturellement.

LXI. L'échapement de Graham, par exemple, a pû facilement ſe déduire de l'échapement à ancre, il ne s'agiſſoit abſolument que de décrire une portion des deux courbes de l'ancre du point de ſuſpenſion comme centre, pour en faire des repos : on connoiſſoit, il y a plus de 80 ans, l'utilité des repos dans un échapement.

De même l'échapement du Luxembourg (*Fig.* Fig. 8. *8.*) pouvoit ſe déduire de ceux de M. Thiout, & ceux-ci de l'échapement de *Graham.*

Le dernier pas qui reſtoit à faire étoit-il le plus difficile ? on ſera porté à le croire en voyant cet échapement, retourné de tant de façons différentes, pendant un ſi grand nombre d'années, & par des mains ſi habiles, n'être point parvenu au dernier degré de perfection dont il étoit ſuſceptible.

A a iij

LXII. L'échapement de *Graham* avoit dans les Montres des repos inégaux ; dans les Pendules des repos égaux, mais des leviers inégaux ; on n'avoit plus à défirer qu'un échapement applicable aux Montres & aux Pendules dont les repos & les leviers fuffent égaux dans les deux cas.

Pl. XIV.
Fig. 1. On va voir dans l'échapement fuivant, comment je fuis parvenu à remplir tous ces objets, & à réunir toutes les perfections dont j'ai parlé, par le feul retournement de D vers E, de la piece que l'on vient de voir dans l'échapement que j'avois pratiqué à l'Horloge du Luxembourg en 1749, en mettant chacun des deux leviers A E F, fur une des faces de la roüe, l'un d'un côté, l'autre de l'autre, & deux rangées de chevilles dont les unes répondent aux intervales des autres.

Je renvois à l'Article des Pendules à une roüe, ce qu'il y a à dire fur les échapemens qui leur font propres. Voyez Pages 132, 133, 140.

CHAPITRE XIV.

Description de mon nouvel échapement à repos, inventé au commencement de l'année 1753.

I. NOus avons parlé dans le Chapitre précédent d'un grand nombre d'échapemens, soit pour les Pendules, soit pour les Montres, inventés depuis près d'un siecle, que l'émulation & le désir de perfectionner la partie essentielle de l'art a ranimé les efforts de tous les Artistes intelligens.

On compte autant d'échapemens différens que d'Horlogers célebres, & même bien d'avantage ; M. *Thiout* l'aîné, dans son Traité d'Horlogerie imprimé en 1741. en a recueilli 40 dont il a donné des descriptions, & depuis ce tems-là on en a imaginé beaucoup d'autres.

II. Cependant malgré cette multitude de tentatives, on ne voyoit guère depuis plusieurs années que deux échapemens qui eussent triomphé des injures du tems, & dont l'usage se fut conservé dans la pratique journaliere des Horlogers ; l'échapement à roüe de rencontre, & l'échapement de *Graham* ; le premier par sa grande simplicité, & par l'empire d'une ancienne habitude, le second par une exactitude beaucoup plus grande, quoique d'une exécution fort difficile pour les Montres.

III. J'avois souhaité depuis long-tems de trouver un échapement qui pût réunir la précision dans les effets, & la facilité dans l'exécution ; je n'espérois pas cependant d'en trouver un qui pût l'emporter de toutes manieres sur l'échapement de *Graham* reconnu jusqu'alors pour le meilleur.

Ce fut néanmoins dans ces circonstances que je trouvai au commencement de l'année 1753, après une infinité de recherches, de tentatives & d'essais, l'échapement dont on va voir la description, & qui est de beaucoup supérieur à tous les autres. M. DE LALANDE, de l'Académie Royale des Siences, & l'un des plus habiles en Horlogerie de tous les Savans qui la composent, le vit chez moi, dès le 14 Mai 1753, & il en a rendu un témoignage public, de même qu'un grand nombre d'autres personnes éclairées. Quoique je ne prévisse pas pour lors que l'on pût m'en contester l'invention, & que je n'eusse point envie de me ménager des preuves, je me suis trouvé depuis, sans le savoir, en état de convaincre le Public savant & désintéressé, de la justice de mes prétentions ; cet échapement a été appellé *échapement nouveau*; il est sans contredit le plus parfait de tous, & il le sera encore probablement pendant long-tems.

Nous

Nous allons expliquer la nature de cet échapement, & ses effets; d'abord pour les Pendules, ensuite pour les Montres; nous verrons après cela en quoi consistent ses avantages sur tous les autres échapemens connus; enfin nous donnerons, en faveur de ceux qui voudront l'exécuter, ses dimensions, & la maniere de s'y prendre dans l'exécution.

ARTICLE PREMIER.

Echapement nouveau pour les Pendules.

IV. La premiere piece de l'échapement est un arbre F f, dans le profil, placé horifontale- PL. XIV. ment & portant fur les deux platines F P, f p, Fig. 2, 3, de la cage, auxquelles il eft perpendiculaire, les deux extrémités de cet axe fe terminent par deux pivots F, f, qui tournent avec facilité dans les trous qui les reçoivent.

V. Cet arbre porte deux leviers recourbés (Fig. 2.) G A e, H B d, qui y font fixés à frottement dur, de maniere qu'on puisse les Fig. 2, ouvrir plus ou moins, & leur faire faire l'angle qui eft néceffaire pour les effets qu'on s'y propose.

VI. Les parties R I L S des leviers, font des arcs de cercle dont le centre eft dans le même plan que la roüe, & fur l'axe F, mais ils fe ter-

B b

minent par des plans inclinés I *e*, L *d*.

VII. Le levier G A *e*, paſſe derriere la roüe, tandis que le levier H B *d*, eſt ſur la partie anté- rieure de la roüe ; la roüe porte ſur ſes deux fa- ces, des chevilles perpendiculaires à ſon plan ; les chevilles *x*, *y*, &, (marquées en blanc,) ſont en devant de la roüe, les chevilles *m*, *n*, placées alternativement avec les autres, ſont à la partie poſtérieure de la même roüe.

VIII. La roüe deſcendant de *u* en *x* par la force du poids, les chevilles de la partie an- térieure rencontrent le plan incliné L *d*, & le pouſſent vers B ; par ce mouvement là le levier G A *e* qui eſt à l'autre face de la roüe, s'avance ſous la cheville ſuivante ; alors la cheville V ayant échapé au point *d*, & le levier continuant à s'éloigner par la force de pulſion imprimée au pendule ; la cheville ſuivante *u*, ſe trouve ſur la partie circulaire concave R I qui eſt l'arc de re- pos.

IX. Les leviers étant raménés du côté de A par l'oſcillation deſcendante du pendule, la che- ville qui frottoit ſur l'arc R I, rencontre bien-tôt le plan I *e* ſur lequel elle agit comme la premie- re, mais en ſens contraire, en pouſſant les leviers de *e* en A, juſqu'à ce que la cheville ſuivante vienne ſe trouver ſur l'arc conſtant L S, pour re- deſcendre de - là ſur le plan L *d*, & ainſi de ſuite.

X. Comme chaque cheville de la roüe répond à une ofcillation du pendule , il doit y
avoir dans les Pendules à fecondes 60 dents fur la
roüe, dont 30 font placées fur une des faces de
la roüe., & les 30 autres dans les intervales des
premieres ; mais fur l'autre côté de la roüe , ces
dents font placées de part & d'autre non pas précifément fur une même circonférence , ou à
égale diftance du centre de la roüe , mais les
chevilles qui doivent agir fur le plan I e , agiffant par leur côté intérieur qui eft le plus près
du centre de la roüe, & les chevilles qui pouffent le plan L d., agiffant au contraire par leur
côté extérieur qui eft le plus éloigné du centre,
on a fait enforte que les côtés intérieurs des chevilles m., n., & les côtés extérieurs des chevilles x, y, fe trouvent précifément fur un même
cercle, & il faut pour cela placer les chevilles
d'une des faces de la roüe., fur un cercle dont le
rayon foit moindre de la quantité d'un diametre
de la cheville , que le rayon du cercle fur lequel
font plantées les chevilles de l'autre face; par ce
moyen l'impulfion fur les deux plans fe fait exactement à la même diftance du centre de la roüe,
& par un levier toujours égal.

Au refte quand on négligeroit cette précaution, les chevilles ont trop peu d'épaiffeur pour
que cela pût faire une différence fenfible dans la
force de ces deux impulfions.

Bb ij

XI. Une autre précaution plus néceſſaire que la précédente, c'eſt de diminuer les chûtes en retranchant la moitié des chevilles, comme on le voit dans la figure.

Si les deux chevilles étoient rondes, celle qui feroit parvenue à l'extrémité *e* ou *d* du plan, échaperoit auſſi-tôt que ſon centre feroit parvenu vis-à-vis de l'angle *d* ou *e*, & avant que l'épaiſſeur entiere de la cheville fut parvenue au-deſſous de *d* ou *e*; or comme l'épaiſſeur entiere du levier I *e* ou *d* L, doit paſſer entre les deux chevilles, & qu'elle n'y peut paſſer que lorſque la cheville entiere ſera au-deſſous de *e* ou de *d*; il s'enſuit que cette cheville deſcendroit encore de la valeur de ſon diamettre, après avoir échapé, & par conſéquent la cheville qui eſt au-deſſus, tomberoit de la même quantité; ce feroit là une chûte que l'on doit toujours éviter, ſoit à cauſe du trémouſſement & de l'uſure qu'elle produit dans les pieces, ſoit à cauſe de la perte de force qui feroit employée inutilement dans le choc.

Or en retranchant la moitié de la cheville, il arrive qu'auſſi-tôt qu'elle a échapé, elle eſt en état de paſſer ſous le levier, & que la cheville ſuivante ſe trouve d'elle-même, & ſans aucune chûte, arrivée ſur l'arc de repos.

XII. Quoique les chevilles ſoient réduites à des moitiés de cylindre, c'eſt toujours leur convexité, c'eſt-à-dire leur partie inférieure qui

frotte fur les arcs de repos, or il ne peut pas y
avoir de frottement moindre en furface que celui d'une furface convexe fur une furface plane ;
l'huile & les ordures qui s'amafferoient fous la
furface d'une dent, & qui contribueroient à ufer
tout autre échapement, ne peuvent fe rencontrer fous une cheville auffi mince ; c'eft auffi par
leur convexité x, m, y, n, que les chevilles
agiffent fur les plans, & elles n'échapent que
lorfque l'angle de la cheville eft arrivé à l'angle
inférieur du plan ; fi tous les échapemens à repos
avoient eu cet avantage, on n'auroit pas vû d'habiles gens foûtenir qu'on devoit employer des
échapemens à recul dans les groffes Horloges,
pour éviter le frottement des repos.

XIII. On peut faire les plans d'impulfion I e,
L d, exactement plans, ou leur donner la figure
d'un arc de même rayon que la roüe ; on voit en C
le centre de l'arc L d ; on peut encore rendre leur
inclinaifon auffi petite qu'on le jugera néceffaire
pour faire faire au pendule les plus petites ofcillations ; ainfi en ne leur donnant qu'un degré
d'inclinaifon à chacun, c'eft-à-dire faifant l'angle d F l, pour chaque plan d'impulfion de deux
degrés, l'arc conftant décrit par le pendule,
c'eft-à-dire l'arc néceffaire pour faire échaper les
chevilles de deffus les plans, fera de deux degrés ; mais il faut néceffairement que le pendule décrive des arcs plus grands des deux cô-

tés à cause de la force du roüage.

XIV. Cet échapement réunit donc généralement tous les avantages que l'on avoit désiré jusqu'à présent dans un échapement, sans en avoir aucun défaut.

Les repos font parfaitement égaux, & à égales distances du centre; le frottement sur les arcs de repos est très-petit; les deux arcs de repos font tous les deux concaves, & parcourus avec la même vîtesse, la même force, la même direction.

Les leviers, par lesquels la roüe agit, font égaux aussi-bien que les plans sur lesquels elle agit; la pulsion commence à même distance du centre, & finit aussi à même distance sur tous les deux; elle se fait avec une même force, & dans le même sens, c'est-à-dire qu'elle tend toujours à éloigner les repos du centre, de maniere que le mouvement ne seroit point altéré ni changé par le jeu des deux pivots de l'échapement & de la roüe; c'est là ce que j'ai toujours entendu par *leviers naturels*.

ARTICLE SECOND.

Nouvel échapement pour les Montres.

XV. Le même échapement peut s'appliquer aux Montres sans y faire d'autre changement que celui des dimenſions de la figure ; que l'on conçoive les arcs S L , R I , rapprochés du centre F , comme *s l* , *i r* , & les plans I *e e* , L *d d* , placés de la même façon par rapport à leurs arcs de repos *s l* , *r i* , que les plans I *e* , L *d* l'étoient par rapport aux repos S L , R I ; ſi l'on fait enſorte que la roüe ſoit placée en D D , P P , & qu'elle paſſe par le centre F , alors les mêmes effets renaîtront dans l'ordre où on vient de les expoſer.

XVI. Mais pour pouvoir donner à la roüe Plan. XV. la liberté de paſſer par le centre F , entre les deux leviers ; il faut abſolument les aſſembler par une piece recourbée en forme de manivelle G K H , qui les uniſſe d'une maniere aſſûrée , ſans les ſurcharger.

Alors la roüe tournant de V en X (N°. 3.) la cheville I par ſa portion extérieure rencontrera le plan ou plutôt l'arc L *d* ainſi que dans la Planche XIV , & le conduira juſqu'au point *p* , où elle échapera ; alors la cheville ſuivante tombera ſur l'arc *r* de repos , comme on le voit (N°. 1.) & elle y frottera juſqu'à ce que la force du reſſort ſpiral ayant ramené le balancier & le plan *i e e* , de K en *q* (N°. 1.) la dent ſuivante rencontre le plan inférieur ſur lequel elle agiſſe à ſon tour , en le ramenant en bas comme on le voit (N°. 2.)

XVII. Cette conſtruction réunit encore toutes les perfections que l'on peut déſirer dans un

échapement : il est à repos, & l'on a vû ci-dessus combien les échapemens à repos sont préfé-
rables aux échapemens à recul, dans lesquels le
conflict de deux puissances opposées qui cédent
& l'emportent par des alternatives continuelles
l'une sur l'autre, produit des frottemens inutiles, une destruction continuelle, & une perte
considérable de la force motrice.

XVIII. Les arcs de repos peuvent se rapprocher du centre autant qu'on le jugera convenable, puisque les arcs *s l*, *i r*, pourroient être
rapprochés du centre F, jusqu'au point de ne
contenir que le diametre d'une cheville qui est
un fil d'or extrèmement mince, si la solidité de
l'axe du balancier n'exigeoit une largeur tant soit
peu plus grande, c'est-à-dire égale à la grosseur
d'une verge ordinaire de balancier.

Le frottement est donc aussi petit qu'il est
possible de l'imaginer, sur les arcs de repos, il est
aussi peu considérable sur les leviers d'impulsion, puisque la cheville ne les touche presque
que par un point.

On a même l'avantage en rapprochant autant
qu'on voudra les arcs de repos, de conserver les
leviers d'une longueur beaucoup plus considérable que dans l'échapement de *Graham*, ou dans
l'échapement à roüe de rencontre.

XIX. Les deux portions de cylindre qui
forment les arcs de repos avec leurs plans, se
travaillent

travaillent féparément ; de manière qu'on peut
leur donner la trempe, la forme, & le poli avec la
dernière facilité, avant que de les placer fur la
manivelle qui les raffemble ; par ce moyen l'on
peut auffi les faire croifer plus ou moins fuivant
que leur grandeur ou leur figure l'exige.

Les chevilles peuvent être faites d'un fil d'or à
bas titre, par exemple, à 18 karats ; elles feront auffi dures, & ne feront pas fujettes au verd-
de-gris, & à la corruption de l'huile.

XX. Les inégalités qui peuvent fe trouver
dans les diftances d'une cheville à l'autre, ne
peuvent caufer d'irrégularité, parce qu'elles ne
font comptables que de l'une à l'autre.

Je fuppofe, par exemple que lors qu'on re-
fend une roüe, le *taffeau* fur lequel elle eft fixée
ne foit pas parfaitement rond ou au centre de la
platte forme, les dents feront rapprochées du
centre dans l'endroit où l'arbre eft rapproché de
la fraife, elles feront éloignées dans la partie oppofée, & la roüe fera en défaut dans tous fes
points ; or dans un échapement qui embraffe le
tiers des dents, les inégalités feront fenfibles à
raifon de ce tiers ; car lorfque la partie de la roüe
dans laquelle les dents font plus ferrées, fe
trouvera comprife dans les bras de l'ancre ; la
chûte fera plus grande à raifon de l'erreur qui eft
dans toute cette portion, au lieu que dans mon
échapement il n'y aura que l'erreur de l'une à
l'autre.   C c

XXI. Cet échapement ne sauroit accrocher ;
il n'est point sujet au renversement, il supprime
l'engrenage de la roüe de champ que l'on a toujours reconnu pour défectueux, & si difficile à
bien faire ; il n'exige pas la moitié de la force
motrice nécessaire dans l'échapement à roüe de
rencontre ; il diminue donc d'autant les frottemens & les causes de destruction.

XXII. Les inconvéniens d'une chûte y sont
plus faciles à réparer ; car quand il arriveroit que
l'un des pivots du balancier se cassât, il seroit facile de percer le bout de la manivelle, & d'y
rapporter un pivot, aussi solide que le premier ;
de plus le roüage dans ce cas là, ne sauroit
couler comme dans les Montres ordinaires où la
roüe de rencontre étant dégagée du balancier,
elle coule rapidement, & s'émousse contre la
verge du balancier qu'elle rencontre infaillible-
ment ; la même chose arrive aux Montres à roüe
de rencontre, lorsque la goupille du balancier
se défait, que le balancier se renverse, & est
ensuite ramené par le ressort spiral.

XXIII. Cet échapement est plus commode
dans des Montres demi-plattes, à cause de la
suppression de la roüe de champ & de la roüe de
rencontre ; celles qui en tiennent place peuvent
se distribuer à telle distance des platines qu'on le
souhaite ; on peut mettre par conséquent des tigerons par-tout, & diminuer le ressort, sans

perdre la force qui est nécessaire au mouvement.

XXIV. La roüe à chevilles est 4 fois plus facile à faire que la roüe de l'échapement de Graham; celle-ci d'ailleurs est beaucoup plus exposée : une dent se rompra plus facilement qu'une cheville ne sortira de son trou, & cependant la chose est sans remede pour la premiere, tandis que la seconde n'exige qu'une très-petite réparation.

XXV. Les plans d'impulsion $i q$, $i e e$, $I d$, sont des arcs de cercle décrits d'un rayon égal à celui de la roüe, afin que les chevilles de la roüe agissent sur ces plans de la même maniere que si les plans étoient droits, & que les chevilles eussent un mouvement en ligne droite.

XXVI. On peut par de simples opérations faites avec la regle & le compas, trouver une courbe telle, qu'étant divisée en parties égales, chacune de ses parties soit levée par les chevilles, de maniere à faire décrire au balancier des arcs égaux en tems égaux.

XXVII. On en pourroit trouver une autre, telle que l'avantage ou l'action de la cheville augmenteroit avec la résistance du ressort spiral, pourvû toutes fois que l'on put connoître la véritable proportion de cette résistance dans les différens degrés de tension dont il est susceptible; les arcs de cercle que nous employons, satisfont à peu près à ces deux conditions, & suffi-

fent pour faire décrire au balancier des arcs de
plus de 200 degrés, ce qui est au-delà de la
quantité néceffaire dans les meilleurs Montres.

XXVIII. La manivelle qui affemble les deux
cylindres, a paru à quelques perfonnes un inconvénient dans l'exécution de cet échapement,
mais il étoit plus apparent que réel; en effet
cette manivelle qui n'eft qu'une piece d'affemblage, n'exige aucun foin, aucune délicateffe ;
pour que l'axe en foit exactement rond, il fuffit
de le conferver plein jufqu'à ce qu'il ait été tourné, & de le dégager enfuite.

La péfanteur de la manivelle G H, doit être
comptée pour rien, parce qu'on a foin de mettre
le balancier de péfanteur avec fa verge & fa manivelle, dans tous les fens ; elle n'augmente
point la force centrifuge, puifque la maffe & la
vîteffe, le cercle décrit, la grandeur du balancier, fa péfanteur & la maniere dont fa maffe eft
diftribuée par rapport à fon volume reftent les
mêmes, & que ce font les feules chofes d'où
dépende la force centrifuge ; enfin la réfiftance
de l'air n'eft point à confidérer à cet égard, parce qu'en rendant les bords de la manivelle minces & tranchans pour fendre l'air avec plus de facilité, & donnant une petite épaiffeur aux ba-
rettes du balancier qui lui font oppofées, on
rendra cette réfiftance uniforme fur l'affemblage
total du balancier, de la manivelle & des cylin-

dres, & fon effet par conféquent ne produira aucune irrégularité. Ceux qui ont voulu l'exécuter fans le fecours de la manivelle, en faifant les deux cylindres d'une feule piece, fe font mis dans l'impoffibilité de le bien exécuter.

XXIX. Tous les échapemens connus m'ont conduit à celui-là, en confidérant les défauts de chacun ; celui de *Vergo* ; celui de *Graham* ; celui de *Thiout* ; celui *d'Amant* : il falloit les avoir connus, examinés, retournés, pour en déduire celui que je viens de propofer ; c'étoit par les Pendules qu'il falloit commencer ; il eft aifé de voir qu'on ne pouvoit l'appliquer aux Montres avant de l'avoir appliqué aux Horloges, & cela fuffit pour écarter fans réplique, un homme inconnu qui a prétendu l'avoir découvert dans les Montres, fans en avoir eu d'idée pour les Pendules.

XXX. Le *R. P. Chardin* membre de l'Académie Royale des Sciences de Caën, a lû dans la derniere Affemblée publique de cette Compagnie, un Mémoire fur les échapemens en général, dans lequel il a montré d'une maniere fort favante, les avantages & les propriétés de mon échapement.

L'on peut voir auffi fur-tout les deux Lettres que M. *de Lalande*, de l'Académie Royale des Siences de Paris, a-inférées à ce fujet, dans les Mercures *d'Août* 1754, & *de Juillet* 1755.

C c iij

A R T I C L E T R O I S I É M E.

Maniere de conſtruire cet échapement.

Pl. XIV.
Fig. 2. 3.

Fig. 2.

XXXI. La roüe d'échapement pour les Pendules , eſt une ſimple roüe à chevilles V X, (*Plan. XIV. Fig. 2. & 3.*) je ſuppoſe qu'elle eſt en arbrée; on diviſe d'abord la roüe en 60 parties ſur une platte-forme avec une *fraiſe* tranchante qui faſſe 60 traits tels que Y Y, (*Fig. 2.*) on décrit enſuite deux cercles concentriques éloignés l'un de l'autre de l'épaiſſeur que l'on veut donner à une cheville , & avec un foret on perce les 60 trous ſur les interſections des traits Y Y, avec les deux circonférences décrites.

On peut auſſi ajuſter un guide-foret ſur la machine à refendre, par ce moyen on marquera & on percera tout à la fois chaque trou, mais il faut changer alors le guide-foret pour les 30 trous qui ſont ſur une autre circonférence.

Quand les chevilles ſont chaſſées , on en retranche la moitié du côté qui n'agit point ſur les plans & ſur les repos. Au reſte la roüe doit avoir le diametre que l'on donneroit au rochet dans un autre échapement.

XXXII. La longueur des bras G A , H B de l'ancre, eſt arbitraire ; ſi on les fait fort longs, on gagne de la force pour l'impulſion, mais en les faifant courts, on rapproche du centre les arcs de repos, & par conféquent on diminue les frottemens : je leur donne ordinairement la longueur d'un demi-diametre de la roüe.

Les deux pieces ou bras de l'échapement ont la même forme, & peuvent être limés l'un fur l'autre, excepté que la piece G A qui doit être du côté du centre de la roüe, a une partie faillante ou plus épaiffe intérieurement du côté de la roüe, comme on le voit en A (*Fig. 3.*) pour Fig. 3. paffer entre les chevilles, & les recevoir fans que le bras A G puiffe les arrêter ; les 2 pieces H B, G A, font écartées en bas, de l'épaiffeur feulement de la roüe, & dans leur partie fupérieure, de l'épaiffeur de la roüe plus la faillie des chevilles d'un côté. Quand les deux pieces font forgées, on les monte fur une affiette de cuivre Y qui a un trou quarré vers fon centre pour recevoir l'axe de l'échapement ; l'une des deux pieces eft rivée fur l'affiette de cuivre ; l'autre y eft à frottement dur, pour pouvoir s'ouvrir un peu plus ou un peu moins.

On détermine par un trait de compas la longueur totale des bras de l'ancre, on les coupe de cette longueur précife, en limant jufqu'au trait que l'on a marqué ; on prend la moitié de l'efpace compris entre 2 chevilles déja diminuées de moitié, pour en faire l'épaiffeur S s ou l L ; alors on marque avec un fecond trait de compas, l'arc intérieur R S, & on le lime de même.

XXXIII. Si l'on veut que la Pendule décrive un arc conftant de deux degrés de chaque côté, on tirera une ligne F *l*, & une autre F *d*, qui faffent un angle de deux degrés, & on tirera la ligne L *d*; on en feroit de même pour tout autre angle donné. Si le point de fufpenfion étoit donné en F, la longueur des bras de l'ancre fe trouveroit déterminée par le diametre de la roüe, parce que le milieu *r* de l'épaiffeur de l'ancre doit répondre au point de contact de la ligne F *r* qui paffe par les angles des deux chevilles.

Pour le mettre au point où il n'y ait pas de chûte, on l'effaye en place, & on le fait échaper avec un peu de gêne avant que de le polir, afin que le poli ne lui rende que le peu de liberté qui lui eft néceffaire.

XXXIV. Pour ce qui eft de l'échapement des Montres, la roüe doit être faite & divifée comme pour les Pendules; fon diametre eft arbitraire, pourvû qu'elle foit un peu plus petite que celle qui tient la place de la roüe de champ; les chevilles en place, au nombre de 24 ou 26, feront diminuées de moitié, fi on le juge à propos.

XXXV. Pour former la manivelle & l'axe de l'échapement, on prend un bout d'acier méplat, d'une forme rectangle, qui aye la longueur que l'on veut donner à l'axe de l'échapement

pement F f (*Plan. XV.*) & la largeur G K que Pl. XV. doit avoir la manivelle, c'est - à - dire un peu plus du demi diametre de la roüe.

On prend aussi un bout d'acier rond, du diametre d d f f, (N°. 2.) pour former les cylindres; la grosseur des repos r l est indifférente, on la peut prendre, par exemple, égale à la moitié de la distance x y, qui est entre deux chevilles, ou un peu plus; on prend un foret qui soit presque de cette grosseur, & on perce le cylindre dans la direction de son axe; on en coupe deux bouts pour former les deux pieces d'échapement, on y passe un *équarrissoir* & un *alézoir*, pour rendre le trou bien égal & bien rond sur toute sa longueur.

Comme la longueur des leviers ou plans d'impulsion doit être égale à l'espace compris entre deux chevilles x, y, on tourne le cylindre jusqu'à ce que la lèvre du cylindre ou l'épaisseur de sa partie pleine, soit égale à la distance de deux chevilles.

XXXV. Pour tracer sur les bases des deux cylindres les plans ou les courbes d'impulsion i e, on trace à part sur une petite plaque de cuivre la circonférence de la roüe, sur laquelle sont placées les chevilles; on y marque les trous des chevilles; on en agrandit un jusqu'à ce que le cylindre puisse y entrer; quand le cylindre y est entré, on trace sur sa base avec

D d

un rayon égal à celui de la roüe & des points
G qui y sont marqués, les arcs tels que *i e e*,
qui doivent former les plans, & on lime le
superflu ; on fait la même chose pour l'autre
arc *i d d*.

On évuide ensuite la piece d'acier destinée à
former la manivelle ; on conserve seulement l'a-
xe dans toute sa longueur jusqu'à ce que les pivots soient formés, l'axe tourné & prêt à recevoir les cylindres ; on lime la portion que
l'on avoit conservée ; on place les deux cylindres à frottement dur, & on les fait tourner
avec la pincette, jusqu'à ce qu'ils fassent ensemble l'angle nécessaire ; on connoîtra qu'ils sont
bien placés, lorsque la manivelle étant dirigée
vers le centre de la roüe, la cheville répondra
exactement à la naissance des plans, c'est-à-dire
à l'angle I ou *i* de ces mêmes plans avec les
arcs de repos ; il faut aussi qu'en conduisant la
manivelle jusqu'à la circonférence de la roüe ;
la cheville se trouve encore sur le repos en *o*,
pour que dans les mouvemens extraordinaires
elle ne vienne pas à le quitter en *o* vers la partie qui est opposée aux plans.

Il faut encore prendre soin que quand une
cheville échapera de dessus un plan, la cheville
suivante tombe précisément à l'extrémité *i* du
repos, proche de la naissance de l'autre plan ;
sans cela la Montre pourroit arrêter *au doigt*,

c'eft-à-dire que lorfqu'on fufpendroit le mouvement du balancier dans le tems où la cheville
fe trouveroit fur ce repos, il ne recevroit aucun mouvement de la roüe.

On doit aussi arrondir infensiblement les angles I ou *i* que forment les plans avec les arcs
de repos, pour adoucir & rendre moins dur le
paffage des repos aux virgules ou palettes fur lefquelles fe font les impulsions.

CHAPITRE XV.

Pendule à équation, c'eft-à-dire, qui marque le tems
vrai & le tems moyen, par une feule éguille.

I. ON ne fait point quel eft le premier qui
a imaginé, de nos jours, de mettre
dans les Pendules une éguille ou un cadran dont
le mouvement foit inégal comme celui du Soleil; nous voyons feulement qu'en 1699, il y
avoit dans le Cabinet de Charles II. Roy d'Ef-
pagne, une Pendule qui faifoit la réduction du
tems égal à l'apparent; le P. Kréfa Jéfuite qui
l'écrivoit en 1715, comme on le voit dans la
première édition de la regle artificielle du tems,
n'en connoiffoit pas l'Auteur.

Le P. Allexandre propofa à l'Académie en
1698, une manière de faire marquer feulement

le tems vrai aux Pendules, dont nous parlerons dans le Chapitre XVII.

II. En 1717. M. le Bon & M. le Roy firent les premiers en France, des Pendules pour marquer le tems vrai & le tems moyen ; celles de M. le Bon avoient deux cadrans de minutes, concentriques, l'un moblie pour le tems vrai, l'autre fixe pour le tems moyen ; le changement de l'équation se faisoit à midi pour le cadran mobile ; il y avoit aussi un cadran mobile pour les heures, & un pour les secondes ; ceux - ci étoient conduits par le cadran mobile des minutes, & montroient sous la même éguille les heures & les secondes du tems vrai.

III. Ces premieres idées n'ont pas été suivies autant qu'elles pouvoient l'être. Les cadrans mobiles peuvent s'appliquer commodément aux Pendules & aux Montres, & je les crois plus utiles que toutes les cadratures d'équation que l'on a imaginées jusqu'à présent.

PI. XVI. Supposons le cadran Q R fixé à l'ordinaire,
Fig. 2. 3. sur lequel l'éguille des minutes marquera le tems moyen, & un autre cadran intérieur S S qui est mobile sur un point fixé à la platine ; ce cadran porte une roüe dentée T T, dans laquelle engrenne le rateau V V ; le rateau est mobile autour du point X, & le bras M part de quelque point du rateau, pour appuyer sur la courbe M N N O P ; quand le rateau porte sur la par-

tie la plus élevée de la courbe, comme en M,
le 4 Novembre, la partie du cadran mobile qui
marquoit 60 minutes en R, retournera en arriere,
vis-à-vis du nombre 44 du cadran fixe; par
conséquent, quand l'éguille des minutes y sera
arrivée, elle marquera midi vrai sur ce cadran,
tandis qu'elle ne marquera que 11 heures 44 minutes, sur le cadran Q R du tems moyen.

IV. La construction de la courbe M N O P
est fort simple; je divise un cercle A B en 365
parties & un quart; je prends ensuite un autre
cercle C C D D à discrétion, suivant la grandeur
que devra avoir la courbe; ce cercle C D sert
pour le tems moyen, c'est-à-dire, que le rateau
se trouvant appuyé sur ce cercle; les divisions
du cadran mobile répondent exactement à celles
du cadran fixe, & le tems moyen est le même
que le tems vrai; c'est de ce cercle qu'il faut
partir pour trouver combien la courbe s'écartera
ou au-dessus, ou au-dessous. Du centre Y de ce
cercle on tirera des lignes telles que Y E, à chacun des points de division qui répondent aux différens jours du mois; on fera ensuite une échelle, plus ou moins longue selon qu'on voudra
rendre les inégalités de la courbe plus ou moins
sensibles; j'ai voulu, par exemple, que la courbe eut environ 16 lignes de différence entre son
plus grand & son plus petit rayon, parce que la
plus grande différence du tems vrai, tant au-

deſſus qu'au deſſous du tems moyen, eſt de 32 minutes environ ; cela étant poſé, je conſidere chaque rayon de cercle, tel que Y E, qui eſt pour le premier Janvier, & en partant du point G qui eſt ſur le cercle du tems moyen, je prends ſur mon échelle ce qui répond à 4 minutes, équation du tems pour ce jour-là, c'eſt-à-dire, deux lignes ; je les porte de G en-dedans du cercle, parce que le tems moyen excede le tems vrai, & je marque un point P ; en continuant de marquer un point pour chaque jour du mois, on tirera une ligne courbe par tous ces points, & on aura la courbe cherchée P M N N O.

V. Toutes les fois que la courbe qui fait un tour dans une année, préſentera au talon du ra-teau, ſa partie la plus rentrante O, ce qui arrivera vers le 10 de Février, le rateau deſ-cendra, le cadran tournera par conséquent à droite, & le tems vrai marqué par la même éguille, ſera toujours plus petit que le tems moyen ; le contraire arrivera lorſque la partie la plus élevée de la courbe recevra le talon du ra-teau ; le rateau s'élévera, fera retourner le ca-dran mobile à gauche, & le tems moyen ſera toujours moindre que le tems vrai.

VI. La courbe eſt portée ſur une roüe de la Pendule, qui fait ſon tour en un an, ou à peu près ; voici des nombres que l'on pourroit em-ployer pour appliquer cette courbe à la Pendule

à secondes que nous avons décrite dans le Chapitre II. Pag. 6.

La première roüe faifant fon tour en 12 jours,
on peut placer fur fon axe un pignon de 16 aîles, & le faire engrenner dans une roüe de 487
dents, qui fera la roüe annuelle ; il n'eft pas néceffaire que fa révolution foit exactement d'une
année ; un jour de différence ne produiroit aucune erreur fur le cadran, à plus forte raifon un
intervale de 10 minutes. On verra quelque
chofe de plus exact dans le Chapitre XX.

VII. On pourroit encore faire enforte que
le cadran du tems vrai parût toujours à la même
place, & que les changemens de fituation fe fiffent fur le cadran du tems moyen, cela feroit
plus commode, mais plus compliqué.

CHAPITRE XVI.

Defcription d'une cadrature de Pendule propre à
faire marquer le tems vrai & le tems moyen,
par deux éguilles de minutes, de la maniere la
plus fimple.

I. CETTE cadrature, inventée il y a quelques années, par M. *Paffemant*, eft la
plus fimple que l'on ait vû jufques ici, & en
même-tems la plus commode ; elle donne le

tems vrai & le tems moyen par le centre, & il
fuffit de mettre à l'heure l'éguille du tems vrai,
pour que celle du tems moyen y foit auffi.

Pl. XVI.
Fig. 1.

II. La roüe A D (*Plan. XVI. Fig.* 1.) eft
mobile fur un canon fixé à la platine de la Pendule avec deux vis B, C, à travers lequel paffe l'axe de la roüe de longue tige, fans frottement; cette roüe A D ne fait jamais un tour
entier, mais elle engrenne feulement dans un
rateau femblable à celui qu'on a vû dans le Chapitre précédent, (*Pag.* 212.) qui eft élevé ou
abaiffé par la courbe d'équation, & fait faire à
la roüe A D un quart de tour, au-deffus & au-
deffous de fon état moyen, c'eft-à-dire, un de-

Fig. 2.

mi-tour au plus, comme à la roüe T T (*Fig.* 2.)

III. La roüe A D porte un bras recourbé D
E F, à l'extrémité duquel eft un pignon F de
renvoi, qui donne à la roüe I K du tems vrai,
ou qui en retranche le mouvement qui répond à
l'équation du tems, comme on le dira dans un
inftant.

IV. La roüe de champ G L, eft à frottement
fur l'arbre de la roüe des minutes du tems moyen,
le pignon H qui eft porté fur un bras attaché à la
platine, engrenne dans cette roüe de champ,
il fait tourner la roüe de champ M M, dentée
des deux côtés, qui a le même nombre de dents
que la roüe L, qui fait par conféquent auffi fon
tour en une heure, mais en fens contraire.

V.

V. La roüe M M fait tourner le pignon de renvoi, & celui-ci engrenne dans la roüe I K qui porte l'éguille des minutes du tems vrai.

On mettra aussi un petit ressort entre la roüe de tems vrai I K, & la roüe de tems moyen M M, pour éviter le jeu des engrenages, & la vacillation des deux éguilles.

VI. La roüe I K, porte un pignon N; ce pignon au moyen d'une roüe de renvoi, fait mouvoir la roüe de cadran en 12 heures; cette roüe de cadran roule sur le canon O: la même roüe I K peut porter les chevilles qui doivent lever la détente de sonnerie.

VII. Si l'on veut faire marquer les secondes à cette Pendule au centre du cadran, il faudra faire marquer le tems moyen par renvoi: pour cela le pignon de la roüe qui fait mouvoir la roüe d'échapement, sera prolongé au-dehors de la cage pour engrenner dans la roüe L qui est à frottement sur la roüe de champ G H.

La tige du rochet où de la roüe d'échapement passera alors dans le canon attaché sur la platine en C, B, sans frotter au-dedans; les roües M M & I K étant sur le canon; au-devant de ces roües il y aura un pont qui portera un canon par-dessus lequel tournera l'éguille des heures; alors le pignon ou la petite roüe N doit être séparée de la roüe F K, & être en-deçà du pont.

Ee

CHAPITRE XVII.

*Manière de faire marquer le tems vrai aux Pendules,
par l'addition d'une seule roüe.*

Pl. XVI.
Fig. 1.

I. LEs Pendules propres à marquer tout
à la fois le mouvement moyen, & le
mouvement inégal du Soleil, appellées Pendules à équation, ont toujours été des ouvrages fort
compliqués; la cadrature de M. Paſſemant que
l'on a vû Chap. XVI. la plus récente & la plus
ſimple que l'on connoiſſe, eſt encore compoſée
de deux pignons & de 3 roües de champ, (dont
l'une eſt dentée des 2 côtés) qui ſont conduites
par la roüe de longue tige ou grande roüe
moyenne avec aſſez de frottement; cette roüe
dont l'axe ſe prolonge hors de la cage du mouvement, porte une roüe de champ qui engrenne dans un pignon dont l'axe parallele aux platines, eſt porté par un coq; ce pignon fait tourner une autre roüe de champ égale à la premiere
& également nombrée, dont le canon eſt libre
ſur l'axe de la premiere; cette roüe qui eſt dentée des deux côtés, engrenne dans un pignon
dont l'axe auſſi parallele aux platines, eſt placé
ſur un bras recourbé, fixé ſur une roüe qui engrenne dans le rateau conduit par la courbe an-

nuelle, qui l'éleve ou l'abaiſſe à divers tems de l'année ; ce pignon engrenne enfin dans une autre roüe de champ qui porte l'éguille des minutes du tems vrai ; quant à l'éguille des heures & celle des ſecondes, elles ſuivront le tems vrai ou le tems moyen par le ſecours de deux autres renvois.

II. Cette conſtruction eſt la meilleure que l'on connoiſſe, elle n'a que les défauts communs à toutes les Pendules de tems vrai, & qu'il ſemble qu'on ne ſauroit éviter, mais qui ſont cependant conſidérables.

1°. La roüe des minutes eſt chargée de la conduite de cette ſeconde cadrature, outre la cadrature ordinaire ; ce qui fait un obſtacle conſidérable à ſon mouvement, qui a déja cependant beaucoup moins de force que celui des premieres roües.

2°. Le pignon qui eſt élevé dans certains tems par la roüe annuelle, fait un effort conſidérable accompagné d'un frottement aſſez dur, ſur une roüe de champ qui doit le ſoûtenir d'un côté, pendant que de l'autre il éleve la roüe du tems vrai, deſorte que la roüe des minutes ſoûtient un effort double de celui qui eſt employé à faire mouvoir la roüe du tems vrai.

3°. On ne peut éviter le jeu des éguilles, qu'en faiſant preſſer les pieces les unes contre les autres par des reſſorts, ce qui occaſionne des frottemens encore plus durs.　　　E e ij

4°. L'éguille des heures ne fauroit répondre tout à la fois au tems moyen & au tems vrai, deforte que fi elle eft d'accord avec une des éguilles, elle ne le fera point avec l'autre.

Tant de défauts dans les Pendules à équation, c'eft-à-dire qui marquent tout à la fois le tems moyen & le tems vrai, les doivent faire bannir de l'ufage de la fociété, fi l'on peut trouver le moyen de faire marquer le tems vrai à des Pendules fimples, fans les expofer aux mêmes inconvéniens; en effet le tems moyen ne doit, ce femble, entrer pour rien dans les ufages de la vie, & n'ayant été reçû que par l'impoffibilité de marquer exactement celui que la nature nous offroit, on fera porté à l'abandonner dès que l'on pourra commodément s'en paffer; il femble d'ailleurs que nous devions tâcher de fuivre le plus près qu'il eft poffible, le moyen que la nature nous préfente dans les Cadrans Solaires qui ont été dans les tems les plus reculés, & font encore prefque la principale regle d'un chacun, dans la divifion du tems.

IV. Il ne refteroit donc rien à fouhaiter à ce fujet dans la fociété, fi toutes les Horloges fuivoient également le tems vrai, c'eft-à-dire le mouvement apparent du Soleil, tel qu'il eft indiqué par les Méridiennes & les Cadrans.

On en viendroit, ce femble à bout, en faifant varier le centre d'ofcillation, ou le centre

de fufpenfion du pendule, c'eft-à-dire, en élevant ou la lentille feule, ou la verge entiere du
pendule, lorfque la durée du jour vrai eft moindre que celle du jour moyen, en l'abaiffant,
lorfqu'elle devient plus grande.

Ainfi vers la fin de Décembre, la durée du
jour vrai, c'eft-à-dire, d'un retour du Soleil au
Méridien, eft plus longue de 51 fecondes de
tems que vers le milieu de Septembre; le pendule devroit donc être racourci de 0$^{lig.}$ 52,
c'eft-à-dire de plus d'une demie ligne au mois
de Septembre.

V. Comme cette inégalité des jours vrais
augmente & diminue plufieurs fois dans l'année
d'une maniere fort irréguliere; ce n'eft que par
le moyen d'une courbe qui repréfente toutes ces
inégalités que l'on peut les compenfer.

Je ne m'arrêterai point à la premiere méthode que je viens d'indiquer, elle confifteroit à
placer cette courbe avec un mouvement ou
roüage convenable fur la verge d'un pendule, ou
au-dedans de la lentille, pour pouvoir faire remonter, un poids au-dedans au mois de Septembre, & defcendre enfuite fuivant les tems,
mais cette méthode feroit peut-être difficile.

Le P. Allexandre dans fon *Traité général des
Horloges, Pag.* 151, avoit propofé une autre
méthode qui feroit très-fufceptible de perfection; en effet on peut faire varier le point de fuf-

penſion d'un pendule, ſoit en élevant plus ou moins la fente qui pince ou contient le reſſort, & qui détermine le centre de ſuſpenſion, ſoit en fixant cette pince, & élevant le pendule lui-même au moyen d'un levier de la premiere ou de la ſeconde eſpece auquel le balancier ſoit ſuſpendu, & dont l'autre extrémité porte ſur une courbe.

Plan. X. **VI.** Soit B C un pendule dont la ſuſpenſion
Fig. 12. à reſſort eſt retenue dans une fente S, enſorte que la longueur du pendule dont dépend le nombre de ſes vibrations ſoit S C; on conçoit facilement que ſi le point S eſt élevé vers B d'une demie ligne, c'eſt-à-dire que le levier A F qui tourne autour du point F, reçoive un mouvement en A par une courbe ondée, aſſez grand pour que le point S s'éleve d'une demie ligne; le pendule S C étant plus long d'autant, il retardera de 50 ſecondes par jour.

Fig. 9. **VII.** On peut auſſi faire enſorte (*Fig. 9.*) que le point S reſte à la même place, que le pendule ſoit contenu & ſerré en S, tandis que le levier *f a*, ſupportera tout le poids de la lentille, & la levera toute entiere.

VIII. Afin d'avoir à traiter des quantités plus ſenſibles, on peut faire enſorte que le bras du levier de S en F, ou de *u* en *f* ſoit 20 ou 40 fois plus grand que la diſtance de A en S, ou de *a* en *u*, parce moyen le point de ſuſpenſion changera 40

fois moins que le point *a* ou A, & les petites
inégalités de la courbe qui agit en A, deviendront infenfibles en S, à quoi il faut ajoûter que
le levier, dans la fig. 9. ne portera en *u* qu'un
quarantiéme du poids de la lentille.

IX. Venons maintenant à la courbe qui doit
mouvoir le point A; on peut conftruire cette
courbe beaucoup plus facilement que n'a fait le
P. Allexandre, en s'y prenant de la maniere fuivante, à peu près comme dans le Chapitre XV.

On divife la circonférence d'un cercle A B Pl. XVI.
en 365 ¼ parties; on marque à côté de chacune Fig. 3.
le jour du mois qui lui répond, & on tire des
rayons du centre à chaque point de divifion; on
décrit enfuite un autre cercle C D à proportion
de la grandeur que l'on veut donner à la courbe;
ce cercle fera le milieu d'où l'on partira pour tracer la courbe, partie au-dehors, & partie au-
dedans, fuivant que le mouvement vrai du Soleil différera du mouvement égal ou moyen. Par
exemple, le premier Janvier, on voit dans la
Table du tems moyen au Midi vrai, que le tems
moyen va en augmentant de 29 fecondes fur le
tems vrai, le Soleil retarde donc d'autant; ainfi
pour que le pendule ce jour-là fuive le Soleil, il
faut le faire retarder de 29 fecondes, c'eft-à-dire
l'alonger de 1/10 de lig. ou plus exactement de
0 lig. 2956; or, comme la courbe qui agit
non pas fur le pendule immédiatement, mais 40

fois plus loin, doit produire 40 fois plus d'effet ; c'eſt-à-dire, une deſcente de $11^{\text{lig.}}$ 824, ou $\frac{824}{1000}$; elle devra deſcendre au-deſſous du point G qui eſt ſur le cercle du moyen mouvement de $11^{\text{lig.}}$ & $\frac{824}{1000}$; on prendra donc une diſtance G F de $11^{\text{lig.}}$ 824 , & on marquera le point F ; lorſque le tems moyen ira en diminuant, on marquera les points au-dehors du cercle C D. Après avoir marqué ainſi 365 points ou ſeulement 183 , on aura la courbe ondée L F K H , qui doit conduire l'extrémité A ou *a* des leviers.

Plan. X.
Fig. 9. 12. (*Fig.* 9. & 12. *Plan.* X.)

X. Au reſte, cette courbe placée ſur une roüe annuelle, peut être conduite, ſoit par le roüage du mouvement, ſoit par la ſonnerie, ſoit par un remontoir lorſqu'on en met dans les pendules.

Cette roüe peut être placée indifféremment dans un plan parallele aux platines, ou perpendiculaire, au milieu ou ſur les côtés, ſur le devant ou ſur le revers ; on peut recourber le bras du levier, lui donner la longueur, la figure, la ſituation qui paroîtra la plus commode.

XI. On peut au moyen d'une vis ſans fin, communiquer à une roüe le mouvement le plus lent par le ſecours d'une autre roüe quelconque, ainſi l'on n'eſt jamais embaraſſé à cet égard, pourvû qu'on aie vérifié l'égalité d'une vis ſans fin en lui faiſant conduire une roüe ſur une platte forme diviſée avec ſoin. XII.

XII. La courbe ou le pignon qui la conduit se met à frottement dur, pour pouvoir remettre la courbe fur chaque jour du mois.

Le point d'appui F ou *f* pourra être rapproché ou éloigné du point de fufpenfion, fi l'on s'apperçoit que la courbe produife trop, ou trop peu d'effet, ou bien on fera glifler le pendule le long du levier, on le remettra enfuite dans fon échapement en pliant la fourchette qui le conduit.

XIII. Le jeu des éguilles du tems vrai qui a été jufqu'à préfent un vice dans la nature même de la conftruction des Pendules à équation, difparoît ici totalement; on y trouve auffi l'avantage de faire marquer les heures, les minutes & les fecondes de tems vrai; ce n'eft qu'en remontant au principe reglant d'une Horloge que l'on pouvoit commodément en corriger ou en changer ainfi toute la marche.

XIV. Je ne crois pas que les Pendules même aftronomiques fuffent altérées par l'application de cette courbe, puifqu'elle n'empêchera point que le mouvement ne foit parfaitement égal pendant plufieurs jours de fuite, & qu'il ne change jamais de plus d'une feconde dans un jour.

XV. On peut appliquer cette courbe à une groffe Horloge qu'on eft obligé de remontèr tous les jours, fans la faire conduire par le mou-

F f

vement ; je mets ordinairement une plaque de fer
qui cache le quarré du remontoir du mouvement, de maniere que l'on eſt toujours obligé
de l'écarter pour pouvoir placer la manivelle ſur
le quarré : en écartant cette plaque on fait entrer un pied de biche qui eſt briſé, entre les
dents de la grande roüe, lequel étant appuyé par
le moyen d'un gros reſſort, fait effort ſur cette
roüe, & tient lieu de poids pendant que l'on remonte l'Horloge ; le même bras qui porte le pied
de biche pourra faire paſſer une des 365 dents
de la roüe annuelle qui ſera contenue par un va-
let ou ſautoir, comme l'étoile d'une répétition
ordinaire ; c'eſt ainſi que le pendule ſe trouvera
chaque jour de la longueur qui lui eſt néceſſaire,
pour ſuivre le tems vrai.

XVI. On ſent aſſez que la courbe que je
viens de tracer, eſt aſſujettie ; 1°. A la longueur
du pendule à ſecondes ; 2°. A la longueur du
bras du levier, que je ſuppoſe décrire un eſpace
40 fois plus grand que celui que le pendule doit
parcourir ; cette multiplication par 40, rend
l'effet plus ſenſible & moins ſujet aux petites inégalités que l'on peut commettre en décrivant
cette courbe.

En effet, une erreur de $0^{lig.}$ 4, c'eſt-à-
dire de preſque une demie ligne ſur la circonférence de la roüe, erreur que l'on peut regarder comme impoſſible, ne produiroit que $\frac{1}{100}$ ſur

le pendule, c'est-à-dire une seconde d'accélération ou de retard sur les 24 heures; si l'on vouloit ne rendre l'effet que 10 ou 20 fois plus
grand, il faudroit tracer une autre courbe en suivant la même méthode.

XVII. Le bras du levier qui appuye sur la
courbe, doit toujours être garni d'un rouleau
ou d'une poulie qui roule sur la courbe pour
adoucir les frottemens sur cette courbe, qui
sont assez inégaux, quoique d'ailleurs de peu de
conséquence, & pour contenir ce levier dans sa
juste situation.

XVIII. Si une méthode aussi utile ayant été
connue a été abandonnée depuis, on n'en doit
rien conclure contre son utilité; il y a un très-
grand nombre de choses excellentes qui tombent
dans l'oubli par le peu d'usage que l'on en fait;
la plûpart des Horlogers ne connoissent presque
qu'une espece de Montres & de Pendules, parce que la plûpart des hommes n'ont pas besoin
d'autre chose; tout le reste peut leur devenir
indifférent, quelque degré de bonté qu'il ait
d'ailleurs, mais cela ne nous dispense point de
revenir souvent sur les choses utiles, pour tâcher d'en rétablir ou d'en perfectionner l'usage.

_____

CHAPITRE XVIII.

Description d'un petit Cadran, par le moyen duquel
on peut faire suivre le tems vrai aux Horloges.

I. ON a vû dans le Chapitre précédent la
        maniere de faire élever le pendule par
le moyen d'une courbe que conduit le mouvement; mais si l'on veut se passer de la roüe annuelle & de la courbe, il sera très-facile surtout
dans des Horloges que l'on remonte tous les
jours, de placer au-dessus de la suspension, un
Cadran que l'on tournera tous les jours à la main,
& qui produira le même effet.

II. Pour cela, je suppose qu'au - dessus de la
pince qui contient le ressort de la suspension, ou
au-dessus de la piece qui assemble les couteaux,

Plan. X.
Fig. 12.
la verge soit terminée par une vis *b*, (*Fig.* 12.)
retenue dans un écrou B, & qu'en tournant cet
écrou, on puisse accourcir ou allonger le pendule.

III. On n'aura donc qu'à placer sous cet
écrou B, un Cadran X *x*, divisé comme on le
verra ci après, mettre sur l'écrou une éguille *y* qui
marquera de combien il faut tourner l'écrou, &
changer la longueur du pendule aux divers jours
de l'année, pour lui faire suivre le mouvement
du Soleil.

Pl. XVI.
Fig. 4.

On voit ce Cadran, (*Plan. XVI. Fig. 4.*) il est divifé en 50 parties, & à côté de chacune on a mis au - dehors le nombre de fecondes dont le tems vrai s'écarte par jour du tems moyen ; à la fin de Décembre, par exemple, le tems vrai retarde chaque jour de 30 fecondes fur le tems moyen, ainfi le pendule doit être plus long dans ce tems-là que le pendule du tems moyen ; le 15 Septembre au contraire, le tems vrai avance de 21 fecondes, & le pendule doit être plus court qu'à la fin de Décembre d'une demie ligne.

IV. On peut donc faire enforte qu'un tour de vis éleve le pendule d'une demie ligne, en faifant une vis qui ait 24 filets dans un pouce, & fi l'on place le 25 de Décembre une éguille fur l'écrou au point qui eft marqué fur le Cadran, il faudra faire faire à l'éguille un tour entier, enforte qu'elle foit revenue au même point le 15 Septembre fuivant.

V. Comme il y a 4 jours dans l'année où la marche du tems vrai eft égale à celle du tems moyen, comme on le voit au point marqué d'un zéro ; c'eft à ce point que devra fe trouver l'éguille pour que le pendule ait exactement la longueur du pendule du tems moyen ; les jours fuivans on obfervera l'ordre des chiffres du quantiéme.

VI. On apperçoit facilement que les points où on a mis des étoiles, font ceux où il faut s'ar-

rêter & retourner en arriere, par exemple, l'é-
guille étant arrivée au 15 Septembre, rencontrera une étoile qui marque qu'elle doit revenir
au 8 Octobre sans passer au-delà de l'étoile.

CHAPITRE XIX.

*Traité des engrenages , dans lequel on détermine
géométriquement la figure la plus avantageuse
pour les dents des roües & pour les aîles des
pignons.*

Par M. LE FRANÇOIS DE LALANDE, de l'Académie Royale des Sciences &c.

I. **L**ORSQU'ON demande quelle est la figure la plus avantageuse d'une dent de
roüe & d'une aîle de pignon pour former *un engrenage parfait*, dans toute la rigueur géométrique , on entend sous le nom *d'engrenage parfait*,
celui qui est tel : 1°. Que la force employée par
la roüe à conduire le pignon , soit la plus petite
qu'il est possible d'employer; 2°. Que la vîtesse
avec laquelle la roüe conduit le pignon , soit
aussi à chaque instant la plus grande possible , ou que la roüe est capable de lui donner ;
3°. Que cette force & cette vîtesse soient cons-
tamment les mêmes depuis le point de rencontre ;

jufqu'au moment où la dent abandonne l'aîle;
4°. Que le frottement de cette dent pendant
toute la conduite foit auffi le moindre poffible.

II. Les perfonnes de l'art ont toujours né-
gligé cette précifion qu'ils ont regardé comme
du reffort de la pure Géométrie, foit que ces
recherches leur paruffent trop difficiles pour la
pratique, foit qu'ils n'en connuffent pas affez
l'utilité; on ne fauroit trop renouveller ce que
les Géometres ont toujours penfé à cet égard, &
s'efforcer de détruire le préjugé.

III. J'efpere que la grande·facilité avec laquelle on va déterminer les courbes néceffaires
pour un engrenage parfait, au moyen des fimples élémens de la Géométrie, pourra infpirer
aux Artiftes jaloux de fe diftinguer par la perfection de leurs ouvrages, le défir d'acquérir le peu
de connoiffance dans la Géométrie que fuppofe-
ront les principes fuivans.

IV. Si la force avec laquelle une roüe conduit un pignon n'eft pas conftante & égale, il y
aura des cas où la force motrice agira plus que
dans d'autres fur le régulateur, ou fur le dernier
mobile, ce qui caufera tantôt une accélération
& tantôt un retard.

V. Si la force n'eft pas la moindre poffible,
tout ce qu'on en employera au-delà, fera en pure perte, & ne fervira qu'à rendre les frottemens
plus rudes, à augmenter l'ufure & la deftruction

de la machine; cet excès de force superflue peut
être extrèmement grand dans des grosses Horloges : on en a vû qui ne pouvoient marcher qu'a-
vec 1200 livres de poids, au lieu de quelques livres qui auroient dû suffire pour lever les détentes & en vaincre les frottemens, si les engrenages n'eussent été défectueux.

VI. Si la vîtesse avec laquelle le pignon est
conduit, n'est pas uniforme, le même inconvénient arrivera; il y aura des précipitations dans
le roüage qui empêcheront l'uniformité du mouvement, & augmenteront la destruction de certaines parties.

De l'uniformité de la force, il résulte uniformité dans les frottemens, qui varient toujours
lorsque la force est variable.

M. *de Roëmer* fut le premier qui s'apperçût
dans le siecle passé (aussi bien que M. de la Hire,
dans le IX. Tome des Mémoires de l'Académie
depuis 1666. jusqu'en 1699. Pag. 415.) de l'u-
sage que l'on pouvoit faire de la Géométrie dans
cette matiere; on lit dans les Mémoires de l'A-
cadémie des Sciences pour l'année 1733, un ex-
cellent Mémoire de M. *Camus* sur cette matiere;
M. *le Roy* de la même Académie a démontré
quelques-uns des cas de ce Mémoire d'une maniere fort aisée à entendre, dans le 4e. volume
de l'Encyclopédie, par la considération des leviers, ainsi qu'avoit fait M. de la Hire, Pag.
411.

411. des anciens Mémoires de l'Académie ; je vais tâcher de rendre ces objets plus simples encore s'il est possible, par l'ordre & les démonstrations les plus faciles, & en y ajoûtant les détails nécessaires pour mettre ces mêmes démonstrations à la portée de tout le monde.

VIII. Ainsi au lieu de commencer par une proposition générale, mais compliquée, qui seroit plus élégante, & qui renfermeroit tous les cas ; je commencerai par le cas le plus simple, qui est celui d'une roüe qui conduiroit un pignon ou une lanterne dont les fuseaux ne feroient que des lignes infiniment déliées, & cela uniquement en commençant sur la ligne des centres, & continuant au-delà ; je passerai ensuite à des cas plus composés.

Pour comprendre la suite du discours, il faut entendre quelques propriétés des épicycloïdes qui vont être expliquées succinctement.

IX. Si l'on conçoit un cercle A *(Fig. 1.)* PI. XVII. rouler sur une ligne droite C D, ainsi qu'une Fig. 1. roüe sur le pavé, & qu'on choisisse un point quelconque E de ce cercle, on verra que dans le mouvement du cercle, le point E en partant du point C, aura décrit une courbe C E D, appellée *cycloïde* ; *le point décrivant* E, sera parvenu en D à la fin du mouvement, & la ligne C D sera égale à la circonférence du cercle A.

Si le même cercle A *(Fig. 2.)* au lieu de Fig. 2.

G g

rouler fur une ligne droite, roule fur la circonférence d'un autre cercle C M D, le point décrivant E en partant du point C jufqu'à ce qu'il foit arrivé au point D, décrira une autre courbe C E D, plus contournée que la premiere, & que l'on appelle *épicycloïde*.

Fig. 2.

X. Si le même cercle générateur a A (*Fig.* 2.) au lieu de rouler fur la circonférence extérieure ou convexe du cercle, fe meut dans fa circonférence intérieure de G en H; le point décrivant E qui étoit en G, décrira une autre efpece d'épicycloïde G E H; il décriroit la même courbe fi fon diametre au lieu de s'étendre depuis E jufqu'en T, s'étendoit depuis E jufqu'à la partie oppofée P de la circonférence.

Fig. 2.

XI. Si le cercle générateur (*Fig.* 2.) devient égal en diametre à la moitié du cercle dans lequel il roule, fa circonférence paffera toujours par le centre K du cercle qui fert de bafe, & le point décrivant K parcourra un diametre I K F du même cercle; il eft facile de s'en affûrer par expérience, en faifant deux cercles de carton, dont l'un foit évuidé, & d'un diametre double de l'autre qui roulera au-dedans; mais on peut encore le prouver géométriquement de la maniere fuivante. Puifque le diametre du petit cercle eft la moitié du diametre du grand, fa demie circonférence K O N fera égale au quart I N de l'autre cercle; ainfi le point décrivant que je

fuppofe en K, fera arrivé au point I, lorfque le
demi cercle K O N aura appliqué fucceffivement
tous fes points à ceux de l'arc N I qui lui eft
égal, ainfi le point N parviendra en K, & le
point K en I, fans avoir quitté le demi diametre
K I ; fi l'on doutoit cependant encore que le
point K du cercle K O N ait été perpétuellement
fur une même ligne droite K I, prenons l'arc N
O qui eft un quart du cercle générateur & N P
qui foit un huitiéme du cercle qui fert de bafe ;
il eft fûr que ces deux arcs font égaux, & que le
point O arrivera en P, mais la ligne O K eft
égale à la ligne P R, puifque O K eft la corde
de 90 degrés dans le petit cercle, P R la moitié
de la corde de 90° dans le grand cercle, & que
les moitiés du grand cercle font égales aux touts
dans le petit ; ainfi le point O étant en P, la ligne O K concourra avec la ligne P R, & le
point K fera en R, c'eft-à-dire encore fur le diamettre F L ; on le démontreroit de même dans
tous les autres points, donc le point décrivant
K du petit cercle, parcourra un diametre du
grand.

XII. Reprenons l'épicycloïde de l'Art. IX.
(*Fig. 2.*) décrite par le cercle générateur A, Fig. 2.
roulant fur le cercle C D, on fent affez que
tous les points du cercle générateur s'applique-
ront fucceffivement fur autant de points de l'arc
C D ; par cette application fucceffive le cercle

A parcourrera un arc C D égal à toute fa circonférence , & le point décrivant tracera sur ce papier une épicycloïde C E D.

Mais il faut bien obferver qu'il arrivera précifément la même chofe , fi l'on fuppofe que le
petit cercle A foit fixé en l'air par fon centre S ,
qu'il ait la liberté de tourner feulement fur ce
centre , & que le cercle qui fert de bafe , tourne
auffi fur fon centre K avec le papier fur lequel la
figure eft tracée , car le centre du cercle A ne
changeant point de place tandis que l'arc C D eft
mobile , & fait tourner fur fon centre ce cercle
générateur , ce fera la même chofe que lorfque
l'arc C D étant fixe , le cercle A étoit mobile ,
tous les points du cercle générateur feront appliqués fucceffivement à tous les points corref-
pondans de l'arc C D , & le point décrivant E du
cercle fixé en S , décrira fur le papier ou plan
mobile de la figure , la même épicycloïde qu'il
décrivoit fur le papier fixe , lorfque le cercle
étoit mobile ; la fituation refpective des parties
de la figure fera la même dans les deux cas. Si le
cercle K O N au lieu de rouler dans la circonférence du centre N P I , tourne autour du centre
V fixe , tandis que le cercle N P I D tournant
autour de fon centre K , entraînera le cercle K
O N par fa circonférence N , le point décrivant
décrira la même ligne F I fur le plan du cercle
N P que dans l'Art. XI. Pag. 234.

XIII. C'est une propriété essentielle de la cycloïde, & de toutes les épicycloïdes, que la ligne tirée du point de contact au point décrivant, est toujours perpendiculaire à la cycloïde. C E D (*Fig.* 3.) est une portion de cycloïde décrite par Fig. 3. le cercle A E D; le point décrivant est E; le point de contact, qui change continuellement, sera en A, lorsque le point décrivant E décrira la petite portion E *e* de la cycloïde, or l'on peut concevoir que dans ce moment-là le cercle A E D tourne d'une très petite quantité sur le point A, de maniere que la ligne A E, décrit un petit arc E *e* d'un cercle H E G, dont le centre est en A, ce cercle sera confondu avec la cycloïde en E *e*, puisque l'un & l'autre sont décrits par le point E, donc la ligne ou le rayon A E qui est perpendiculaire à son cercle sera aussi perpendiculaire à la cycloïde en E; on le démontreroit de même dans tous les points de la cycloïde, & dans toutes les épicycloïdes comme celles de la Figure 2.

XIV. Après ces notions préliminaires, nous allons passer au principe général des démonstrations, qu'il faut bien concevoir avant que d'aller plus loin.

Que le cercle M K représente une roüe qui n'a point de dents, (*Fig.* 4.) & le petit cercle Fig. 4. M N un pignon qui n'a point d'aîles; que la roüe conduise le pignon par le simple con-

tact de fa circonférence , de M en N , de maniere que le pignon foit obligé de tourner avec
la roüe , chacun autour de fon centre, comme
on a vû dans l'Article XII. le cercle A & le
cercle C M D de la Fig. 2. il eft clair qu'alors
la circonférence du pignon aura exactement la
même vîteffe que la roüe , puifque chaque point
de la roüe fera paffer un point du pignon , ce fera donc la plus grande vîteffe que la roüe puiffe
donner au pignon., car elle ne fauroit lui donner une vîteffe plus grande que la fienne propre;
il eft fûr encore que la roüe conduira le pignon
avec la plus grande force dont elle eft capable ,
car elle agira par un levier C M égal à fon rayon,
de façon que la puiffance qui feroit appliquée en
Z pour faire tourner le pignon par le moyen de
la roüe , ne fauroit agir fur le point M par un levier plus court, d'ailleurs elle agira fuivant la
direction M Q perpendiculaire au levier ou rayon
P M du pignon , & il n'y a pas de direction plus
favorable que la direction perpendiculaire.

Dans la fuppofition que nous venons de faire
du mouvement de la roüe & du pignon., il n'y a
point de frottement, parce que la roüe & le pignon ne fe touchent que dans un point, & que
le même point de la roüe ne parcourt pas différens points du pignon, ce qui feroit néceffaire
pour qu'il y eût frottement; ou s'il y en a,
il eft le plus petit qui foit poffible , parce que

le moindre frottement eft celui d'une furface frottante dont la direction eft parallele à celle fur laquelle elle frotte, or la direction du mouvement de la roüe qui fe fait fuivant la tangente M Q, eft la même que la direction du pignon ; la force frottante eft auffi la plus petite qui foit poffible, puifqu'une roüe qui doit agir toujours par fa circonférence, ne peut agir que par fon rayon, & toujours perpendiculairement à la ligne des centres.

XV. Nous aurons donc fatisfait à toutes les conditions de l'engrenage le plus parfait fi nous pouvons donner des dents à la roüe M K, & des aîles au pignon M N, telles que lorfque les dents de la roüe agiront fur les aîles du pignon, la force, la vîteffe & la direction de la roüe & du pignon en M, reftent les mêmes qu'elles étoient dans le cas que nous venons de fuppofer où l'action fe faifoit au point de contact M.

XVI. Pour remplir cet objet, je regarde d'abord un des rayons P T comme une aîle du pignon ; par le point d'atouchement M des deux circonférences, je lui tire une perpendiculaire R M S ; du centre C de la roüe je tire C R, & une ligne C S perpendiculaire fur la ligne R M S, je vais prouver que l'action du rayon C R pour conduire le point R du pignon, fera la même que l'action du point M dans le cas de l'Article XIV. pour conduire le rayon P M.

XVII. Si la puiſſance Z au lieu d'agir par un bras de levier C M ſur le point M, agiſſoit par un levier C V qui fut la moitié de C M, elle auroit le double d'avantage ; mais ſi cet avantage double étoit appliqué au point X du pignon tel que P X, fut la moitié de P M, comme il y auroit au point X la moitié moins de force pour lever le poids Y, les choſes reſteroient dans le même état, & la puiſſance agiroit avec la même force qu'auparavant ſur le poids Y.

Il en ſeroit de même de la vîteſſe ; la puiſſance Z ne donneroit au point V que la moitié de ſa vîteſſe, mais cette moitié de vîteſſe appliquée au point X, produiroit une vîteſſe double ſur le point M, ainſi la vîteſſe ſeroit encore la même que dans le cas de l'Article XIV.

Il en ſera de même ſi l'on retranche le quart ou une partie quelconque du rayon M C de la roüe, pourvû qu'on ôte le quart ou une partie ſemblable du rayon P M, parce que tant qu'il y aura le même rapport entre le levier C V ou C M par lequel agit la puiſſance, & le levier P X ou P M par lequel réſiſte le poids Y ou le pignon, la force & la vîteſſe ſeront toujours les mêmes que dans l'Article XIV.

XVIII. Dans le cas où la roüe agit ſur le point R du rayon P R, la ligne R M S étant perpendiculaire ſur P R & ſur C S, C S eſt le levier par lequel agit la roüe ; & P R eſt le levier

par

par lequel résistera le pignon, car que la force qui
pousse le pignon soit placée en R , en M , en S,
elle produira toujours le même effet ; il n'y a que
la distance C S au centre de la roüe qui décide
de son effort sur le pignon.

Toutes les fois que la ligne de direction R M
S passera par le contact M du pignon primitif, &
de la roüe primitive ; la ligne C S & la ligne
P R seront dans le même rapport que C M & P
M , car les triangles C M S , P M R, seront semblables, puisque l'angle S M C est égal à l'angle
P M R qui lui est opposé par la pointe , & que
les angles en S & en R sont droits ; ainsi les deux
triangles étant semblables , leurs côtés homolo-
gues seront proportionnels , & on aura C M est
à P M, comme M S est à M R ; il y aura donc
entre le levier d'action C S, & le levier de résistance P R , le même rapport qu'entre C M &
P M ; il y aura donc une force & une vîtesse
égales à celles que l'on avoit, Article XIV. lorsque la roüe entraînoit le pignon par sa circonférence en M.

XIX. Voici donc une proposition générale ,
& qui servira de fondement à tout ce que nous
allons dire. Toutes les fois que la ligne M R tirée du point de contact des deux circonférences
perpendiculairement sur l'aîle du pignon, passera au point R par où l'aîle sera menée, le pignon
étant conduit par ce point - là , recevra de la

H h

roüe la même force & la même vîteſſe que s'il
eut été entraîné par le point M , c'eſt-à-dire que
ſa vîteſſe & ſa force ſeront les plus grandes poſ-
ſibles ; ainſi toutes les fois que l'aîle d'un pignon
ſera conduite par la dent d'une roüe , il faudra
que la ligne tirée du point de contact des deux
circonférences au point de conduite , ou d'at-
touchement de l'aîle & de la dent, ſoit perpendiculaire ſur l'aîle & ſur la dent.

XX. Pour appliquer ce principe au pignon
qui ſeroit compoſé de fuſeaux infiniment déliés,
Fig. 5. tels que les points A , B , C , D , (*Fig. 5.*) il
faut ſe rappeller que la roüe primitive M C , en-
traînant le pignon primitif M D par ſa circonférence , un point D pris ſur la circonférence de
ce pignon , décrira une épicycloïde C D E Art.
XII. & que c'eſt une propriété eſſentielle de
cette épicycloïde que la ligne M D tirée du point
de contact M au point décrivant D , ſoit toujours
perpendiculaire à la courbe , Art. XIII. donc ſi
l'on fait une dent qui ait la figure de la courbe C
E ; elle conduira le point D ſuivant la condition
de l'Article précédent, c'eſt-à-dire que la ligne
tirée du point de contact M au point de conduite, ſera toujours perpendiculaire à l'aîle & à la
dent.

XXI. Il eſt indifférent que la dent C E agiſſe
ſeule ſur la cheville ou ſur le fuſeau D , ou qu'il
y ait en même-tems pluſieurs dents qui agiſſent

fur plufieurs chevilles, car chacune fupportera une partie de l'effort qui auroit été réuni fur une feule, & le total de l'action de la roüe fera le même qu'auparavant.

XXII. Je viens maintenant à un autre cas qui eft un peu plus compliqué, mais qui eft auffi plus utile dans l'ufage, & que l'on devroit employer prefque toujours, à caufe de la facilité qu'il procure dans la pratique. Je fuppofe que l'aîle du pignon C D foit un plan rectiligne qui paffe par le centre C du pignon, repréfenté par la ligne C D (*Fig. 6.*) il s'agit de déterminer la Fig. 6. dent H D O qui doit conduire l'aîle C D, fuivant les loix de l'engrenage parfait.

On décrira un cercle C *d* D M dont le rayon foit la moitié de celui du pignon primitif, & on imaginera ce cercle mobile autour du point O qui eft fon centre, enforte que la circonférence de la roüe primitive M H entraîne tout à la fois la circonférence du pignon qui tourne fur le point C, & la circonférence du petit cercle C *d* D M qui tourne fur le point O, ou que le petit cercle foit entraîné par le pignon, ce qui revient au même; lorfque la roüe aura décrit l'arc M H, le pignon primitif aura décrit l'arc M V qui eft précifément de la même longueur que M H, & le petit cercle aura décrit l'arc M D qui eft auffi égal à l'arc M H, puifque chaque point de la roüe a été appliqué à chaque point corref-

pondant du pignon & du petit cercle , & qu'il
a paſſé autant de l'un que de l'autre.

Dans ce mouvement du petit cercle autour du
centre O, le point D du petit cercle décrira ſur
le plan de la roüe une épicycloïde H D O , Art.
XII. & comme il roule auſſi dans le pignon, il
décrira ſur la ſurface du pignon une ligne droite
C D ; or la ligne M D tirée du point de contact
M des deux circonférences , eſt perpendiculaire
ſur l'épicycloïde H D O , Art. XIII. la même
ligne M D eſt perpendiculaire ſur C D, car l'angle M D C étant formé dans un demi-cercle M
D d C, eſt néceſſairement droit ; ainſi la ligne tirée du point de contact M des deux circonférences primitives au point décrivant D , ou contact de l'aîle & de la dent, ſera tout à la fois perpendiculaire à l'aîle & à la dent , ce qui ſatisfait
aux conditions demandées ; on a donc cette propoſition générale : *Si l'aîle d'un pignon eſt un plan*
rectiligne dirigé vers le centre , la dent de la roüe
qui doit conduire ce pignon , en ne prenant que dans
la ligne des centres , doit être une épicycloïde engen-
drée par la rotation d'un cercle dont le diametre ſoit
la moitié de celui du pignon , ſur la circonférence
extérieure de la roüe.

XXIII. Nous ſommes en état maintenant de
paſſer à une propoſition plus générale , & de
démontrer que l'engrenage aura toujours les conditions requiſes , ſi l'aîle & la dent ſont engen-

drées par la révolution d'un même cercle générateur, roulant au - dedans du pignon primitif,
pour décrire l'aîle, & sur l'extérieur de la roüe,
pour décrire la dent; on peut remarquer que
cette condition a déja eu lieu dans les Art. XX.
& XXII. car dans le premier cas, Art. XX. le
pignon lui-même a roulé sur la roüe pour décrire la dent, & pour décrire l'aîle qui n'étoit
qu'un point, il n'a pû rouler au-dedans de lui-
même que d'une quantité infiniment petite,
c'est-à-dire point du tout.

Dans le second cas, Art. XXII. le même
cercle a roulé dans l'intérieur du pignon pour y
décrire une ligne droite, que nous suppofions
être l'aîle du pignon, & il a roulé auffi fur la
circonférence de la roüe pour y décrire la dent.

XXIV. Prenons donc un cercle quelcon-
que D M C (*Fig.* 7.) qui foit plus petit Fig. 7.
que le pignon A M E, & dont le centre F foit
toujours fixé fur la ligne des centres F M; le
pignon tournant de M vers A, & la roüe de M
vers B, entraîneront le cercle générateur & le
point décrivant de M vers D; alors le point
D décrira une épicycloïde A D G fur la furface
du pignon, & une autre épicycloïde B D H fur
le plan de la roüe, Art. XII. ces deux épicycloïdes fe toucheront toujours en un point D,
puifque le point décrivant engendre l'une & l'autre en même-tems; la ligne M D tirée du point

H h iij

de contact M au point D, fera toujours perpendiculaire à l'une & à l'autre, Art. XIII. puisque la ligne M D décrira dans chaque inftant infiniment petit, un arc de cercle dont le centre fera M, & qui fera une portion infiniment petite de chacune des courbes A D G, B D H; ainfi en donnant à l'aîle du pignon la courbure A D G, & à la dent de la roüe la figure B D H; on aura rempli toutes les conditions de l'engrenage parfait, qui fe réduifent Art. XIX. à ce que la ligne tirée du point de contact au point de conduite, foit toujours perpendiculaire à l'aîle & à la dent.

XXV. Comme il eft avantageux que l'aîle du pignon foit convexe aufli bien que la dent; il faudra que le cercle générateur foit d'un diametre plus grand que le rayon du pignon, afin que l'aîle foit convexe du côté de la roüe, comme on le voit dans la Fig. 8. où M B eft la roüe, M A le pignon, M D le cercle qui a décrit fur le plan de la roüe la dent B D, & fur le plan du pignon l'aîle A D; au refte il fera toujours plus commode de faire de l'aîle A D une ligne droite comme nous l'avons déja dit.

On a pû remarquer jufqu'à préfent, que la roüe ayant conduit le pignon, toujours en commençant fur la ligne des centres; l'engrenage a toujours été pris en faillie fur la circonférence de la roüe primitive, ce qui a augmenté

Fig. 8.

la roüe de la longueur d'une dent, & que le pignon primitif a été diminué de la quantité de
l'engrenage; la raifon eft que la perpendiculaire
tirée du point M de contact fur l'aîle & fur la
dent, ne peut tomber hors de la circonférence
du pignon ni dedans la roüe à moins que l'une
& l'autre ne fût concave, ce qui eft impoffible
dans l'ufage.

XXVI. Examinons maintenant ce qui doit arriver lorfque la roüe conduira avant la ligne des
centres; ce fera exactement le contraire de ce qui
a été dit, c'eft-à-dire que le pignon fera augmenté, & la roüe diminuée de la quantité de
l'engrenage. Pour connoître la figure que l'aîle
devra avoir, on confidérera que fi l'aîle qui eft
conduite par la dent avant la ligne des centres,
venoit à retourner en arriere pour conduire à fon
tour la dent, les mêmes courbures de l'aîle & de
la dent continueroient à donner un engrenage
parfait, mais alors l'aîle conduiroit réellement
la dent après la ligne des centres; ainfi la dent
qui conduit l'aîle avant la ligne des centres ou
l'aîle qui conduit la dent après la ligne des centres donnent précifément les mêmes courbes.

Nous devons donc tranfporter à l'aîle ce que
nous avons dit jufqu'ici de la dent qui conduifoit
l'aîle après la ligne des centres, c'eft-à-dire que
la même courbe devra rouler extérieurement fur
le pignon pour décrire l'aîle; & au-dedans de

la roüe pour décrire la dent; il ne s'agit que d'appliquer au pignon qui conduit, ce que nous difions de la roüe lorfqu'elle conduifoit, dans tous les Articles précédens.

Ainfi dans le cas où l'on voudra que la dent qui eft conduite après la ligne des centres, ou qui conduit avant cette ligne, foit une ligne droite tendante au centre de la roüe; il faudra que l'aîle du pignon foit l'épicycloïde décrite par la révolution d'un cercle qui foit en diametre la moitié de la roüe, & qui roule fur la circonférence du pignon, c'eft une fuite de l'Art. XXII.

XXVII. Nous pouvons actuellement trouver quelles feront les figures de l'aîle & de la dent, lorfque la dent devra conduire l'aîle avant & après la ligne des centres; pour cela nous réunirons les deux cas précédens, & nous donnerons à l'aîle & à la dent, les deux différentes courbes qui y conviennent, l'une qui ne devra fervir qu'avant la ligne des centres, l'autre qui fera deftinée à conduire ou à être conduite feulement après la ligne des centres.

Fig. 9. La circonférence L F (*Fig. 9.*) eft celle de la roüe primitive; la circonférence O *o* eft celle du pignon primitif; l'aile du pignon ſ *o m* ou S O M, la dent de la roüe *p l k* ou P L K; chacune eft compofée de deux parties, la portion *l k* de la dent, rentrante dans la roüe, qui conduit avant la
ligne

ligne des centres, la portion faillante *o m* de l'aîle hors du pignon, qui eſt conduite avant la ligne des centres, la portion faillante L P de la
roüe qui conduit après la ligne des centres, la
portion rentrante O S du pignon, qui eſt conduite après la ligne des centres; c'eſt donc avant
la ligne des centres que le pignon fournit la partie faillante de l'engrenage, & c'eſt après la ligne des centres que la roüe la fournit; dans la
ligne des centres même, on peut dire que ce
n'eſt ni l'un ni l'autre, puiſque l'aîle & la dent
ſe touchent en A. La portion *l k* de la dent,
& la portion *o m* de l'aîle ſeront décrites par un
cercle quelconque roulant dans l'intérieur L F de
la roüe pour décrire *l k*, & ſur l'extérieur *o* O
du pignon pour décrire *o m*, (XXV.) les portions L P de la dent, & O S de l'aîle, ſeront en-
gendrées par un cercle quelconque roulant ſur
l'extérieur de la roüe L F pour décrire I P, & dans
l'intérieur du pignon O *o* pour décrire O S,
(XXIII. XXIV.)

Si le premier cercle ſe trouve avoir pour diametre le rayon de la roüe, & le ſecond le rayon
du pignon, les parties de dents L K, *l k*, & les
portions d'aîles O S, *o s*, ſeront des lignes droites tendantes vers le centre, Art. XI. On n'a marqué d'aucune lettre les parties des dents & des
aîles qui ne ſont que pour la ſymmétrie, & qui
n'ont aucune part à la conduite du pignon; on

I i

doit leur donner cependant la figure qui leur
procurera le plus de fermeté, & qui facilitera le
dégagement ; d'ailleurs comme il y a des cas où
le roüage a besoin de retourner en arrière ,
on est obligé de les arrondir à peu près.

XXVIII. Si l'on demande quelles seront les figures de l'aîle & de la dent, quand le pignon qui
est conduit par la dent viendra à rebrousser pour
la conduire à son tour ; on voit facilement que
puisque les lignes de direction & les forces réci-
proques seront les mêmes , les courbures seront
aussi les mêmes ; on observera seulement que la
portion de l'aîle qui étoit conduite *après* la ligne
des centres , conduira pour lors *avant* cette
ligne , & que la partie de l'aîle qui étoit conduite *avant* , se trouvera conduire *après* la ligne
des centres.

On n'aura donc qu'à décrire les courbes suivant les Articles précédens, & le même pignon
qui devoit être conduit par la roüe , servira à la
conduire ; mais si l'on veut que le pignon ne conduise qu'après la ligne des centres , on prendra
le pignon tel qu'il étoit lorsque la roüe le con-
duisoit avant la ligne des centres.

XXIX. Voici donc une proposition générale
déduite de tout ce que nous avons dit ; 1°. La
portion qui conduit après la ligne des centres ,
doit excéder la circonférence primitive ; celle
qui conduit avant la ligne des centres doit être

rentrante, que ce foit une aîle ou une dent; 2°.
La portion qui conduit après la ligne des centres
foit une aîle, foit une dent, eft toujours décrite
par un cercle roulant extérieurement fur la circonférence primitive qui conduit, & celle qui
eft conduite eft engendrée par le même cercle
roulant intérieurement dans la circonférence qui
eft menée.

La portion qui conduit *avant* la ligne des centres, eft engendrée comme celle qui étoit conduite *après* par un cercle roulant au-dedans de la
circonférence primitive qui conduit, & la portion qui eft conduite *avant*, eft engendrée par le
même cercle roulant fur la circonférence extérieure qui eft conduite.

XXX. Ce que nous avons appellé jufqu'à
préfent roüe primitif & pignon primitif, doit
être entendu de deux cercles qui feroient entre
eux exactement comme le nombre des dents eft
au nombre des aîles; je fuppofe que C & P (*Fig.* Fig. 4.
4.) foient les centres d'une roüe de 30 dents &
d'un pignon de 10 aîles; il eft clair que le pignon doit faire trois tours pour chaque tour de
la roüe; il doit donc avoir une circonférence &
un diametre qui foient le tiers de la circonférence
& du diametre de la roüe; ainfi l'on divifera la
diftance C P en 4 parties; une de ces parties P
M fera le rayon du pignon, & le refte C M, le
rayon de la roüe; ce feront là le pignon primitif & la roüe primitive.   I i ij

XXXI. Quoique les Articles précédens aïent traité de la menée qui commence avant la ligne des centres ; il n'en est pas moins vrai qu'on la doit éviter autant qu'il est possible, parce qu'il se fait un frottement à contre-sens & une espece d'arboutement, lorsque l'aîle & la dent rentrent l'une dans l'autre, frottement qui est toujours beaucoup plus rude que celui qui se fait dans le dégagement & dans la fuite d'une dent ; d'ailleurs toutes les ordures qui sont repoussées & chassées hors du pignon par ce dernier mouvement, sont au contraire ramenées & engagées par le mouvement qui se fait avant la ligne des centres.

XXXII. Mais on n'est pas toujours maître de faire commencer la conduite de chaque aîle précisément dans la ligne des centres ; si le pignon est peu nombré, comme est un pignon de 8 aîles ou au-dessous, la roüe prendra nécessairement avant la ligne des centres, sur-tout si on donne aux aîles du pignon la grosseur convenable ; la Fig. 10. représente trois aîles d'un pignon de 8 dont les faces droites conduites par la roüe sont D A, D B, D C ; je suppose que le diametre de la roüe soit cinq fois plus grand que celui du pignon, elle devra avoir cinq fois plus de dents, c'est-à-dire 40 ; ainsi chaque dent avec l'intervale qui lui répond, occupera 9 degrés, parce que la 40e partie de 360 est 9. on

Fig. 10.

prendra donc l'arc B E de 9 degrés, & avec un cercle dont le diametre fera égal à B D ; on décrira une portion d'épicycloïde E G qui aille toucher en G l'aîle D A, on lui donnera une autre partie femblable G H ; mais alors il ne reftera que B H pour le vuide des dents & pour la groffeur de l'aîle, qui deviendroit trop foible, parce qu'il eft néceffaire dans la pratique de faire le vuide du moins égal au plein, & l'épaiffeur de l'aîle égale à celle de la dent, ou même un peu plus grande, fur-tout fi c'eft le pignon qui conduife : il faudra donc interrompre la dent en F, lui donner la portion femblable F K, de façon que E K foit égal à K B, c'eft-à-dire le vuide égal au plein, & faire l'épaiffeur de l'aîle égale à B K ; mais alors l'extrémité F de la dent ne touchera plus l'aîle D A, lorfque la dent fuivante B L fe trouvera dans la ligne des centres ; il eft donc manifefte que la dent B L aura pris l'aîle D B avant la ligne des centres.

Ainfi ce n'eft que dans des pignons au - deffus de 8 ou même de 9, que l'on pourra faire commencer la conduite fur la ligne des centres feulement, en obfervant la regle des courbures que l'on vient d'affigner, & celle de la folidité néceffaire ; il eft donc important d'employer des pignons qui aient au moins 10 aîles, cela eft toujours poffible fur-tout dans les Horloges où la précifion que nous cherchons eft principalement

nécessaire ; par cette construction on aura de plus
l'avantage de rendre la courbure des dents moindre & plus uniforme , par conséquent plus aisée
à former.

XXXIII. Les principes que l'on vient d'établir donnent aussi le moindre frottement possible , comme on l'a exigé Art. I. parce que l'effort ne sauroit être plus petit qu'il est, & en suivant ces principes produire le même effet , les
surfaces frottantes ne pouvant se toucher en
de plus petits espaces , & éprouver moins de résistance.

XXXIV. Il reste à parler de l'engrenage des
roües de champ ou à couronne , soit que la roüe
doive mener un pignon C ou être menée par ce
pignon.

Il est nécessaire de considérer la circonférence de la roüe dans l'endroit où elle agit comme une ligne droite perpendiculaire à l'axe du
pignon , & de supposer par conséquent que la
dent de la roüe qui agit sur l'aîle , est müe dans
un plan perpendiculaire à l'axe du pignon comme si c'étoit une crémaillére droite ou une regle
dentée. .

Il est vrai que cette supposition n'est pas
exactement vraie , sur-tout si chaque aîle du pignon est conduite un peu loin , c'est-à-dire si le
pignon est peu nombré , parce que le point de
conduite sera un peu plus près du centre de la

roüe vers la fin de la menée qu'il ne devroit être
fi la circonférence de la roüe étoit rectiligne ;
cette différence fera prefque égale au finus ver-
fe de l'arc que décrira la roüe depuis la ligne
des centres jufqu'à la fin de la conduite, (qui peut
être fort petit,) il en réfultera donc un petit frottement dans le fens de l'axe du pignon, mais il
n'eft guère poffible d'y avoir égard dans la théorie, fans une complication de calculs dont on
tireroit peu d'avantage dans la pratique.

XXXV. Suppofons donc une ligne droite
C A (*Fig.* 1. & 3.) mobile de A vers C, & qui Fig. 1. 3.
fait mouvoir un cercle A autour de fon centre ;
on comprend par ce qui a été dit Art. IX. &
XII. que ce cercle décrira par fon point E fur le
plan qu'on fuppofe fe mouvoir avec cette ligne,
une cycloïde C E D ; & que la ligne A E tirée
du point de contact A au point décrivant E fera toujours perpendiculaire à cette cycloïde.

Si l'on veut donner à la ligne C F des dents,
au moyen defquelles elle puiffe conduire le
pignon repréfenté par le cercle A, par un point
A de fa circonférence confidéré comme un fu-
feau infiniment délié ; il faudra donner à ces
dents la figure d'une portion de cycloïde A K
(*Fig.* 3.). On concevra de même que fi la ligne Fig. 3.
N M (*Fig.* 10.) repréfente une portion de la Fig. 10.
circonférence primitive de la roüe de champ,
qui doit conduire un pignon dont les ailes O R D

ſont des rayons du pignon, les dents de cette roüe devront être des portions de cycloïde O P décrites par la révolution d'un cercle, dont le diametre entier ſoit égal à O D , ſur la ligne O N.

En effet l'on doit dire dans ce cas-ci tout ce qui a été dit dans les autres , & ſur-tout dans la propoſition générale, Art. XXIII. c'eſt-à-dire que le même cercle doit rouler au-dedans du pignon O S pour décrire l'aîle O R , & ſur la roüe O N pour décrire, la dent O P ; la ligne droite n'étant autre choſe qu'une portion de cercle dont le rayon eſt infini.

XXXVI. La méthode que nous avons ſuivi pour déterminer les courbes précédentes, n'a pas l'avantage de pouvoir déterminer la figure d'une dent propre à conduire une aîle quelconque de figure donnée, comme le faiſoit M. de la Hire, quoique d'une maniere peu lumineuſe.

M. de la Hire avoit ſenti l'avantage qu'il y auroit ſouvent à employer des roulettes à la place des fuſeaux ou des aîles de pignons, dans les machines qui éprouvent de grands frottemens ; il voulut donc chercher la figure des dents propre à conduire ces roulettes. Soit le pignon D Fig. 11. K (*Fig. 11.*) qui doit être conduit par la roüe K B, & qui porte des roulettes D, l'épicycloïde B D qui ſerviroit à conduire le point B ; pour trouver la courbe G H propre à conduire la roulette dont le rayon eſt D F, il ne s'agit que

de

de décrire de tous les points de la courbe B D
de petits cercles dont les rayons foient égaux à
D F, & de tirer une autre courbe G H qui les
touche tous, cette courbe fera parallele à l'é-
picycloïde B D, & produira toujours fur le point
F de la roulette, la même force & la même viteffe que l'épicycloïde B D auroit produit fur le
point D, en effet le point de conduite F fera
toujours également éloigné du point D, il fera
donc le même chemin que ce point D, & avec
la même viteffe ; il aura auffi la même force
puifque la ligne D K eft également perpendiculaire à l'épicycloïde, à la roulette, & à la courbe G F.

XXXVII. Par une méthode femblable on
peut trouver la courbe propre à mener une aîle
A G, (*Fig.* 12.) qui feroit un rayon de la cir- Fig. 12.
conférence primitive du pignon B G. Du point B
pris fur la ligne des centres on décrira l'épicycloïde B V N qui ferviroit à conduire le point B,
comme dans l'Art. XX. & par l'extremité G de
l'aîle du pignon parvenue en G, on décrira un
arc de cercle G V, qui ait le même centre que la
roüe B K ; au point V où ce cercle coupera l'épicycloïde on tirera une ligne V I qui faffe avec le
rayon C V de la roüe l'angle C V I, égal à l'angle C G A, on en fera de même pour tous les
points où l'aîle G pourra fe rencontrer, & la
courbe qui touchera toutes les lignes V I étant

K k

appliquée suivant K M , elle produira sur l'aîle
A G le même effet qu'auroit produit l'épicycloïde
B V N sur le point G, car la ligne V I concourra
avec G A , qui deviendra tangente à la courbe
au point de conduite , de sorte que le mouvement de l'aîle A G sera précisément égal au
mouvement du point B, si il eût été conduit par
l'épicycloïde B V N.

XXXVIII. De cette maniere on pourroit
supposer pour l'aîle du pignon toute autre courbe , ellypse , parabole , hyperbole , &c. placée
de quelque maniere que ce fût , & trouver mé-
chaniquement la figure de la dent propre à la
conduire uniformément, mais ces recherches seroient plus curieuses qu'utiles, & malgré l'uni-
versalité de cette méthode, celle que nous avons
détaillée , est infiniment préférable en ce qu'elle
sert à montrer la nature des courbes qu'on employe , & le point de la dent qui agit à chaque
instant sur le pignon.

XXXIX. Les mêmes courbes peuvent être
employées dans la Méchanique en plusieurs oc-
casions , par exemple , aux aîles ou *camnes* d'un
arbre de moulin qui est placé horisontalement ,
& qui éléve des pistons ou des pilons pour les
pompes, les moulins à poudre ou à papier, les
foulons, les forges , aux ondes des roües qu'on
employe dans certaines machines hydrauli-
ques , aux dents qui sont sur le *muscau* du pa-

neton d'une clef, pour vaincre avec plus de facilité la force des refforts, & pour faire par leur moyen des fermures qu'il feroit impoffible d'ouvrir autrement qu'avec la clef; on les appliqueroit auffi au *chamfrein* du *pefle* qui doit frotter contre la *gâche* pour faciliter la fermeture, & dans bien d'autres circonftances qui ne font point de mon fujet.

XL. Les principes que les Horlogers ont fuivi jufqu'à prefent font fort éloignés de ceux que nous venons d'établir ; il y a eu toujours beaucoup de variété & d'incertitude dans leurs méthodes, ou plutôt ils n'en n'ont jamais eu. En Allemagne on a fait des pignons à lanterne, en France des pignons en grain d'orge, en Angleterre des pignons efflanqués, c'eft-à-dire avec des aîles plattes fur les côtés; il femble que la mode ait tout fait, & que l'expérience n'ait rien appris.

Un habile Horloger dit que toutes les régles dans cette matiere fe réduifent à gagner de la force, & à éviter les *accottemens* ou frotemens : pour gagner de la force, il donne aux aîles des pignons la forme des fufeaux d'une lanterne, c'eft-à-dire la plus circulaire, afin qu'ils foient toujours conduits par le point le plus éloigné du centre ; c'étoit tout ce qu'on pouvoit fe propofer de mieux, faute d'avoir remonté aux vrais principes qui exigeoient le fecours de la Geometrie ; pour éviter les accottemens ou frottemens, le même Artiste demande qu'on tienne la denture de la roüe plus vuide que pleine, mais ces deux confidérations ne fourniffent rien de précis, ce n'étoit tout-au-plus que de foibles précautions.

XLI. Par ce qui a été dit on comprendra pourquoi les Horlogers preferivent de faire les pignons qui menent plus gros que quand ils font menés ; lorfqu'un pignon conduit une roüe, fi les dents de la roüe étoient auffi groffes que les ailes du pignon, elles ne pouroient fe dégager.

XLII. Il feroit donc utile à tous les Horlogers de tracer fuivant la méthode que nous avons donnée, des modéles ou des calibres pour les différentes grandeurs des roües & des pignons qu'ils employent, ils auroient bientôt la main faite à cette forme avantageufe de denture & l'on ne perdroit rien dans la facilité de l'exécution.

C'eft ordinairement la difficulté d'exécution que l'on allégue contre les chofes nouvelles, quelqu'utiles qu'elles puiffent être ; il y a néanmoins beaucoup d'arbitraire dans cette difficulté, elle ne dépend prefque que de l'habitude qu'aura contracté dans quelque partie un nombre d'Artiftes plus ou moins grand ; tout ce qui eft actuellement aifé a paru impraticable dans fa premiere origine, & tout ce qui paroit aujourd'hui rare & difficile deviendra avec le tems facile & ordinaire.

CHAPITRE XX.

*Remarques sur la maniere de trouver facilement des nombres pour les roües qui doivent tourner dans des espaces de tems donnés, les unes par rapport aux autres.**

I. IL ne sera pas inutile de dire ici quelque chose sur la partie arithmétique des engrenages, après en avoir traité la partie géométrique. Un Artiste intelligent a avoué au public, qu'il avoit employé environ vingt ans aux calculs d'une Sphere mouvante ; on va voir que s'il eût été dans la bonne route, il les auroit pû faire en un jour ; cela doit suffire pour faire sentir l'utilité des procédés mathématiques dans toutes les choses qui sont de leur ressort.

II. Si une roüe dentée engrenne dans une autre qui ait un moindre nombre de dents, celle-ci fera pour chaque tour de la premiere autant de révolutions, que le nombre de ses dents est contenu de fois dans le nombre des dents de la premiere ; par exemple, une roüe de 64 dents fera faire à une de 12, 5 tours & un tiers, parce que

---

*Ce Chapitre est de M. DELALANDE, aussi-bien que le précédent & le suivant.

64 contient 12 cinq fois & encore un tiers de
12 , ainſi les nombres ſont dans le même rapport
que les durées de leurs révolutions.

Je ſuppoſe donc une Pendule ordinaire dans
laquelle il y ait une roüe qui tourne dans l'eſpace
de 12 jours, & que l'on veuille y ajoûter une roüe
annuelle , c'eſt-à-dire qui faſſe ſon tour en 365
jours & un quart , ce nombre-ci contient le premier 30 fois , & $\frac{1}{12}$ de plus & un quart de douziéme, c'eſt-à-dire $\frac{1}{16}$, il faudra donc placer un
pignon ſur la roüe qui eſt donnée & faire à la
roüe annuelle 30 fois plus de dents qu'au pignon ,
& encore $\frac{1}{12}$ & $\frac{1}{48}$ de plus; par exemple , un pignon de 48 & une roüe de 1461 , ou, en prenant
le tiers de ces nombres, un pignon de 16 & une
roüe de 487.

III.   Mais lorſqu'on a des nombres un peu
grands, il n'eſt pas facile d'appercevoir d'un coup
d'œil leurs diviſeurs communs , pour pouvoir les
réduire à de plus petits nombres, comme nous
venons de le faire , par exemple, en diviſant par 3
les deux nombres 48 & 1461. Pour trouver alors
tous les nombres premiers entr'eux , dont le rapport peut approcher de celui que l'on cherche ,
on peut employer la méthode des fractions con-
tinues, que *Brouncker* appliqua dans le ſiécle paſſé
à la quadrature du cercle, & que M. Hughens a
employé dans ſon Planiſphere mouvant.

Elle conſiſte à diviſer , 1°. le plus grand nom-

bre par le plus petit. 2°. Le premier diviſeur ou
le petit nombre par le reſte de la premiere diviſion. 3°. Le ſecond diviſeur, ou le premier reſte :
par le reſte de la ſeconde diviſion. 4°. Le troiſiéme diviſeur, ou le ſecond reſte, par le reſte de
la troiſiéme diviſion & ainſi de ſuite ; par-là on
forme une ſuite de fractions telles que le numérateur de chacune fait une portion du dénominateur de la précédente ; le numérateur de chaque
fraction eſt toujours 1 , le dénominateur eſt toujours le quotient de la diviſion précédente , plus
un ; ainſi le dénominateur de la premiere fraction
eſt le quotient du petit nombre donné, diviſé par
le premier reſte , plus l'unité qui doit ſervir de
numérateur à la fraction ſuivante.

L'exemple rendra la choſe plus claire, je ſuppoſe une roüe de 15 heures qui doit conduire
une roüe annuelle, c'eſt-à-dire lui faire faire un
tour en 365$^{j.}$ 5$^{h.}$ 49′, leurs révolutions étant
dans le rapport de 900′ à 525949′, il faut donc
trouver deux nombres applicables en pendules,
qui ayent à peu près ce rapport.

Je diviſe le plus grand par le plus petit, j'ai au
quotient 584, & 349 qui reſtent & forment une
fraction $\frac{349}{900}$. Cette fraction ne peut être réduite
à de moindres termes, mais elle peut être con-
vertie en une fraction plus ſimple à quelques
égards, dont le numérateur ſoit un , & dont le
dénominateur ſoit une autre fraction ; en effet,

$\frac{349}{900}$ eſt égal à $\frac{1}{2 + \frac{202}{349}}$, puiſque ſi vous diviſez le numérateur & le dénominateur par 349, vous ne changez rien à la fraction en elle-même, mais alors le numérateur devient 1, & le dénominateur devient $2 + \frac{202}{349}$, parce qu'en diviſant 900 par 349, il vient 2 au quotient, & 202 de reſte ; on peut réduire auſſi la fraction $\frac{202}{349}$ en diviſant le numérateur & le dénominateur par 202, ou, ce qui revient au même, diviſant 349, qui eſt le premier reſte, par 202, qui eſt le ſecond reſte, la fraction devient $\frac{1}{1 + \frac{147}{202}}$. La fraction $\frac{147}{202}$ ſe réduit auſſi en diviſant le ſecond reſte 202 par le troiſiéme, qui eſt 147 ; mettant toujours 1 au numérateur, & le quotient que l'on trouve, au dénominateur, on aura ainſi la fraction continue

$$\cfrac{584 + 1}{2 + \cfrac{1}{1 + \cfrac{1}{1 + \cfrac{1}{2 + \cfrac{1}{1 + \cfrac{1}{2 + \frac{1}{16}}}}}}}$$

IV. L'avantage que l'on retire de cette fraction continue, c'eſt d'y trouver autant d'expreſſions de nombres premiers entre-eux, qui peuvent exprimer

exprimer à peu près le rapport donné qu'il y a de fractions, en négligeant plus ou moins de ces fractions. Si, par exemple, je les néglige toutes excepté la premiere $\frac{1}{2}$, j'aurai $584 + \frac{1}{2}$; multipliant 584 par 2, & l'ajoûtant avec 1, j'aurai $\frac{1169}{2}$, qui est à peu près le rapport de 525949 à 900 : si je prends deux fractions $\frac{1}{2+\frac{1}{1}}$, ce qui revient à $\frac{1}{3}$, on aura $\frac{1753}{3}$; si l'on en prend trois qui vaudront $\frac{2}{5}$ on aura $\frac{2922}{5}$; en en prenant 5 qui valent $\frac{7}{18}$, l'on aura $\frac{10519}{18}$.

V. Je suppose que l'on connoisse parfaitement l'Arithmétique ordinaire des fractions, la maniere d'ajoûter un nombre entier à une fraction, & de diviser un entier par une fraction. Par exemple, pour réduire la fraction continue $\dfrac{1}{2+\dfrac{2}{1+1}}$, je commence par réduire $2 + \dfrac{1}{1+1}$,

c'est-à-dire $2 + \frac{1}{2}$, en multipliant le nombre entier 2 par le dénominateur de la fraction, 2, pour en faire une fraction, j'ai $\frac{4}{2} + \frac{1}{2}$ ou $\frac{5}{2}$. J'ai donc $\frac{1}{\frac{5}{2}}$ au lieu de la fraction continue donnée, c'est-à-dire un entier, divisé par une fraction; pour simplifier cette fraction, il ne faut que mettre le 2 au numérateur & on aura $\frac{2}{5}$, qui est la fraction simple égale à la fraction continue proposée.

VI. Voici un exemple un peu plus compliqué :

la durée de la révolution de Saturne est à l'espace d'une année, comme 2640858 est à 77708431, si l'on divise ce nombre-ci par le premier, on aura 29 au quotient, & 1123549 premier reste. On divisera le premier nombre 2640858 par ce premier reste ; le premier reste, par le second 393760 ; le second, par le 3ᵉ 336029 ; le 3ᵉ par le 4ᵉ 56731 ; le 4ᵉ par le 5ᵉ 52374 ; le 5ᵉ par le 6ᵉ 4357 ; le 6ᵉ par le 7ᵉ 90 ; le 7ᵉ par le 8ᵉ 37 ; le 8ᵉ par le 9ᵉ 16 ; le 9ᵉ 16 par le 10ᵉ 5, il restera $\frac{1}{5}$; mettant toujours 1 au numérateur, & le quotient au dénominateur, on aura la fraction continue

$$29 + \cfrac{1}{2 + \cfrac{1}{2 + \cfrac{1}{1 + \cfrac{1}{5 + \cfrac{1}{1 + \cfrac{1}{12 + \cfrac{1}{48 + \cfrac{1}{2 + \cfrac{1}{2 + \cfrac{1}{3 + \cfrac{1}{5}}}}}}}}}}}$$

Si nous ne prenons que les trois premieres fractions, & que nous les réduisions comme dans l'exemple précédent, nous aurons $\frac{206}{7}$ pour le rapport cherché qui approche tellement du vrai, qu'en mettant fur la roüe annuelle un pignon de 7, & donnant 206 dents à la roüe de Saturne, elle ne s'écartera d'une dent qu'au bout de 1346 ans.

VII. La méthode précédente eft très-courte, mais lorfqu'on cherche des rapports compofés de plufieurs roües & de plufieurs pignons, elle ne peut fuffire; il faut alors effuyer la longueur qu'il y a à chercher les divifeurs des nombres, méthode longue & pénible, mais qui devient plus courte en employant les tables de ces divifeurs.

Par exemple, je veux faire mouvoir une roüe annuelle ou de 8766 heures, par le moyen d'une roüe de 15 heures, je cherche tous les divifeurs de 8766, je ne trouve que 3, 3, 2, & je tombe à 487 qui n'eft plus divifible; ce qui prouve qu'il faudra employer une roüe de 487, ainfi l'on pourra mettre une roüe de 15 qui engrennera dans une de 487, & pour multiplier encore par 18 (puifque 487 n'eft que la dix - huitiéme partie de 8766) on prendra par exemple, un pignon de 6 avec une roüe de 108, ou un pignon de 8 avec une roüe de 144.

VIII. Il y a cependant encore quelques artifices d'Arithmétique pour approcher beaucoup des rapports que l'on ne peut avoir en nombres exacts; le P. Allexandre a publié comme une nouveauté finguliere dans fon Traité d'Horlogerie *Pag.* 174. une maniere de s'y prendre connue de tous ceux qui ont quelque habitude dans le calcul ; elle confifte à multiplier les deux nombres donnés par un autre nombre qui ait deux ou trois divifeurs propres à nombrer des pignons fuivant que l'on cherche deux ou trois engrenages, mais qui ait encore deux conditions, fçavoir que fi on le multiplie par un des deux nombres donnés, & qu'on divife le produit par l'autre nombre, la divifion foit prefque exacte, c'eft-à-dire à une ou deux unités près, & que le quotient ait deux ou trois divifeurs propres à former les nombres de deux ou trois roües : ce procedé exige un tatonnement fort long, mais que l'on ne fçauroit guère abréger pour l'ordinaire.

Ｅ x ᴇ ᴍ ᴘ ʟ ᴇ.

On demande de trouver les nombres de trois roües & de trois pignons qui engrennent fucceffivement, de forte que la premiere roüe tournant en 12 heures, la feconde tourne en un an ; ce rapport de 12 heures à un an eft exprimé par $\frac{525949}{720}$, ou bien $730\frac{149}{720}$.

Il faut prendre un nombre qui foit le produit de trois autres petits nombres propres à former des pignons ; par exemple 392, qui eft le produit de 7, 7 & 8, mais il faut que ce nombre qu'on prend foit tel, que fi on le multiplie par 349, & qu'on divife le produit par 720, le refte ne foit que 1, ou 2, ou 3, & de plus, que ce même nombre multipliant la fraction entiere $\frac{525949}{720}$, le nombre qui en proviendra ait 3 divifeurs, c'eft-à-dire, foit le produit de 3 nombres propres à former 3 roües. Pour avoir un nombre qui, multiplié par 349 & divifé par 720, ne laiffe que 1 de refte, il faut prendre tous les multiples de 349 & tous ceux de 720, choifir celui des multiples de 720, qui, augmenté de 1, fera égal à un multiple de 349.

Afin d'abréger cette opération, il faut confidérer que les multiples de 720 augmentés de 1 finiront par 1, & que le pénultiéme chiffre fera un nombre pair; ainfi l'on ne prend parmi les multiples de 349, qui fe préfentent d'abord, que ceux qui ont cette condition, tels que 3141 & 10121, qui font les produits par 9 & par 29, ceux-ci feront trouver tous les autres facilement, & en particulier celui que l'on cherche. En effet, 3141 étant divifé par 720 l'on a 261 de refte, & 10121 étant divifé par 720 donne 41 de refte, c'eft-à-dire (en y ajoûtant 720) 500 de plus, on ajoûtera donc toujours 500 de fuite à ce refte, en ôtant 720 quand on le pourra, & on ajoûtera de fuite 20 au multiplicateur 29,

par ce moyen on aura une table de tous les multiplicateurs & de tous les reftes.

En jettant les yeux fur cette Table, je vois
qu'entre le nombre 69 &
le nombre 149, qui dif-
ferent de 80, les reftes
font diminués de 160; j'en
conclus qu'ils diminue-
roient encore de 160, en
augmentant encore 149 de
80, c'eft-à-dire qu'à 229,
le refte doit être 1.

Multipli-cateurs.	reftes.
9	261
29	41 + 720
49	541
69	321
89	101
109	601
129	381
149	161

C'eft donc 229 qu'il faudroit prendre pour le
produit des pignons s'il avoit des divifeurs; mais
comme il n'en a aucun, il ne fçauroit fournir;
on l'augmentera de 720, ce qui fera 949, mais
ce nombre là n'a pour divifeurs que 73 & 13, qui
ne peuvent fournir des pignons; d'ailleurs,
quand on voudroit les employer on verroit, en
multipliant la fraction donnée par 949, que le
nombre qui proviendroit 693230 $\frac{1}{720}$ n'a pour
divifeurs que les nombres 383, 181, 10 qui
font trop grands pour des roües.

Il faudra donc chercher un autre nombre,
ou produit des pignons, par lequel ayant multiplié la fraction, le refte foit 2; pour cela je
difpofe les multiplicateurs & les reftes, comme dans le premier cas, pour en former la Table fuivante.

Je vois que les reſtes augmentant de 500
lorſqu'on augmente de 20 les
multiplicateurs, cela ſuffit pour
continuer la Table à volonté,
mais je vois auſſi qu'entre 178
& 318, le reſte a diminué de
100, j'en conclus que le reſte
ne ſera que 2 quand le multiplicateur ſera 458.

Multipli-cateurs.	Reſtes.
18	522
38	302
58	82
78	582
98	362
118	142
138	642
158	422
178	202
318	102
458	2

Le nombre 458 devroit donc
être le produit des pignons que
l'on cherche, mais il n'a d'au-
tres diviſeurs que 2 & 229, & ſi on l'augmente
de 720 il n'aura encore que 31, 19, 2, qui ne
ſont pas propres à des pignons.

On cherchera donc enfin un produit de pignons tel qu'ayant multiplié 349 & diviſé par
720, le reſte ſoit 3 ou 4. mais les opérations précédentes ſerviront à abréger l'opération, en effet

$$349 \text{ mult. par } 229 \text{ & diviſé par } 720, \text{ reſte } 1.$$
$$349 \ldots\ldots 458 \ldots\ldots, 720 \ldots\ldots 2.$$

ainſi en augmentant les multiplicateurs de 229,
les reſtes augmenteront toujours de 1, par conſéquent

$$349 \text{ mult. par } 687 \text{ & diviſé par } 720, \text{ reſte } 3.$$
$$349 \ldots\ldots 916 \ldots\ldots 720 \ldots\ldots 4.$$
$$349 \ldots\ldots 1145 \ldots\ldots 720 \ldots\ldots 5.$$
$$349 \ldots\ldots 1374 \ldots\ldots 720 \ldots\ldots 6.$$
$$349 \ldots\ldots 1603 \ldots\ldots 720 \ldots\ldots 7.$$
$$349 \ldots\ldots 1832 \ldots\ldots 720 \ldots\ldots 8.$$

En essayant tous ces diviseurs l'un après l'autre, l'on apperçoit que 916 étant diminué de
720; & 1832 diminué de deux fois 720 rempliffent notre objet; en effet, si l'on retranche 1440
de 1832 il reste 392, dont les diviseurs font
8. 7. 7. si on multiplie la fraction donnée par
392. on aura 286350, dont les diviseurs 83.
69. 50. peuvent fournir trois roües assez commodes.

On rangera comme on voudra les trois roües
de 83, 69, & 50, & les trois pignons de 8, 7,
& 7, pourvû que la roüe de 12 heures porte un
des pignons, & que deux de ces roües portent
les deux autres pignons. La révolution produite
par ces trois roües est fort exacte; car si l'on divise 286350 par 392. & qu'on multiplie le quo-
tient $730 \cdot \frac{25}{196}$ par 12^h ou 43200'', on aura
$365^j \cdot 5^h \cdot 48' \cdot 58'' \frac{38}{49}$, tandis que la véritable longueur de l'année tropique où la révolution de la
Terre par rapport à l'équinoxe, dans ce siécle-ci,
paroît être de $365^j \cdot 5^h \cdot 48' \cdot 46'' \frac{1}{2}$, suivant les plus
exactes obfervations.

On pourroit faire encore bien des remarques
fur la maniere de faire ces fortes de combinai-
fons, mais tout se réduit à trouver les diviseurs
d'un nombre, & l'on peut pour cela avoir recours aux Tables qu'on en a fait.

CHAPITRE

CHAPITRE XXI.

Du mouvement oscillatoire d'un pendule simple ou
composé, libre ou appliqué aux Horloges.

I. L'ON entend par pendule simple un
corps pésant, que l'on conçoit réuni en
un seul point M (*Fig.* 2.) & suspendu à un
point C, par une ligne inflexible C M que l'on
suppose sans pésanteur, & sans résistance, soit de
la part du point de suspension C, soit de la masse d'air dans laquelle elle se meut.

Plan. X.
Fig. 2.

II. Le pendule composé est celui dans lequel
on considere plusieurs corps fixés sur la longueur
C M ; si par exemple, au lieu de supposer la masse du corps M réunie en un seul point M, on suspend un globe pésant dont le demi-diametre
soit M G, ou que la ligne C G ait elle-même
une certaine pésanteur, ou qu'il y ait deux poids
A C (*Fig.* 5.) le pendule deviendra un pendule
composé, parce que sa pésanteur n'étant plus réunie, se trouvera distribuée sur les différentes parties de la longueur du pendule ou du diametre
du globe.

Fig. 5.

III. Tous les corps pésans descendent avec la
même vîtesse à moins que la résistance de l'air ne
s'y oppose ; une boule d'or & une plume de Ci-

M m

gne defcendent auffi rapidement dans la machine
du vuide ; l'une & l'autre parcourent 15 piés en
une feconde de tems ; nous appellons *péfanteur*,
gravité naturelle, ou *force accélératrice*, cette force ou attraction qui eft capable de faire décrire
aux corps péfans une efpace de 15 piés en une
feconde.

On fent affez que cette force accélératrice
s'exerce également fur toutes les parties de matiere dont chaque corps eft compofé ; il n'y a
donc aucune raifon qui puiffe les faire defcendre plus vîte lorfqu'elles feront réunies en plus
grand nombre dans une boule d'or, que lorfqu'elles feront en moindre quantité comme dans
une plume ; l'action reftant la même fur chaque
partie, l'effet total ne fauroit être différent.

Mais quoique la vîteffe & la force accélératrice foient égales dans tous les corps, la *force motrice*, l'action ou l'effort qu'ils produifent
par leur chûte peut être fort variable, parce
qu'elle eft le produit de la maffe & de la vîteffe ;
il eft naturel en effet, que plufieurs portions de
matiere agiffant enfemble avec la même vîteffe,
produifent un effet d'autant plus grand qu'elles
feront en plus grand nombre.

IV. Si l'on s'éloignoit du centre de la terre,
la gravité ou la force accélératrice diminueroit,
& les corps defcendroient avec moins de vîteffe ;
fi au contraire nous nous trouvions rapprochés

du centre de la terre, cette vîteſſe ſeroit plus grande, parce que la terre attirant les corps graves de plus près, les attireroit avec plus de force; alors, au lieu de 15 piés que tous les corps de la terre décrivent en une ſeconde, ils en décriroient 20, 30, ou davantage.

V. Galilée apperçut le premier dans le ſiecle paſſé, que lorſqu'un corps eſt abandonné à lui-même, & qu'il deſcend en vertu de ſa péſanteur, les eſpaces parcourus en tems égaux augmentent comme les nombres impairs 1, 3, 5, 7, 9, &c. c'eſt-à-dire que ſi pendant la premiere ſeconde, un corps deſcend de la hauteur d'une perche de 15 piés, repréſentée par A B (*Fig.* 8.) pendant la ſeconde ſuivante il deſcendra de trois perches B C ou de 45 piés, pendant la troiſiéme ſeconde de cinq perches C D, & ainſi de ſuite, &c.

Fig. 8.

L'expérience s'accorde en cela avec le raiſonnement fondé ſur ce que la force accélératrice s'exerce de la même maniere à chaque inſtant. On pourra en concevoir l'effet, en imaginant qu'elle communique un degré de vîteſſe au commencement de chaque inſtant, & un pendant la durée de l'inſtant; ſi donc au commencement du premier intervalle, le corps a reçû un degré de vîteſſe qui lui doit faire parcourir A B, il en recevra encore un au commencement de l'inſtant ſuivant; mais comme le premier degré ſubſiſte

M m ij

encore , & que dans l'efpace d'un fecond inftant, il en a acquis un , il aura trois degrés de
vîteffe au commencement du fecond intervalle ,
& par conféquent il fera trois fois plus de chemin dans un tems égal ; pendant ce fecond moment, il en acquerera un , & au commencement du troifiéme il en recevra encore un ; donc
il en aura cinq , & par conféquent il décrira un
efpace C D cinq fois plus grand que A B , pendant la durée du troifiéme intervalle de tems.

VI. Par la même raifon que les corps accéle-
rent en defcendant par l'action continue & ré-
petée de la gravité , ils doivent retarder dans la
même proportion lorfqu'ils montent ; ainfi un
corps jetté avec une vîteffe en vertu de laquelle
il parcourt dabord 7 perches en une feconde ,
n'en parcourra plus que 5 dans la feconde fuivante , 3 dans la troifiéme , 1 dans la quatriéme , & au commencement de la cinquiéme , il
commencera à retomber vers la terre.

Les corps graves acquierent donc en tombant la même vîteffe qu'ils perdroient en montant ; ainfi une boule qui pendant une feconde
eft tombée de 15 pieds de haut , fe trouve avoir
acquis la même vîteffe avec laquelle elle devoit
être jettée de bas en haut pour parcourir auffi
15 pieds en une feconde.

Fig. 3. VII. Si le corps P , (Fig. 3.) au lieu de defcendre verticalement , eft obligé de fuivre un

plan incliné P S, étant parvenu en S il aura
acquis la même vîteffe que s'il étoit tombé fuivant la perpendiculaire P R, mais après un plus
long efpace de tems ; & fi l'on tire du point
R la perpendiculaire R T fur ce plan incliné P
S, l'efpace P T fera celui que le corps P décrira dans le même tems qu'il auroit décrit la
ligne P R.

VIII. Cette propofition auffi-bien que toutes
les fuivantes peuvent être démontrées à la rigueur & mathematiquement, mais ces démonftrations nous jetteroient dans des détails infinis
qui peut-être même deviendroient inintelligi-
bles au plus grand nombre des lecteurs ; nous
nous contenterons donc de paffer de vérités en
vérités pour venir à des propofitions qui peuvent être utiles dans la pratique à ceux même
qui n'en connoiffent point les démonftrations,
elles fuffiront pour donner une idée des effets
& des propriétés du mouvement ofcillatoire.

IX. Dans un demi-cercle tel que AGC, (*Fig.*
4) fi d'un point G ou *g*, de la circonférence, quel
qu'il foit, l'on tire les lignes A G & C G aux deux
extrémités du diametre A B, un corps qui defcendra de A en G fur le plan incliné A G, ou de
G en C fur le plan incliné G C, tombera toujours exactement dans le même efpace de tems
qu'il auroit mis à defcendre verticalement de A
en C le long du diamettre.

Fig. 4.

M m iij

Fig. 2.

X. Le pendule simple C M (*Fig.* 2) dans son état naturel, occupe la ligne verticale C E, parce qu'il ne sçauroit descendre au-dessous de E ; si l'on retire le pendule de E en M, il se trouvera plus élevé de la quantité de M F que l'on appelle le sinus verse de l'arc E M, il descendra donc de M en E, & il accelerera son mouvement suivant la loi ordinaire, Art. V. mais étant parvenu en E, il aura acquis une vîtesse capable de le faire remonter à la même hauteur ; il ira donc jusqu'en I, & décrira l'arc E I ; ces deux arcs ou ces deux demi-oscillations, l'une descendante l'autre ascendante forment une oscillation ou une vibration entiére.

XI. Si ces vibrations sont fort grandes, elles ne seront pas isochrones, c'est-à-dire qu'elles ne se feront point en tems égaux, si on les augmente ou si on les diminue ; car l'oscillation qui commencera en K sera plutôt achevée que celle qui commencera en M, le chemin étant plus long il faudra plus de tems pour le décrire.

Mais si ces vibrations sont fort petites, comme de 1 ou 2 degrés, les arcs seront presque égaux à leurs cordes ; or comme on l'a vû, Art.

Fig. 4.

IX. les cordes G C, *g* C, (*Fig.* 4.) sont toujous parcourues en tems égaux, ainsi les arcs le seront à très-peu près.

XII. Dans le cas de ces vibrations fort petites la durée de chaque oscillation sera égale à $\frac{}{}$

du tems qu'il auroit fallu à un corps pefant pour
defcendre de deux fois la hauteur C E du pen- Fig. 2.
dule, c'eft-à-dire du diametre du cercle que dé-
crit ce pendule ; il eft à remarquer que $\frac{113}{115}$ eft à
peu près le rapport du diametre à la circonfé-
rence, ainfi l'on pourroit par ce moyen fçavoir
combien dureront les ofcillations d'un pendule
fimple dont la longueur feroit donnée, pourvû
que l'on fçût par expérience quel eft le tems que
les corps mettent à tomber de différentes hauteurs.

Mais comme on ne fçauroit déterminer avec
exactitude la durée de la chute des corps, à caufe de leur grande vîteffe, & qu'il eft beaucoup
plus facile de compter les vibrations d'un pendule dans un tems donné, c'eft par le nombre
des ofcillations d'un pendule dont la longueur
eft donnée qu'on trouve exactement en combien
de tems les corps tombent vers la terre d'une
hauteur donnée.

XIII. On démontre par exemple que le quarré
du diamettre d'un cercle eft au quarré de fa circonférence, comme la longueur du pendule eft
au double de la hauteur d'où un corps defcend
pendant la durée d'une vibration du pendule ;
ainfi je fuppofe que l'on veuille fçavoir quel chemin les corps graves parcourent en une feconde-
de, on mefurera la longueur du pendule à fecondes de la maniere dont nous le dirons ci-

après, & l'on trouvera 440$^{lig.}$ 57 ou 440$^{lig.}$ 57 centiémes ; on dira par une régle de trois le quarré
de 113. diametre du cercle, est au quarré de
355. comme 440^{lig} 57 est à un quatriéme terme dont on prendra la moitié, ce qui donnera
15 pieds 1 pouce 2 lignes & 8 centiémes.

XIV. On comprend donc que la durée des
oscillations d'un pendule simple dépend de la
gravité ou force accélératrice, & de la longueur
du pendule. Si la force accélératrice devenoit plus grande qu'elle n'est sur la terre, les
corps tombant avec plus de vîtesse, les oscillations d'un pendule seroient plus promptes. La
durée d'une oscillation est en raison inverse de
la racine quarrée de la force accélératrice, ou
si l'on veut, les pesanteurs en raison inverse des
quarrés des tems que durent les oscillations,
c'est-à-dire que si la force accélératrice devenoit quadruple, la durée des oscillations deviendroit seulement deux fois moindre.

XV. Si la durée des oscillations de différens
pendules est la même, leurs longueurs seront
dans le même rapport que les gravités.

Si les longueurs sont égales, les tems sont en
raison inverse des racines des forces accélératrices, & les nombres des oscillations faites en
même tems seront dans le rapport des racines
des forces accélératrices.

XVI. On pourroit être surpris de ce que nous
                                    parcourons

parcourons ici des pendules qui ont différentes gravités, puisque les hommes ne faisant jamais d'expériences du pendule que fur la furface de la terre, la gravité est toujours la même pour eux ; mais il faut obferver à cet égard deux chofes, 1°. que cette théorie est néceffaire lorfqu'il est queftion des pendules qui font leurs ofcillations dans des milieux réfiftans, où leur gravité diminue à raifon de celle du fluide ; 2°. que depuis que l'on connoît l'applatiffement de la terre, on a obfervé que proche de l'équateur où l'on fe trouve plus éloigné du centre de la terre que proche des pôles, la gravité y est moindre, & que conféquemment les pendules qui feroient réglés proche des pôles retarderoient fous l'équateur, de plufieurs fecondes par jour ; fous l'équateur on est éloigné du centre de la terre d'environ 3281000 toifes, & de 3262690 fous les poles.

XVII. La gravité étant la même comme elle l'est pour nous dans un même pays, les durées des ofcillations font comme les racines des longueurs.

Les longueurs font entre elles comme les quarrés des tems.

Les nombres d'ofcillations faites dans un même efpace de tems font en raifon inverfe ou réciproque des racines des longueurs.

Les longueurs font en raifon réciproque des

N n

quarrés des nombres d'oscillations, c'est-à-dire que si deux pendules font l'un une vibration dans une seconde & l'autre deux, celui-cy sera quatre fois moindre que le premier.

XVIII. C'est sur ce principe que Madame LEPAUTE a pris la peine de calculer tout au long la table que l'on trouvera à la fin de ce livre, de la longueur des pendules qui doivent faire un nombre déterminé de vibrations ; celle que l'on trouve dans le livre de M. Thiout & qui avoit été calculée par M. le Comte de d'Onsenbrai, ne pouvoit être presque d'aucun usage, parce que les nombres de vibrations sont la plûpart composés de fractions & par conséquent inapplicables aux Horloges, où l'on a toujours un nombre entier de vibrations qu'exigent les nombres du roüage: Cette table, calculée avec un très-grand soin, au moyen des logarithmes, présente de 100 en 100. depuis 1 jusqu'à 18000 vibrations par heure, la longueur du pendule, de sorte que lorsqu'on a un mouvement de pendule dont la derniere roüe doit faire un certain nombre de tours par heure, on trouve quelle longueur de pendule on doit y appliquer.

XIX. On trouve sur le même principe que pour faire avancer une Pendule d'une minute par jour, il faut racourcir le balancier de $0^{\text{lig.}}$ 6116, c'est-à-dire environ 6 dixiémes ou $\frac{6116}{10000}$ de ligne, & pour une seconde par jour, de $0^{\text{lig.}}$ 0 1 ou un centiéme de ligne.

XX. Jufqu'ici nous n'avons parlé que du pendule fimple, c'eft-à-dire confidéré dans le fens de l'Art. I. mais comme il n'exifte point de pendule fimple dans la nature, & qu'au contraire tous les pendules dont on fe fert, ont une péfanteur diftribuée fur les différens points de leur longueur, il eft néceffaire de les réduire à des pendules fimples.

Je fuppofe un pendule S C (*Fig. 5.*) char- Fig. 5. gé non plus d'un feul poids, mais de deux ou d'un plus grand nombre tels que A, C, de maniere que chacun de ces poids foit confidéré comme réduit à un feul point; on comprend bien que ce nouveau pendule fera fes ofcillations plus promptement que s'il n'y avoit qu'un feul poids en C, parce que le poids A tend à faire fes ofcillations avec la même précipitation que fi le pendule n'avoit que la longueur S A qui eft beaucoup moindre, mais il eft en partie retardé par le poids C qui ne peut faire fes ofcillations qu'avec la lenteur qu'exige le long pendule S C; ainfi le pendule compofé ne fera ni ifochrone avec le pendule S C chargé d'un feul poids C, ni avec le pendule S A chargé d'un feul poids A, mais fa viteffe tiendra un milieu entre les deux autres, & il fera ifochrone à un autre pendule fimple S D dont il faut chercher la longueur.

XXI. Le point D s'appelle le *centre d'ofcilla-*

N n ij

tion ou le *centre de percuſſion* du pendule compoſé.

Ainſi le centre d'oſcillation D eſt le point dans lequel on peut raſſembler toute la péſanteur du corps qui oſcille ſans changer le tems ou la durée de ſes oſcillations.

On l'appelle auſſi centre de percuſſion, parce que c'eſt le point où ſe réunit tout l'effort, où la percuſſion ſeroit la plus forte, & où toutes les parties reſteroient en équilibre, ſi l'on arrêtoit le pendule dans ce point là, en ſuppoſant que le point de ſuſpenſion ne produiſît aucune réſiſtance & devînt libre au moment de là percuſſion ; comme tous les poids A, C, ſont unis enſemble & ne peuvent ſe mouvoir l'un ſans l'autre, il s'enſuit que chacun de ces poids diſtribuera ſon effort & le communiquera à tous les autres à proportion de leur maſſe & de leur diſtance au point de ſuſpenſion S.

Ainſi la vîteſſe du corps entier tiendra pour ainſi dire un milieu entre les vîteſſes que ces différentes parties affecteroient ſéparément ; par conſéquent il en réſultera un effort commun qui tiendra un milieu entre tous les autres, & cet effort s'exercera au point D comme ſon centre, enſorte que dans tout autre point qui ſeroit plus haut, les parties ſupérieures agiroient plus que les inférieures, & dans tout autre point qui ſeroit au-deſſous du centre d'oſcillation, les parties inférieures C agiroient plus que les premieres ; le centre d'oscillation est le seul point sur lequel toutes les parties agissent également pendant la vibration du pendule.

XXII. Pour trouver donc ce centre d'oscillation D, il faut multiplier chacun des poids par le quarré de sa distance au point S, ajoûter tous ces produits ensemble, ajoûter aussi les produits de chaque poids par sa distance au point S, & diviser la premiere somme des produits par cette nouvelle somme, le quotient sera la longueur cherchée S D.

XXIII. Si au lieu de ne supposer que deux poids ou deux points pésans A, C, on suspend un globe ou corps quelconque qui ait une certaine longueur telle que A C, (*Fig.* 6.) au lieu de deux poids on en aura une infinité, parce que chaque point du corps A C a sa pésanteur, & il n'y aura plus que le calcul *intégral*, c'est-à-dire les méthodes de la plus sublime Géométrie, & le dernier effort de l'esprit humain qui puissent en calculant l'infini & l'infiniment petit, exprimer dans tous les cas le centre d'oscillation de ce nombre infini de corps pésans ; nous en donnerons cependant le résultat.

XXIV. Les questions des centres d'oscillations furent proposées à tous les Géometres vers l'an 1650. par le P. Mersennes.

M. Hughens n'avoit alors que 21 ans, il

Fig. 6.

s'exerçât auſſi bien que Deſcartes & le P. Fabri
ſur quelques cas des plus ſimples , & ils réuſſi-
rent dans pluſieurs ; mais ce ne fût qu'en 1673.
que M. Hughens publia dans ſon beau Traité
de Horologio oſcillatorio , le fruit des plus pro-
fondes recherches dans ce genre , mais les dé-
monſtrations ſinthétiques , qu'il donne de ſes pro-
poſitions , ſont ſi compliquées qu'on voit évidemment qu'il nous a caché l'analiſe par laquelle il y étoit parvenu ; on y a ſuppléé depuis par
les nouvelles découvertes faites dans l'analyſe.

XXV. Je ſuppoſe une ſphère ou globe A
C (*Fig. 6.*) dont le centre eſt en K , ſuſpendue & balancée par un point A de ſa ſurface ;
ſes vibrations ſe feront en même tems que celles
d'un pendule ſimple qui auroit une longueur A
O égale à $\frac{7}{15}$ du diametre A C , c'eſt-à-dire que
le centre d'oſcillation ou de percuſſion O ſera
au-deſſous du centre K d'une quantité K O égale à $\frac{2}{7}$ du rayon K C ; ſi la boule a 10 pouces
de diametre , le centre d'oſcillation ſera plus
bas de deux pouces que le centre de gravité.

XXVI. Si cette même ſphère eſt ſuſpendue
à un point S (*Fig. 6.*) éloigné de ſa ſurface ,
ſes vibrations deviendront plus lentes , le centre
d'oſcillation remontera & ſe rapprochera du centre K , dans la même proportion que la diſtance
S K augmentera ; pour ſavoir alors de combien il
en ſera éloigné , il faudra faire cette regle de

Fig. 6.

trois : la diftance S K du centre de fufpenfion
au centre de la boule , eft au rayon A K de la
boule , comme les deux cinquiémes de ce rayon
eft à un quatriéme terme qui fera la diftance K
O du centre de gravité au centre d'ofcillation.

XXVII. Delà il s'enfuit que fi l'on diminue
de moitié le diametre de la boule , la diftance K
O ne fera plus que le quart de ce qu'elle étoit ,
c'eft-à-dire que la diftance du centre de gravité
au centre d'ofcillation diminuera comme le quarré du diametre.

XXVIII. On peut demander maintenant
quel fera le centre d'ofcillation de la même
fphère , fi l'on fuppofe que le fil ou la ligne de
fufpenfion S A , quoique fort mince , ait une
certaine péfanteur fuppofée connue ; voici la
regle que l'on doit fuivre.

Ajoûtez un tiers du poids de la ligne S A ,
avec deux cinquiémes du poids de la boule , &
multipliez le tout par le quarré du rayon ou demi-diametre de la boule ; multipliez enfuite un
fixiéme du poids de la ligne , par la diftance S K
du centre de gravité au centre de fufpenfion , &
par S C, diftance du point de fufpenfion à l'extrémité inférieure de la boule ; ôtez ce fecond produit du premier , & la différence fera
un dividende que vous mettrez à part ; pour avoir
le divifeur, il faut ajoûter la moitié du poids de
la ligne avec le poids de la boule , multiplier

la fomme par S K ; multiplier auffi la moitié du poids de la ligne par le demi - diametre de la boule , & ôter ce produit du précédent, ce qui donnera le divifeur ; enfin le dividende étant divifé par le divifeur , le quotient fera la quantité cherchée K O.

On employe furtout cette regle dans le cas où il s'agit de déterminer la longueur du pendule fimple qui bat les fecondes comme M. de Mairan l'a fait pour Paris dans les Mémoires de l'Académie , année 1735.

XXIX. Pour connoître avec la plus grande exactitude la longueur du pendule fimple qui bat les fecondes, on fufpend une boule de métal à un fil de pite fort délié , ce fil fe tire des fibres d'une efpece d'aloës , & il a la propriété de n'être point fujet à s'étendre ou à fe racourcir par l'humidité & la fécherefle.

On fufpend ce fil avec beaucoup de foin , afin de pouvoir mefurer, jufqu'à la précifion d'un dixiéme de ligne, la longueur du pendule , depuis la fufpenfion jufqu'au deffous de la boule dont on fouftrait la partie O C trouvée par les méthodes des Articles précédens pour le pendule fimple, à raifon de la groffeur de la boule, ou de la péfanteur du fil, de 4 grains pour 10 toifes.

On regle avec foin une pendule à fecondes par le moyen du Soleil ou des étoiles fixes; on fait faire au pendule d'expérience des petites ofcillations

cillations de deux pouces, par exemple, & l'on voit fi elles font toutes ifochrones à celle du pendule de l'Horloge ; fi cela eft, on eft fûr que ce pendule d'expériences, c'eft-à-dire S O que l'on a mefuré, eft véritablement la longueur du pendule fimple à fecondes, qui eft à Paris de 36$^{pou.}$ 8$^{lig.}$ 57 ou 55, fuivant les dernieres expériences de M. de la Caille.

XXX. Je fuppofe un cylindre A R X qui fe balance autour d'un diametre A R de fa bafe, & dont on cherche le centre d'ofcillation E ; fi ce cylindre étoit infiniment mince & réduit à une feule ligne K X, fon centre d'ofcillation E feroit aux deux tiers de la ligne K X.

Mais fi le cylindre a un diametre, comme A R, il faudra faire la proportion fuivante : le double de la hauteur K X eft au rayon K R, comme ce même rayon K R eft à une quatriéme ligne qu'ilfaudra ajoûter aux deux tiers de K X pour avoir la longueur K E du pendule fimple ifochrone au cylindre A R X.

On va voir l'ufage de cette proportion dans le cas où l'on employe dans les pendules un canon plein de métal, pour fufpendre la lentille, ainfi que plufieurs perfonnes l'ont pratiqué, pour remédier à la dilatation du pendule.

XXXI. Je fuppofe, par exemple, pour ne pas compliquer les difficultés, que l'on ait tout à la fois une fphère & un cylindre, comme on

O o

Fig. 7. le voit (*Fig.* 7.) qui doivent ofciller autour du diametre A R dans un plan perpendiculaire à celui de la Figure ; on demande le centre d'ofcillation de ce pendule , compofé d'un cylindre & d'une fphère ; le point D eft le centre de gravité du cylindre , le point C eft celui de la fphère , le point E eft le centre d'ofcillation du cylindre confideré feul , le point O eft le centre d'ofcillation de fa fphère. On multipliera K E par K D , & par le poids du cylindre , on ajoûtera ce produit à celui de K O par K C & par le poids de la fphère,& l'on aura le dividende; pour avoir le divifeur on multipliera le poids du cylindre par K D , & on l'ajoûtera au produit du poids de la Sphere par K C, on divifera le dividende par le divifeur , & le quotient fera la diftance du point K au centre d'ofcillation commun de la Sphere & du cylindre. Cela fe réduit à l'expreffion $\frac{\mathrm{K\,E.\,K\,D.\,C + K\,O.\,K\,C.\,S}}{\mathrm{K\,D.\,C + K\,C.\,S}}$, fi l'on appelle C & S les maffes du cylindre & de la fphère.

XXXII. Comme dans aucun des Livres de Géométrie où il a été parlé du centre d'ofcillation des folides, on ne trouve la maniere de découvrir celui des lentilles, telles qu'on les employe dans nos Pendules, je vais en donner ici une méthode qui m'a été communiquée par M. *Clairaut* , mais qui n'a point été publiée par ce grand Géometre.

Pour trouver le centre d'oscillation de deux segmens de sphère, ou, ce qui est le même, d'un seul segment B H *b* B, qui oscille de côté, autour d'un axe I A G(*Fig.* 11.), il ne s'agit que de trouver la *quantité oscillatoire* du segment, ou la somme de toutes les particules de matiere qui le composent, multipliées chacune par le quarré de leur distance à l'axe de rotation, & de diviser ce produit par la masse du segment multipliée par la distance A C, de son centre de gravité à l'axe de rotation. Fig. 11.

On commence par trouver la quantité oscillatoire d'une ligne P M (*Fig.* 10.) qui oscille autour du point A dans le plan A P M; je suppose A P $= x$, P M $= y$, ainsi la distance A M est $\sqrt{(xx + yy)}$ le poid de chaque particule M *m''* de la ligne P M est dy qui, multiplié par le quarré de A M, donne $dy(xx + yy)$ ou $xx\,dy + y^2\,dy$ pour la différentielle de la quantité oscillatoire de la ligne P M, l'intégrale, en supposant x constante, sera $xxy + \frac{1}{3}y^3$, c'est-à-dire $A P^2 . P M + \frac{1}{3} P M^3$. Fig. 10.

X X X I I I. On cherchera de même la quantité oscillatoire d'un demi-cercle B M *m b* qui oscille de côté autour du point A; pour cela soit A C $= a$, C B $= r$, C P $=$ C $p = x$, P M $= \sqrt{(r^2 - xx)}$ P P' $= dx$; suivant ce qui vient d'être démontré, la quantité oscillatoire de P M $+ p m$, sera $A P^2 . P M + \frac{1}{3} P M^3 + A p^2 . p m + \frac{1}{3} p m^3$, ou parce que P M $= p m = y$, après avoir substitué

O o ij

les lettres & fait la réduction, $2aaV(rr-xx)$ $+2xxV(rr-xx)+\frac{2}{3}r^{2}V(r^{2}-xx)-\frac{2}{3}xx$ $V(rr-xx)$, ou bien $(2aa+\frac{2}{3}r^{2})V(r_{1}-x^{2})$ $+\frac{4}{3}x^{2}V(r^{2}-x^{2})$; fi l'on multiplie cette quantité par dx, ou PP', on aura la quantité ofcillatoire des deux portions élémentaires de la furface du cercle, $P'PMM'$ & $pp'm'm$; par conféquent en en cherchant l'intégrale on aura la quantité ofcillatoire de l'efpace $PMmp$: or l'intégrale du premier membre s'exprime par $(2aa+\frac{2}{3}rr)$ $\int dxV(rr-xx)$ pour avoir l'intégrale du fecond membre, il faut confidérer quelle fera compofée de deux termes, $\frac{1}{3}rr\int dxV(rr-xx)$ $-\frac{1}{3}x(rr-x^{2})^{\frac{3}{2}}$, en voici la preuve.

La différentielle de $-\frac{1}{3}x(r^{2}-x^{2})^{\frac{3}{2}}$ eft $-\frac{1}{3}dx(rr-xx)^{\frac{3}{2}}+xxdxV\overline{rr-xx}$, ou $-\frac{1}{3}rrdxV(rr-xx)+\frac{1}{3}xxdxV(rr-xx)$ $+xxdxV(rr-xx)=\frac{4}{3}xxdxV(rr-xx)$ $-\frac{1}{3}rrdxV(rr-xx)$, donc la différentielle de $\frac{1}{3}rr\int dxV(rr-xx)-\frac{1}{3}x(r^{2}-x^{2})^{\frac{3}{2}}$ eft $\frac{4}{3}xxdxV(rr-xx)$.

Ainfi l'intégrale cherchée eft $(2aa+\frac{2}{3}rr)$ $\int dxV(rr-xx)+\frac{1}{3}rr\int dxV(rr-xx)-\frac{1}{3}x$ $(rr-xx)^{\frac{3}{2}}=(2aa+rr)\int dxV(rr-xx)$ $-\frac{1}{3}x(rr-xx)^{\frac{3}{2}}$; fi dans cette intégrale l'on fait $x=r$ pour avoir la quantité ofcillatoire du demi-cercle entier, le fecond terme s'évanouira, le premier terme deviendra $2aa + rr$ multiplié par la furface d'un quart de cercle, puifque l'on voit affez que $dx \sqrt{(rr - xx)}$ exprime l'élément P P′ M′ M d'un quart de cercle, & que par conféquent $\int dx \sqrt{(rr - xx)}$ en exprime la furface entiere lorfque $x = r$; mais appellant c la circonférence d'un cercle dont le rayon eft 1, cr fera la circonférence du cercle dont le rayon eft r & $\frac{cr}{4} \cdot \frac{r}{2}$, ou $\frac{crr}{8}$ fera la furface du quart de cercle, donc fi on multiplie cette quantité par $2aa + rr$, & qu'on la double, on aura la quantité ofcillatoire du cercle entier $\frac{1}{2} a^2 r^2 c + \frac{1}{4} c r^4$.

XXXIV. L'on peut maintenant trouver auffi la quantité ofcillatoire d'un fegment de fphère B H b B, ofcillant autour d'un axe I A G perpendiculaire au plan ou à la bafe de ce fegment; foit $IS = AC = a$, $SO = b$, $CH = u$, $CB = \sqrt{(2bu + uu)}$; en fubftituant à la place de r^2 dans l'expreffion $\frac{1}{2} a^2 r^2 c + \frac{1}{2} c r^4$ fa valeur $2bu - uu$, & à la place de r^4 fa valeur $4 b^2 u^2 - 4 b u^3 + u^4$, on aura $a^2 c b u - \frac{1}{2} a^2 c u u + b b c u^2 - b c u^3 + \frac{1}{4} c u^4$, quantité ofcillatoire du cercle qui fert de bafe au fegment; multipliant par du & intégrant on aura $\frac{1}{2} c a^2 b u^2 - \frac{1}{6} c a^2 u^3 + \frac{1}{3} c b^2 u^3 - \frac{1}{4} c b u^4 + \frac{1}{20} c u^5$ pour la quantité ofcillatoire du fegment propofé.

Pour avoir la diftance du centre d'ofcillation au point A, c'eft - à - dire la longueur A X,

Fig. 11.

la quantité ofcillatoire doit être divifée par
le moment, c'eft-à-dire par le produit de A C
& de la maffe ou folidité du fegment.

La furface du fegment de fphère eft égale à
C H, multipliée par la circonférence cb d'un
grand cercle de la fphère, c'eft-à-dire cub,
la folidité d'un fecteur fphérique S B H b S eft
égale à cette furface multipliée par le tiers du
rayon ou $\frac{1}{3} b^2 c u$; la folidité du cône B S b qu'il
en faut retrancher, eft égale à la furface du cer-
cle qui lui fert de bafe, multipliée par le tiers de
fa hauteur S C $(b-u)$; $1 : c = V(2bu - uu)$:
$c V(2bu - uu)$ circonférence du cercle B b,
qui, multiplié par $\frac{1}{2} V(2bu - uu)$ donne
$\frac{c}{2}(2bu - uu)$; multipliant encore par $\frac{1}{3}(b-u)$
on a $\frac{1}{3} c b^2 u - \frac{1}{2} b c u^2 + \frac{1}{6} c u^3$, qui, retran-
ché de la folidité du fecteur $\frac{1}{3} b^2 c u$, donne
$+ \frac{1}{2} b c u^2 - \frac{1}{6} c u^3$; divifant donc l'intégrale
ci-deffus, par $\frac{1}{2} a b c u^2 - \frac{1}{6} a c u^3$, on a
$(\frac{1}{6} c a^2 b u^2 - \frac{1}{8} c a^2 u^3 + \frac{1}{3} c b^2 u^3 - \frac{1}{4} c b u^4 + \frac{1}{20} c u^5)$:
$a(\frac{1}{2} c b u^2 - \frac{1}{6} c u^3)$, divifant le numérateur &
le dénominateur de cette fraction par $c u^2$, &
multipliant par 2, on a $(a^2 b - \frac{1}{3} a^2 u + \frac{2}{3} b^2 u$
$- \frac{1}{2} b u^2 + \frac{1}{10} u^3)$: $a b - \frac{1}{3} a u$, ou $\frac{a^2 b - \frac{1}{3} a^2 u}{a b - \frac{1}{3} a u}$
$+ \frac{\frac{2}{3} b^2 u - \frac{1}{2} b u^2 + \frac{1}{10} u^3}{a b - \frac{1}{3} a u} = a + \frac{\frac{2}{3} b^2 u - \frac{1}{2} b u^2 + \frac{1}{10} u^3}{a b - \frac{1}{3} a u}$

qui eft l'expreffion cherchée.

XXXV. Mais comme il eſt plus commode de n'avoir à employer que le rayon de la baſe du ſegment, au lieu de celui de la ſphère entiere, il faudra transformer cette expreſſion de la maniere ſuivante : ſoit $BC = r$, le triangle BCS donne $bb = rr + (b - u)^2$, donc $b = \frac{rr + uu}{2u}$, ſubſtituant cette valeur dans la fraction précédente, on a le numérateur $\frac{2}{3} u \frac{(r^4 + 2 r^2 u^2 + u^4)}{4 u^2} - \frac{1}{2} rru - \frac{1}{4} u^3 + \frac{1}{10} u^3$, & le dénominateur ſera $\frac{a rr + a uu - \frac{2}{3} a u^3}{2 n}$; multipliant l'un & l'autre par $2u$, & réduiſant, on aura

$$\frac{\frac{1}{3} r^4 + \frac{1}{3} r^2 u^2 + \frac{1}{3} u^4 - r^2 u^2 - \frac{1}{10} u^4}{a(rr + \frac{1}{3} uu)} = \frac{\frac{1}{3} r^4 + \frac{1}{6} r^2 u^2 + \frac{1}{10} u^4}{a(rr + \frac{1}{3} uu)}$$

Cette fraction ajoûtée à a donne la longueur du pendule ſimple cherché, ou la diſtance A X du centre d'oſcillation au centre de ſuſpenſion.

EXEMPLE.

Je ſuppoſe une lentille de $7^{pou.}$ $2^{lig.}$ $\frac{1}{2}$ de diametre, & de $13^{lig.}$ d'épaiſſeur, la diſtance AC $36^{pou.}$ $8^{lig.}$ $57.$ on demande de combien le centre d'oſcillation X ſera au-deſſous du centre de gravité C de la lentille, en ſe ſervant des logarithmes. Pour abréger l'opération, & réduiſant tout en lignes, on aura $\frac{1}{3} r^4 = 1166334.6$; $\frac{1}{6} r^2 u^2 = 13171.9$; $\frac{1}{10} u^4 = 59, 5$; $\frac{1}{3} uu = 14.08$, $rr + \frac{1}{3} uu = 1884.64$, & la fraction totale 1.4206, c'eſt-à-dire preſque une ligne & demie.

XXXVI. Nous allons maintenant appliquer le précepte de l'Art. XXXI. à un pendule composé d'une lentille & d'un canon de métal tel que le pendule K G (*Fig.* 7.) & semblable à celui dont il a été parlé Pag. 290. pour cela je suppose la même lentille que dans l'Art. précédent , & un cylindre F X de même métal , qui ait 8 lignes de diametre , & de hauteur 33 pouces une ligne $\frac{7}{100}$, suspendu par le centre de sa base supérieure ; la distance K E de son centre d'oscillation sera 22 pouces 0$^{\text{lig.}}$ 730, la solidité du cylindre 19958 , 96 lignes cubiques ; celle de la lentille 38485 , 90 lignes cubiques , (on pourroit se contenter de les péser séparément , au lieu de calculer les solidités comme je viens de le faire ;) la distance K C du centre de gravité de la lentille 440$^{\text{lig.}}$ 57 , la distance K O de son centre d'oscillation 441$^{\text{lig.}}$ 99 ; ainsi

$$\frac{KE . KD . C}{KD . C + KC . S} = 50^{\text{lig.}} \ 15 \ , \ \& \ \frac{KO . KC . S}{KD . C + KC . S}$$

$= 358^{\text{lig.}} \ 26$, donc les deux ensemble feront 408$^{\text{lig.}}$ 41 , c'est la distance K Y du centre d'oscillation du pendule, composé de la lentille & du cylindre : par conséquent le centre d'oscillation Y , sera au - dessus du centre C de la lentille de 32$^{\text{lig.}}$ 16.

XXXVII. Ce que l'on a vû de la durée & de l'isochronisme des petites oscillations du pendule, Art. XI. & XII. suppose des arcs qui soient infiniment

finiment petits; & quand on affigne la longueur du pendule fimple qui bat les fecondes, il faut toujours entendre que ce pendule ne décrit que des arcs très-petits, c'eft-à-dire des arcs que l'on doit fuppofer plus petits que toute quantité affignable.

Si les arcs que décrira ce pendule viennent à avoir une certaine étendue ; le pendule qui faifoit 3600 vibrations par heure, retardera & en fera moins, de forte que le pendule à fecondes qui décrit des arcs infiniment petits, eft plus long que celui qui bat les fecondes, en décrivant des arcs d'une grandeur déterminée.

Pour donner une idée de cette différence, j'ai conftruit la Table fuivante où l'on voit de combien de fecondes par jour on peut faire retarder le véritable pendule à fecondes fans changer fa longueur, fuivant l'étendue des arcs qu'on lui fera décrire.

Arcs décrits de chaque côté de la perpendiculaire.	Longueur de chaque demi-ofcillation en lignes & en décimales de ligne.	Quantité dont le pendule retardera par jour.
5°...0'..0"	38 llg. 432	41"148
4....0...0	30.........745	26,352
3.,..0...0	23..........059	14,796
2....0..,.0	15.........372	6,588
1....0...0	7.........686	1,647
0..30...0	3.........843	0,412
0...15...0	1.........921	0,103
0....1...0	0.........128	0,0004
0....0...1"	0.........002	0,0000001 ou une feconde en 21500 ans.

P p

XXXVIII. Voici la méthode que j'ai suivie dans le calcul de cette table que l'on pourra continuer à volonté.

Je suppose un principe demontré par les approximations que la Geomettrie sublime nous fournit, sçavoir que le tems ou la durée *d'une oscillation augmente par l'étendue des arcs, de sa huitieme partie multipliée par le sinus verse ou hauteur de l'arc ;* ainsi je commence par calculer les sinus verses des petits arcs en suppofant qu'ils diminuent comme le quarré des arcs, par exemple, le sinus verse de 4°. étant 0, 00249. celui de 2°. est 0, 00061. & allant de suitte suivant la proportion des quarrés on trouve que celui de 15′. est 0, 00000953125. on n'a qu'à ajouter cette fraction avec la huitieme partie d'une seconde, & multiplier le tout par 86400″. c'est-à-dire autant qu'il y a de secondes dans 24 heures, on aura 0″. 1029375. le pendule retardera donc environ de la dixieme partie d'une seconde par jour, ou d'une seconde en dix jours, en décrivant des arcs de 15′ de chaque côté de la perpendiculaire, ou une ligne & 9 dixiemes, c'est-à-dire en tout un espace d'environ 4 lignes, il est facile dans la pratique de faire des horloges à pendule dont le balancier ne décrive pas de plus grands espaces.

Au reste les petits calculs que je viens d'indiquer ne sçauroient guères se faire commodement à moins qu'on ne connoiſſe bien la nature des logarithmes & des fractions décimales.

XXXIX. La Table que l'on vient de voir, fournit dans les horloges à pendule un moyen de vérifier la bonté d'un échapement à repos ; de ſçavoir ſi la force & la vîteſſe qu'il reſtitue à l'ancre n'eſt point trop grande ou trop petite, & ſi elle eſt diſtribuée avec uniformité ; car qu'un pendule à ſecondes dans ſon état naturel, avec un poids fort léger, décrive des arcs entiers de deux pouces & demi, & que l'horloge ſoit bien reglée, dans cet état on peut en doublant & triplant le poids, ou en la nétoyant, & y mettant beaucoup d'huile, faire décrire des arcs doubles, c'eſt-à-dire de 5 pouces, alors ſuivant la table elle devra retarder de 20″ par jour, puiſque de 6″ à 26″, il y a 20″ de différence ; ſi elle ne retarde ni plus ni moins, c'eſt une marque que l'échappement conſerve au pendule toute ſa liberté, qu'il ne lui reſtitue préciſément que ce qu'il perdroit par le frottement & la réſiſtance de l'air, & que le pendule ſe meut étant appliqué à l'horloge de la même maniere que s'il oſcilloit librement & dans le vuide.

XL. On a vû cy-deſſus la maniére de trouver par expérience la longueur du pendule ſimple, qui fait 3600 vibrations par heure ou qui bat les ſecondes ; mais après l'avoir trouvé il y a encore pluſieurs réductions à faire comme l'a obſervé

Pp ij

M. *Bouguer* dans le livre qui a pour titre *la fi-gure de la Terre.* 1°. A raison de la hauteur du lieu où l'on observe au-dessus de la surface de la terre ; 2°. à cause de la pesanteur plus ou moins grande de l'air à cette hauteur ; 3°. eû égard à la chaleur du lieu, 4°. pour raison de la force centrifuge qui est produite par le mouvement diurne de la terre autour de son axe ; 5°. par l'effet de la résistance de l'air qui diminue la vî-tesse du pendule ; 6°. j'y ajouterai encore une réduction qui dépend de la grandeur des arcs que l'on fait décrire au pendule d'expérience.

XLI. Dans un lieu plus élevé & par conséquent plus éloigné du centre de la terre, la force accé-lératrice diminue autant que le quarré de la distan-ce augmente, ainsi le même pendule ayant moins de gravité fera des oscillations moins promptes ; le pendule à secondes y sera donc plus court qu'ailleurs, parce qu'il faudra le racourcir pour accélerer ses vibrations qui étoient ralenties par l'éloignement.

Ainsi M. Bouguer en 1737 ayant observé sur le sommet du Pichincha, c'est-à-dire 2434 toi-ses au-dessus du niveau de la mer, la longueur du pendule 36$^{pou.}$ 6$^{lig.}$ 7. il en a conclu qu'au ni-veau de la mer il auroit été de 36$^{pou.}$ 7$^{lig.}$ 07. c'est-à-dire plus long de $\frac{37}{100}$ de ligne, ce que l'expé-rience a confirmé à peu de chose près.

XLII. La pesanteur de l'air diminue la pesan-

teur des autres corps, c'est-à-dire leur tendance
& leur effort vers le centre de la terre, en en sou-
tenant une partie, de la même maniere que l'eau
soutient les corps qui nagent à sa surface, ainsi
un pendule qui oscille dans l'air est plus leger
que s'il oscilloit dans le vuide, par conséquent
Art. XX. il fait moins de vibrations, & il les fait
plus lentement ; il faudroit donc allonger le pendule qui bat les secondes dans l'air, si on le trans-
portoit dans le vuide, parce que ses vibrations y
seroient trop promptes ; dans le cas précédent
le pendule perdoit $\frac{1}{11000}$ de sa pesanteur, à cause du poids de l'air, d'où on conclut suivant les
principes établis cy-dessus, qu'il a fallu y ajouter
$\frac{4}{100}$ de ligne.

XLIII. Quant à la chaleur du lieu on sçait
qu'une barre de fer de 3 pieds s'allonge d'environ de $\frac{1}{100}$ de ligne pour 3 degrés de chaleur sur
le Thermomettre de M. de Reaumur, ainsi pour
pouvoir comparer des résultats il faut réduire
toutes les expériences que l'on fait, à une température moyenne, comme celle de 10 degrés ;
or sur le Pichincha le froid étant plus grand, la
regle de fer qui servoit à mesurer le pendule s'étoit
racourcie de $\frac{5}{100}$ ou 0^{lig}. 05. elle faisoit donc paroître le pendule à secondes trop long de la
même quantité, & il faut en ôter cette quantité pour le réduire à ce qu'on auroit trouvé si le
Thermomettre eût été à 10 degrés.

P p iij

XLIV. Par rapport à la force centrifuge, M. Hughens a fait voir le premier de combien le mouvement de la terre sur son axe diminuoit la pesanteur des corps, ou leur tendance au centre de la terre ; supposons que le cercle A G C L (*Fig.* 4.) représente le globe de la terre qui tourne avec une rapidité extrême de droit à gauche ; un corps qui se trouve en A acquiert en tournant une force centrifuge par laquelle il iroit de A en M en s'éloignant de la terre, & s'éléveroit de la quantité M L si la force de la terre qui est incomparablement plus grande ne le retenoit à sa surface ; cette force de la terre est donc un peu diminuée par cet effort en sens contraire suivant L M, ainsi un corps qui en tombant parcourt en une seconde $15^{pi.} 7^{lig.} 41$ par la force de la pesanteur parcouroit $15^{pi.} 1^{pou.} 2^{lig.} 95$. c'est-à-dire $7^{lig.} 54$ de plus, si la force centrifuge ne diminuoit sa pesanteur, parce que la ligne M L est de 7 lignes, pour l'arc A L que la terre parcourt en une seconde de tems, c'est-à-dire pour 1435 pieds ; Si l'espace décrit en une seconde par les corps graves étoit $15^{pi.} 1^{pou.} 2^{lig.} 95$. le pendule à secondes seroit $36^{pou.} 8^{lig.} 74$. comme on peut le conclure de l'article XIII. & il deviendroit plus grand de $1^{lig.} 53$. mais comme l'espace A L que parcourent les corps sur la terre en une seconde par le mouvement diurne, devient plus petit en approchant des pôles, & par con-

Fig. 4.

féquent auffi M L, effet de la force centrifuge, cette quantité de $1^{lig.}$ 53. dont le pendule à fe- condes doit être augmenté à l'Equateur, dimi- nue comme le quarré du cofinus de la latitude ; elle ne fera au Cap de Bonne Efperance que de $1^{lig.}$ 04. à Paris de $0^{lig.}$ 67. & en Laponie de $0^{lig.}$ 24. Il faut donc abfolument corriger les lon- gueurs obfervées dans chaque pays pour les ré- duire à une même circonftance, c'eft-à-dire au cas où la terre feroit immobile, pour les dégager d'un effet qui eft variable fuivant les lieux, & pour les avoir, affectés de la feule différence de pefanteur qui provient de la denfité de la terre, de fon applatiffement, & des directions de la pefanteur.

XLV. La réfiftance de l'air paroîtroit du pre- mier coup d'œil devoir changer beaucoup la na- ture & la durée des ofcillations, foit par le frot- tement de fes parties, foit par le déplacement continuel d'un volume d'air égal à l'efpace qu'oc- cupe le pendule ; mais cet effet eft bien plus pe- tit qu'on ne le croiroit.

Il eft vrai que cette réfiftance contribue à dé- truire le mouvement du pendule & à le ramener à l'état de repos ; en un quart-d'heure par exem- ple, le pendule qui décrit des arcs de deux pou- ces, fera réduit à un pouce ; il faudroit quel- ques minutes de plus fi c'étoit dans un lieu éle- vé où l'air fut plus léger & plus rare.

La durée d'une demi - ofcillation defcendante
eft un peu augmentée, mais la durée de la demi - ofcillation afcendante eft diminuée d'autant, de forte que la durée totale refte la même
fans aucune différence fenfible ; & quoique l'é-
tendue des ofcillations ou des arcs décrits aille
toujours en diminuant en progreffion géométrique, comme l'a obfervé M. Bouguer, la différence entre la durée d'une ofcillation & la durée
qu'elle auroit dans le vuide, eft encore la même
& n'éprouve pas de changement fenfible. Le
pendule s'éleve moins haut qu'il ne feroit dans
le vuide ; mais je fuppofe qu'il ait deux pouces
à parcourir de chaque côté, pour lors après avoir
parcouru un pouce en montant, il aura un peu
plus de vîteffe que fi étant dans le vuide, il ne
lui reftoit qu'un pouce à parcourir, parce qu'il
lui en reftera affez pour vaincre la réfiftance qu'il
éprouvera fur la longueur d'un pouce ; de même en defcendant il aura un peu moins de vîteffe dans chaque point qu'il n'en auroit acquis dans
le vuide après avoir parcouru le même efpace,
& cette diminution fera d'une quantité égale à
l'augmentation de l'arc afcendant.

Cette égalité fubfiftera entre l'augmentation
de la vîteffe afcendante & la diminution de la vîteffe defcendante quelle que foit la loi des ré-
fiftances du milieu, pourvû que les quantités
dont la vîteffe eft augmentée & diminuée foient
très-petites,

très-petites, car tout ceci n'eſt qu'une approxi-
mation, d'où il réſultè cependant qu'il n'y a
aucune correction à faire à cet égard dans la longueur du pendule.

XLVI. Reſte enfin la correction qui dépend
de l'étendue des arcs que l'on fait décrire au
pendule d'expérience ; perſonne que je ſçache
n'a fait entrer cette conſidération dans le calcul
des longueurs du pendule ſimple, cependant il
eſt ſûr par ce qui a été dit Art. **XX.** qu'un
pendule quoiqu'il faſſe 3600 vibrations par heure, s'il décrit des arcs ſeulement de deux pouces, n'eſt pas le véritable pendule à ſecondes
(dont les arcs devroient être infiniment petits)
mais qu'il retarde par jour de $4\frac{1}{2}$ ſecondes,
par conſéquent, ſi l'on diminuoit l'étendue de
ſes arcs, il avanceroit de $4\frac{1}{2}$ ſecondes par jour ;
il eſt donc trop court de $\frac{45}{1000}$ de ligne ; ſi les
arcs étoient de 4 pouces, il faudroit augmenter
la longueur du pendule de $0^{\text{lig.}}$ 16, ou $\frac{16}{100}$ de
ligne.

En ajoûtant cette quantité à la longueur du
pendule d'expérience meſuré avec la toiſe, l'on
aura enfin la longueur du pendule ſimple, dégagée de toutes les circonſtances variables, c'eſt-
à-dire, 1°. Dont toute la péſanteur eſt réduite
en un ſeul point. 2°. Sans aucune réſiſtance à ſon
mouvement. 3°. A la hauteur du niveau de la
mer, lorſqu'elle eſt dans un état moyen entre le

flux & le reflux. 4°. Dans le vuide parfait. 5°.
Dans une température de chaleur égale à celle
des caves de l'Obfervatoire. 6°. La terre étant
fuppofée immobile. 7°. Le pendule décrivant
des arcs infiniment petits.

XLVII. Nous finirons par un petit éclaircif-
fement fur la Table des longueurs du pendule,
que l'on trouvera à la fin de ce Livre, pag. xx.
dont nous avons expliqué le principe & la conftruction dans l'Art. XVIII.

Il n'eft perfonne qui ne comprenne l'ufage
des fractions décimales qu'on a employées dans
cette Table, & dans tout le cours de cet Ouvrage, pour plus grande facilité, & pour éviter
le calcul des fractions ordinaires qui eft plus
compliqué.

Les fractions décimales fe traitent abfolument comme les nombres ordinaires; par exem-
ple, 5^{ls} 32, fignifie 5 lignes & $\frac{32}{100}$ (ou 32
centiémes) de ligne, ou $\frac{532}{100}$, c'eft-à-dire 532
centiémes de ligne; fi l'on vouloit multiplier
& enfuite divifer cette quantité par une autre,
on les réduiroit en centiémes, on feroit l'opération de la même maniere que fi c'étoient des
nombres entiers, en fe fouvenant feulement à
la fin de l'opération, que ce font des centiémes
& non pas des unités dont il s'agit; mais s'il n'y
a qu'une feule multiplication ou une feule
divifion à faire, il faudra faire attention à ce

qui doit en provenir: par exemple des centiémes multipliées par des dixiémes, donnent évidemment des milliémes, puifque fi vous prenez la dixiéme partie d'un centiéme, ou la centiéme partie d'un dixiéme, vous aurez un milliéme, & ainfi des autres, il fuffit pour cela d'un inftant de réfléxion.

Lorfqu'une Pendule eft faite, comme il y a néceffairement une roüe pour les heures & une pour les minutes, dont on ne fçauroit changer les révolutions, l'on fçait combien doit durer la révolution de la derniere roüe, & combien le pendule doit faire de vibrations par heure; alors en confultant la Table, on y trouvera fa longueur.

Par exemple, je fuppofe que dans la Pendule dont on a vû la defcription pag. 96. la derniere roüe, qui doit néceffairement tourner en une demie minute, ait 25 dents, chaque dent agiffant fucceffivement fur les deux bras de l'échapement, doit produire deux vibrations, il y aura donc 6000 vibrations par heure à quoi répondent dans la Table 11 pouces $2\frac{1}{5}$ lignes.

Mais fi l'on a un pendule de longueur donnée, & qu'on veuille l'appliquer à un roüage déja fait, il faut obferver que la chofe eft impoffible fi la longueur du pendule eft telle qu'il en réfulte un nombre rompu, ou un nombre impair, ou un nombre qui fuppofe trop ou trop

peu de dents à la roüe d'échapement ; si au contraire la question est possible , on la résoudra au
moyen de la Table, & d'une partie proportionel-
le ; ainsi pour un pendule de 18 pouces 8$^{lig.}$ 84,
la roüe d'échapement devra avoir 21 dents.

Si ce pendule étoit d'environ $27\frac{1}{2}$ pieds , ne
pouvant faire que 1200 vibrations par heure , il
est clair que la roüe d'échapement ne pourroit
avoir que 5 dents ; si l'on vouloit lui en donner
10 & la faire tourner en une minute , il faudroit
changer quelque chose dans le reste du roüage ;
on choisiroit , par exemple , de diminuer de
moitié le nombre des dents de la roüe de longue-tige , de diminuer la petite roüe moyenne
& la roüe de longue-tige , chacune d'un quart ,
d'augmenter les pignons , de faire marquer les
minutes par un renvoi de cadrature, comme dans
les Pendules à secondes, ou enfin de diviser le
cadran en 120 parties au lieu de 60. Ce ne sont
ici que des exemples, propres à faire concevoir
la méthode & les procédés de ces petits calculs
que l'on peut varier suivant les circonstances.

Fin de la Seconde Partie.

TABLES

TABLES
DU TEMS MOYEN
AU MIDI VRAI;

*C'eſt-à-dire de l'heure que doit marquer chaque
jour à midi, une Pendule exactement
réglée ſur le tems moyen.*

La premiere Table eſt pour l'année
1756, & ſervira de même, ſans aucune
erreur, pour toutes les années biſſextilles, telles que 1760, 1764, 1768, &c.

La ſeconde, eſt pour l'année 1757, &
ſervira pour toutes les années qui ſuivront
les biſſextiles, telles que 1761, 1765,
1769, &c.

La troiſiéme, eſt pour l'année 1758,
elle conviendra aux années moyennes,
telles que 1762, 1766, 1770, &c.

La quatriéme, eſt pour l'année 1759,
elle ſe retrouve dans toutes les années
qui précedent les années biſſextilles, telles que 1755, 1759, 1763, 1767, &c.

TABLE I.   iij

Jours.	JANVIER. H. M. S.	Diff.	FEVRIER. H. M. S.	Diff.	MARS. H. M. S.	Diff.
1	0..3.59	28	0.14..3	7	0.12.34	13
2	0..4.27	27	0.14.10	7	0.12.21	13
3	0..4.54	27	0.14.17	6	0.12..8	13
4	0..5.21	27	0.14.23	5	0.11.55	14
5	0..5.48	27	0.14.28	4	0.11.41	15
6	0..6.15	27	0.14.32	3	0.11.26	15
7	0..6.42	26	0.14.35	3	0.11.11	15
8	0..7..8	25	0.14.38	2	0.10.56	16
9	0..7.33	25	0.14.40	1	0.10.40	16
10	0..7.58	25	0.14.41	0	0.10.24	16
11	0..8.22	24	0.14.41	0	0.10..8	16
12	0..8.45	23	0.14.41	1	0..9.51	17
13	0..9..8	23	0.14.40	2	0..9.34	17
14	0..9.30	22	0.14.38	3	0..9.17	17
15	0..9.51	21	0.14.35	4	0..9..0	17
16	0.10.12	21	0.14.31	4	0..8.42	18
17	0.10.32	20	0.14.27	5	0..8.24	18
18	0.10.52	20	0.14.22	5	0..8..6	18
19	0.11.11	19	0.14.17	6	0..7.48	18
20	0.11.29	18	0.14.11	7	0..7.30	18
21	0.11.46	17	0.14..4	8	0..7.12	18
22	0.12..2	16	0.13.56	8	0..6.53	19
23	0.12.18	16	0.13.48	9	0..6.34	19
24	0.12.33	15	0.13.39	9	0..6.15	19
25	0.12.47	14	0.13.30	10	0..5.56	19
26	0.13..0	13	0.13.20	10	0..5.37	19
27	0.13.13	13	0.13.10	11	0..5.18	19
28	0.13.25	12	0.12.59	12	0..5..0	18
29	0.13.36	11	0.12.47	13	0..4.42	18
30	0.13.46	10	....		0..4.24	18
31	0.13.55	9 8	....		0..4..6	18

TABLE I.

Jours.	AVRIL. H. M. S.	Diff.	MAY. H. M. S.	Diff.	JUIN. H. M. S.	Diff.
1	0 . . 3 . 48	18	11 . 56 . 48	7	11 . 57 . 23	9
2	0 . . 3 . 30	18	11 . 56 . 41	7	11 . 57 . 32	10
3	0 . . 3 . 12	18	11 . 56 . 34	6	11 . 57 . 42	10
4	0 . . 2 . 54	18	11 . 56 . 28	6	11 . 57 . 52	10
5	0 . . 2 . 36	18	11 . 56 . 22	5	11 . 58 . . 2	10
6	0 . . 2 . 18	18	11 . 56 . 17	4	11 . 58 . 12	11
7	0 . . 2 . . 0	18	11 . 56 . 13	4	11 . 58 . 23	11
8	0 . . 1 . 42	17	11 . 56 . . 9	3	11 . 58 . 34	12
9	0 . . 1 . 25	16	11 . 56 . . 6	3	11 . 58 . 46	12
10	0 . . 1 . . 9	16	11 . 56 . . 3	2	11 . 58 . 58	12
11	0 . . 0 . 53	16	11 . 56 . . 1	2	11 . 59 . 10	12
12	0 . . 0 . 37	16	11 . 55 . 59	1	11 . 59 . 22	12
13	0 . . 0 . 21	15	11 . 55 . 58	0	11 . 59 . 34	12
14	0 . . 0 . . 6	15	11 . 55 . 58	0	11 . 59 . 46	12
15	11 . 59 . 51	15	11 . 55 . 58	1	11 . 59 . 58	13
16	11 . 59 . 36	15	11 . 55 . 59	1	0 . . 0 . 11	13
17	11 . 59 . 21	14	11 . 56 . . 0	2	0 . . 0 . 24	13
18	11 . 59 . . 7	13	11 . 56 . . 2	3	0 . . 0 . 37	13
19	11 . 58 . 54	13	11 . 56 . . 5	3	0 . . 0 . 50	13
20	11 . 58 . 41	13	11 . 56 . . 8	3	0 . . 1 . . 3	13
21	11 . 58 . 28	12	11 . 56 . 11	4	0 . . 1 . 16	13
22	11 . 58 . 16	12	11 . 56 . 15	5	0 . . 1 . 29	13
23	11 . 58 . . 4	11	11 . 56 . 20	5	0 . . 1 . 42	13
24	11 . 57 . 53	11	11 . 56 . 25	6	0 . . 1 . 55	13
25	11 . 57 . 42	10	11 . 56 . 31	6	0 . . 2 . . 8	12
26	11 . 57 . 32	10	11 . 56 . 37	6	0 . . 2 . 20	12
27	11 . 57 . 22	9	11 . 56 . 43	7	0 . . 2 . 32	12
28	11 . 57 . 13	9	11 . 56 . 50	8	0 . . 2 . 44	12
29	11 . 57 . . 4	8	11 . 56 . 58	8	0 . . 2 . 56	12
30	11 . 56 . 56	8	11 . 57 . . 6	8	0 . . 3 . . 8	11
31	. . . .		11 . 57 . 14	9	. . . .	

TABLE I.

TABLE I.   V

Jours.	JUILLET. H. M. S.	Diff.	AOUST. H. M. S.	Diff.	SEPTEMBRE. H. M. S.	Diff.
1	0..3.19	11	0..5.46	4	11.59.33	19
2	0..3.30	11	0..5.42	4	11.59.14	19
3	0..3.41	11	0..5.38	5	11.58.55	19
4	0..3.52	11	0..5.33	6	11.58.36	20
5	0..4..3	10	0..5.27	7	11.58.16	20
6	0..4.13	10	0..5.20	7	11.57.56	20
7	0..4.23	9	0..5.13	7	11.57.36	20
8	0..4.32	9	0..5..6	8	11.57.16	20
9	0..4.41	8	0..4.58	9	11.56.56	20
10	0..4.49	8	0..4.49	10	11.56.36	21
11	0..4.57	8	0..4.39	10	11.56.15	21
12	0..5..5	7	0..4.29	10	11.55.54	21
13	0..5.12	7	0..4.19	10	11.55.33	21
14	0..5.19	6	0..4..9	11	11.55.12	21
15	0..5.25	6	0..3.58	12	11.54.51	21
16	0..5.31	5	0..3.46	13	11.54.30	21
17	0..5.36	5	0..3.33	13	11.54..9	21
18	0..5.41	4	0..3.20	13	11.53.48	21
19	0..5.45	3	0..3..7	14	11.53.27	20
20	0..5.48	3	0..2.53	15	11.53..7	20
21	0..5.51	3	0..2.38	15	11.52.47	20
22	0..5.54	2	0..2.23	15	11.52.27	20
23	0..5.56	1	0..2..8	16	11.52..7	20
24	0..5.57	1	0..1.52	16	11.51.47	20
25	0..5.58	0	0..1.36	16	11.51.27	20
26	0..5.58	0	0..1.20	17	11.51..7	20
27	0..5.58	1	0..1..3	17	11.50.47	20
28	0..5.57	2	0..0.46	18	11.50.27	19
29	0..5.55	2	0..0.28	18	11.50..8	19
30	0..5.53	3	0..0.10	18	11.49.49	19
31	0..5.50		11.59.52		....	

Jours.	Octobre. H. M. S.	Diff.	Novembre. H. M. S.	Diff.	Decembre. H. M. S.	Diff.
1	11.49.30	19	11.43.51	1	11.49.42	24
2	11.49.11	19	11.43.50	0	11.50..6	24
3	11.48.52	18	11.43.50	1	11.50.30	25
4	11.48.34	18	11.43.51	2	11.50.55	25
5	11.48.16	17	11.43.53	3	11.51.20	26
6	11.47.59	17	11.43.56	4	11.51.46	26
7	11.47.42	17	11.44..0	5	11.52.12	27
8	11.47.26	16	11.44..5	6	11.52.39	27
9	11.47.10	15	11.44.11	7	11.53..6	28
10	11.46.55	15	11.44.18	7	11.53.34	28
11	11.46.40	14	11.44.25	9	11.54..2	28
12	11.46.26	14	11.44.34	9	11.54.30	29
13	11.46.12	13	11.44.43	10	11.54.59	29
14	11.45.59	12	11.44.53	10	11.55.28	29
15	11.45.47	12	11.45..3	11	11.55.57	29
16	11.45.35	12	11.45.14	12	11.56.26	30
17	11.45.23	12	11.45.26	13	11.56.56	30
18	11.45.11	11	11.45.39	14	11.57.26	30
19	11.45..0	10	11.45.53	15	11.57.56	30
20	11.44.50	9	11.46..8	16	11.58.26	30
21	11.44.41	8	11.46.24	17	11.58.56	30
22	11.44.33	7	11.46.41	17	11.59.26	30
23	11.44.26	7	11.46.58	18	11.59.56	30
24	11.44.19	6	11.47.16	19	0..0.26	30
25	11.44.13	6	11.47.35	20	0..0.56	30
26	11.44..7	5	11.47.55	20	0..1.26	30
27	11.44..2	4	11.48.15	21	0..1.56	30
28	11.43.58	3	11.48.36	21	0..2.26	29
29	11.43.55	2	11.48.57	22	0..2.55	29
30	11.43.53	1	11.49.19	23	0..3.24	29
31	11.43.52	1	....		0..3.53	

TABLE II. vij

Jours.	JANVIER. H. M. S.	Diff.	FEVRIER. H. M. S.	Diff.	MARS. H. M. S.	Diff.
1	0..4..20	28	0.14..9	7	0.12.37	13
2	0..4..48	27	0.14.16	6	0.12.24	13
3	0..5..15	27	0.14.22	5	0.12.11	13
4	0..5..42	27	0.14.27	5	0.11.58	14
5	0..6..9	26	0.14.32	3	0.11.44	15
6	0..6..35	26	0.14.35	3	0.11.29	14
7	0..7..1	26	0.14.38	2	0.11.15	16
8	0..7..27	25	0.14.40	1	0.10.59	15
9	0..7..52	24	0.14.41	1	0.10.44	16
10	0..8..16	23	0.14.42	0	0.10.28	16
11	0..8..39	23	0.14.42	1	0.10.12	17
12	0..9..2	23	0.14.41	2	0..9.55	17
13	0..9.25	21	0.14.39	3	0..9.38	17
14	0..9.46	21	0.14.36	3	0..9.21	17
15	0.10..7	21	0.14.33	4	0..9..4	18
16	0.10.28	19	0.14.29	5	0..8.46	17
17	0.10.47	19	0.14.24	6	0..8.29	18
18	0.11..6	19	0.14.18	6	0..8.11	19
19	0.11.25	17	0.14.12	7	0..7.52	18
20	0.11.42	17	0.14..5	7	0..7.34	18
21	0.11.59	15	0.13.58	8	0..7.16	18
22	0.12.14	16	0.13.50	9	0..6.58	19
23	0.12.30	14	0.13.41	9	0..6.39	19
24	0.12.44	13	0.13.32	10	0..6.20	19
25	0.12.57	13	0.13.22	11	0..6..1	18
26	0.13.10	12	0.13.11	11	0..5.43	19
27	0.13.22	11	0.13..0	11	0..5.24	18
28	0.13.33	10	0.12.49	12	0..5..6	19
29	0.13.43	9	....		0..4.47	19
30	0.13.52	9	....		0..4.28	18
31	0.14..1		....		0..4.10	

Jours.	AVRIL. H. M. S.	Diff.	MAY. H. M. S.	Diff.	JUIN. H. M. S.	Diff.
1	0..3.51	18	11.56.50	8	11.57.21	9
2	0..3.33	17	11.56.42	6	11.57.30	9
3	0..3.16	19	11.56.36	7	11.57.39	10
4	0..2.57	18	11.56.29	5	11.57.49	10
5	0..2.39	18	11.56.24	6	11.57.59	11
6	0..2.21	17	11.56.18	4	11.58.10	10
7	0..2..4	18	11.56.14	4	11.58.20	12
8	0..1.46	16	11.56.10	3	11.58.32	11
9	0..1.30	17	11.56..7	3	11.58.43	12
10	0..1.13	16	11.56..4	2	11.58.55	12
11	0..0.57	16	11.56..2	2	11.59..7	12
12	0..0.41	16	11.56..0	1	11.59.19	12
13	0..0.25	16	11.55.59	1	11.59.31	12
14	0..0..9	15	11.55.58	0	11.59.43	13
15	11.59.54	15	11.55.58	1	11.59.56	13
16	11.59.39	14	11.55.59	1	0..0..9	12
17	11.59.25	13	11.56..0	2	0..0.21	13
18	11.59.12	13	11.56..2	2	0..0.34	13
19	11.58.59	14	11.56..4	3	0..0.47	13
20	11.58.45	14	11.56..7	3	0..1..0	13
21	11.58.31	12	11.56.10	4	0..1.13	13
22	11.58.19	12	11.56.14	5	0..1.26	13
23	11.58..7	12	11.56.19	5	0..1.39	12
24	11.57.55	10	11.56.24	5	0..1.51	13
25	11.57.45	11	11.56.29	6	0..2..4	13
26	11.57.34	10	11.56.35	7	0..2.17	12
27	11.57.24	9	11.56.42	7	0..2.29	12
28	11.57.15	9	11.56.49	7	0..2.41	12
29	11.57..6	9	11.56.56	8	0..2.53	11
30	11.56.57		11.57..4	8	0..3..5	
31	....		11.57.12		....	

TABLE II.   ix

Jours.	JUILLET. H. M. S.	Diff.	AOUST. H. M. S.	Diff.	SEPTEMBRE. H. M. S.	Diff.
1	0..3.17	11	0..5.47	4	11.59.37	18
2	0..3.28	11	0..5.43	4	11.59.19	19
3	0..3.39	11	0..5.39	5	11.59.0	20
4	0..3.50	10	0..5.34	6	11.58.40	19
5	0..4.0	10	0..5.28	6	11.58.21	20
6	0..4.10	10	0..5.22	7	11.58.1	20
7	0..4.20	9	0..5.15	7	11.57.41	20
8	0..4.29	9	0..5.8	8	11.57.21	21
9	0..4.38	9	0..5.0	9	11.57.0	20
10	0..4.47	8	0..4.51	9	11.56.40	20
11	0..4.55	8	0..4.42	9	11.56.20	21
12	0..5.3	7	0..4.33	11	11.55.59	21
13	0..5.10	7	0..4.22	10	11.55.38	21
14	0..5.17	6	0..4.12	12	11.55.17	21
15	0..5.23	6	0..4.0	12	11.54.56	20
16	0..5.29	6	0..3.48	12	11.54.36	21
17	0..5.35	5	0..3.36	13	11.54.15	21
18	0..5.40	4	0..3.23	13	11.53.54	21
19	0..5.44	4	0..3.10	13	11.53.33	21
20	0..5.48	3	0..2.57	15	11.53.12	20
21	0..5.51	2	0..2.42	15	11.52.52	21
22	0..5.53	2	0..2.27	15	11.52.31	21
23	0..5.55	2	0..2.12	16	11.52.10	20
24	0..5.57	1	0..1.56	16	11.51.50	20
25	0..5.58	0	0..1.40	16	11.51.30	20
26	0..5.58	0	0..1.24	17	11.51.10	20
27	0..5.58	1	0..1.7	17	11.50.50	20
28	0..5.57	2	0..0.50	18	11.50.30	19
29	0..5.55	2	0..0.32	18	11.50.11	19
30	0..5.53	2	0..0.14	18	11.49.52	19
31	0..5.51	4	11.59.56	19		

Jours	Octobre H. M. S.	Diff.	Novembre H. M. S.	Diff.	Decembre H. M. S.	Diff.
1	11.49.33	19	11.43.49	0	11.49.37	23
2	11.49.14	18	11.43.49	1	11.50.:0	24
3	11.48.56	18	11.43.50	1	11.50.24	25
4	11.48.38	18	11.43.51	2	11.50.49	25
5	11.48.20	17	11.43.53	3	11.51.14	26
6	11.48..3	17	11.43.56	4	11.51.40	26
7	11.47.46	16	11.44..0	4	11.52..6	26
8	11.47.30	16	11.44..4	6	11.52.32	27
9	11.47.14	15	11.44.10	6	11.52.59	28
10	11.46.59	15	11.44.16	7	11.53.27	28
11	11.46.44	15	11.44.23	8	11.53.55	28
12	11.46.29	14	11.44.31	9	11.54.23	29
13	11.46.15	13	11.44.40	10	11.54.52	28
14	11.46..2	13	11.44.50	10	11.55.20	30
15	11.45.49	12	11.45..0	11	11.55.50	29
16	11.45.37	12	11.45.11	13	11.56.19	30
17	11.45.25	11	11.45.24	13	11.56.49	30
18	11.45.14	11	11.45.37	14	11.57.18	29
19	11.45..3	10	11.45.51	14	11.57.48	30
20	11.44.53	9	11.46..5	16	11.58.18	30
21	11.44.44	9	11.46.21	16	11.58.48	30
22	11.44.35	7	11.46.37	17	11.59.18	30
23	11.44.28	8	11.46.54	18	11.59.48	30
24	11.44.20	6	11.47.12	19	0..0.18	30
25	11.44.14	6	11.47.31	19	0..0.48	30
26	11.44..8	5	11.47.50	20	0..1.18	29
27	11.44..3	4	11.48.10	21	0..1.47	30
28	11.43.59	4	11.48.31	21	0..2.17	29
29	11.43.55	2	11.48.52	22	0..2.46	29
30	11.43.53	2	11.49.14	23	0..3.15	29
31	11.43.51	2	....		0..3.44	29

TABLE III. xj

Jours.	JANVIER. H. M. S.	Diff.	FÉVRIER. H. M. S.	Diff.	MARS. H. M. S.	Diff.
1	0..4.13	28	0.14..7	7	0.12.40	13
2	0..4.41	27	0.14.14	6	0.12.27	13
3	0..5..8	28	0.14.20	6	0.12.14	13
4	0..5.36	27	0.14.26	4	0.12..1	14
5	0..6..3	26	0.14.30	4	0.11.47	14
6	0..6.29	26	0.14.34	3	0.11.33	15
7	0..6.55	25	0.14.37	3	0.11.18	15
8	0..7.20	25	0.14.40	1	0.11..3	15
9	0..7.45	25	0.14.41	1	0.10.48	16
10	0..8.10	24	0.14.42	0	0.10.32	17
11	0..8.34	23	0.14.42	1	0.10.15	16
12	0..8.57	22	0.14.41	2	0..9.59	17
13	0..9.19	23	0.14.39	2	0..9.42	17
14	0..9.42	20	0.14.37	4	0..9.25	17
15	0.10..2	21	0.14.33	3	0..9..8	17
16	0.10.23	20	0.14.30	5	0..8.51	18
17	0.10.43	19	0.14.25	5	0..8.33	18
18	0.11..2	18	0.14.20	6	0..8.15	18
19	*0.11.20	18	0.14.14	7	0..7.57	18
20	0.11.38	17	0.14..7	7	0..7.39	19
21	0.11.55	16	0.14..0	8	0..7.20	18
22	0.12.11	15	0.13.52	9	0..7..2	18
23	0.12.26	14	0.13.43	9	0..6.44	19
24	0.12.40	14	0.13.34	10	0..6.25	19
25	0.12.54	13	0.13.24	10	0..6..6	18
26	0.13..7	12	0.13.14	11	0..5.48	19
27	0.13.19	11	0.13..3	11	0..5.29	19
28	0.13.30	11	0.12.52	12	0..5.10	19
29	0.13.41	9	....		..4.51	18
30	0.13.50	9	....		0..4.33	19
31	0.13.59	8	....		0..4.14	18

TABLE III.

Jours.	AVRIL. H. M. S.	Diff.	MAY. H. M. S.	Diff.	JUIN. H. M. S.	Diff.
1	0..3.56	19	11.56.52	8	11.57.19	9
2	0..3.37	18	11.56.44	7	11.57.28	9
3	0..3.19	18	11.56.37	6	11.57.37	10
4	0..3..1	18	11.56.31	6	11.57.47	10
5	0..2.43	17	11.56.25	5	11.57.57	10
6	0..2.26	18	11.56.20	5	11.58..7	11
7	0..2..8	18	11.56.15	4	11.58.18	11
8	0..1.50	16	11.56.11	4	11.58.29	11
9	0..1.34	17	11.56..7	2	11.58.40	12
10	0..1.17	16	11.56..5	3	11.58.52	12
11	0..1..1	16	11.56..2	2	11.59..4	12
12	0..0.45	16	11.56..0	1	11.59.16	12
13	0..0.29	16	11.55.59	1	11.59.28	13
14	0..0.13	15	11.55.58	0	11.59.41	12
15	11.59.58	15	11.55.58	1	11.59.53	13
16	11.59.43	15	11.55.59	1	0..0..6	13
17	11.59.28	14	11.56..0	1	0..0.19	12
18	11.59.14	13	11.56..1	2	0..0.31	13
19	11.59..1	14	11.56..3	3	0..0.44	13
20	11.58.47	13	11.56..6	3	0..0.57	13
21	11.58.34	12	11.56..9	4	0..1.10	12
22	11.58.22	12	11.56.13	4	0..1.22	14
23	11.58.10	12	11.56.17	5	0..1.36	13
24	11.57.58	11	11.56.22	6	0..1.49	12
25	11.57.47	10	11.56.28	6	0..2..1	13
26	11.57.37	10	11.56.34	6	0..2.14	12
27	11.57.27	10	11.56.40	7	0..2.26	12
28	11.57.17	9	11.56.47	7	0..2.38	13
29	11.57..8	8	11.56.54	8	0..2.51	11
30	11.57..0	8	11.57..2	8	0..3..2	
31	....		11.57.10	9	....	

TABLE III.

TABLE III. xiij

Jours.	JUILLET. H. M. S.	Diff.	AOUST. H. M. S.	Diff.	SEPTEMBRE. H. M. S.	Diff.
1	0..3.14	11	0..5.48	4	11.59.42	18
2	0..3.25	12	0..5.44	4	11.59.24	20
3	0..3.37	11	0..5.40	5	11.59..4	19
4	0..3.48	10	0..5.35	5	11.58.45	19
5	0..3.58	10	0..5.30	6	11.58.26	20
6	0..4..8	10	0..5.24	7	11.58..6	20
7	0..4.18	9	0..5.17	7	11.57.46	20
8	0..4.27	10	0..5.10	8	11.57.26	20
9	0..4.37	8	0..5..2	8	11.57..6	21
10	0..4.45	8	0..4.54	9	11.56.45	20
11	0..4.53	8	0..4.45	10	11.56.25	21
12	0..5..1	8	0..4.35	10	11.56..4	21
13	0..5..9	7	0..4.25	11	11.55.43	21
14	0..5.16	6	0..4.14	11	11.55.22	21
15	0..5.22	6	0..4..3	12	11.55..1	20
16	0..5.28	6	0..3.51	12	11.54.41	21
17	0..5.34	5	0..3.39	13	11.54.20	21
18	0..5.39	4	0..3.26	13	11.53.59	21
19	0..5.43	4	0..3.13	14	11.53.38	21
20	0..5.47	3	0..2.59	14	11.53.17	20
21	0..5.50	3	0..2.45	14	11.52.57	21
22	0..5.53	2	0..2.31	16	11.52.36	21
23	0..5.55	2	0..2.15	15	11.52.15	20
24	0..5.57	1	0..2..0	16	11.51.55	20
25	0..5.58	0	0..1.44	16	11.51.35	21
26	0..5.58	0	0..1.28	17	11.51.14	19
27	0..5.58	1	0..1.11	17	11.50.55	20
28	0..5.57	1	0..0.54	17	11.50.35	20
29	0..5.56	2	0..0.37	18	11.50.15	19
30	0..5.54	3	0..0.19	18	11.49.56	18
31	0..5.51	3	11..0..1	19	....	

TABLE III.

Jours.	OCTOBRE. H. M. S.	Diff.	NOVEMBRE. H. M. S.	Diff.	DECEMBRE. H. M. S.	Diff.
1	11.49.38	19	11.43.49	0	11.49.31	23
2	11.49.19	19	11.43.49	0	11.49.54	24
3	11.49..0	18	11.43.49	1	11.50.18	25
4	11.48.42	17	11.43.50	2	11.50.43	24
5	11.48.25	18	11.43.52	3	11.51..7	26
6	11.48..7	17	11.43.55	3	11.51.33	26
7	11.47.50	16	11.43.58	5	11.51.59	27
8	11.47.34	16	11.44..3	5	11.52.26	27
9	11.47.18	16	11.44..8	6	11.52.53	27
10	11.47..2	15	11.44.14	7	11.53.20	28
11	11.46.47	14	11.44.21	8	11.53.48	28
12	11.46.33	14	11.44.29	9	11.54.16	29
13	11.46.19	14	11.44.38	9	11.54.45	28
14	11.46..5	13	11.44.47	10	11.55.13	30
15	11.45.52	12	11.44.57	11	11.55.43	29
16	11.45.40	12	11.45..8	13	11.56.12	29
17	11.45.28	12	11.45.21	13	11.56.41	30
18	11.45.16	10	11.45.34	13	11.57.11	30
19	11.45..6	10	11.45.47	14	11.57.41	30
20	11.44.56	10	11.46..1	16	11.58.11	30
21	11.44.46	9	11.46.17	16	11.58.41	30
22	11.44.37	8	11.46.33	17	11.59.11	30
23	11.44.29	7	11.46.50	17	11.59.41	30
24	11.44.22	7	11.47..7	19	0..0.11	30
25	11.44.15	6	11.47.26	19	0..0.41	30
26	11.44..9	5	11.47.45	20	0..1.11	30
27	11.44..4	5	11.48..5	21	0..1.40	29
28	11.43.59	3	11.48.26	21	0..2.10	30
29	11.43.56	3	11.48.47	21	0..2.39	29
30	11.43.53	2	11.49..8	23	0..3..8	29
31	11.43.51	2	....		0..3.37	29

TABLE IV. XV

Jours	JANVIER. H. M. S.	Diff.	FEVRIER. H. M. S.	Diff.	MARS. H. M. S.	Diff.
1	0..4..6	27	0.14..5	7	0.12.42	12
2	0..4.33	29	0.14.12	7	0.12.30	12
3	0..5..2	27	0.14.19	5	0.12.18	14
4	0..5.29	27	0.14.24	5	0.12..4	14
5	0..5.56	27	0.14.29	4	0.11.50	14
6	0..6.23	25	0.14.33	3	0.11.36	15
7	0..6.48	26	0.14.36	3	0.11.21	15
8	0..7.14	25	0.14.39	2	0.11..6	15
9	0..7.39	25	0.14.41	1	0.10.51	16
10	0..8..4	24	0.14.42	0	0.10.35	16
11	0..8.28	23	0.14.42	1	0.10.19	17
12	0..8.51	23	0.14.41	2	0.10..2	16
13	0..9.14	22	0.14.39	2	0..9.46	17
14	0..9.36	21	0.14.37	3	0..9.29	17
15	0..9.57	21	0.14.34	3	0..9.12	18
16	0.10.18	20	0.14.31	5	0..8.54	17
17	0.10.38	19	0.14.26	5	0..8.37	18
18	0.10.57	19	0.14.21	6	0..8.19	18
19	0.11.16	17	0.14.15	7	0..8..1	19
20	0.11.33	17	0.14..8	6	0..7.42	18
21	0.11.50	17	0.14..2	8	0..7.24	18
22	0.12..7	15	0.13.54	9	0..7..6	18
23	0.12.22	15	0.13.45	9	0..6.48	19
24	0.12.37	14	0.13.36	9	0..6.29	19
25	0.12.51	13	0.13.27	11	0..6.10	18
26	0.13..4	12	0.13.16	10	0..5.52	19
27	0.13.16	11	0.13..6	12	0..5.33	19
28	0.13.27	11	0.12.54	12	0..5.14	19
29	0.13.38	10	....		0..4.55	18
30	0.13.48	9	....		0..4.37	19
31	0.13.57	8	....		0..4.18	18

TABLE IV.

Jours.	AVRIL. H. M. S.	Diff.	MAY. H. M. S.	Diff.	JUIN. H. M. S.	Diff.
1	0..4..0	18	11.56.53	7	11.57.17	9
2	0..3.42	18	11.56.46	7	11.57.26	9
3	0..3.24	18	11.56.39	7	11.57.35	10
4	0..3..6	18	11.56.32	6	11.57.45	10
5	0..2.48	18	11.56.26	5	11.57.55	10
6	0..2.30	18	11.56.21	5	11.58..5	11
7	0..2.12	17	11.56.16	4	11.58.16	11
8	0..1.55	17	11.56.12	4	11.58.27	11
9	0..1.38	16	11.56..8	3	11.58.38	12
10	0..1.22	17	11.56..5	2	11.58.50	11
11	0..1..5	17	11.56..3	2	11.59..1	12
12	0..0.48	16	11.56..1	2	11.59.13	12
13	0..0.32	15	11.55.59	0	11.59.25	13
14	0..0.17	16	11.55.59	1	11.59.38	12
15	0..0..1	14	11.55.58	1	11.59.50	13
16	11.59.47	15	11.55.59	0	0..0..3	13
17	11.59.32	14	11.55.59	2	0..0.16	12
18	11.59.18	14	11.56..1	2	0..0.28	13
19	11.59..4	13	11.56..3	3	0..0.41	13
20	11.58.51	13	11.56..6	2	0..0.54	13
21	11.58.38	13	11.56..8	4	0..1..7	13
22	11.58.25	12	11.56.12	5	0..1.20	13
23	11.58.13	12	11.56.17	4	0..1.33	13
24	11.58..1	11	11.56.21	6	0..1.46	13
25	11.57.50	11	11.56.27	5	0..1.59	12
26	11.57.39	10	11.56.32	7	0..2.11	12
27	11.57.29	9	11.56.39	7	0..2.23	13
28	11.57.20	10	11.56.46	7	0..2.36	12
29	11.57.10	8	11.56.53	7	0..2.48	12
30	11.57..2	9	11.57..0	9	0..3..0	
31	....		11.57..9	8	......	

TABLE IV.

TABLE IV. xvij

Jours.	JUILLET. H. M. S.	Diff.	AOUST. H. M. S.	Diff.	SEPTEMBRE. H. M. S.	Diff.
1	0..3.12	11	0..5.49	3	11.59.47	19
2	0..3.23	11	0..5.46	5	11.59.28	19
3	0..3.34	11	0..5.41	4	11.59..9	19
4	0..3.45	11	0..5.37	6	11.58.50	20
5	0..3.56	11	0..5.31	6	11.58.30	19
6	0..4..7	9	0..5.25	6	11.58.11	20
7	0..4.16	10	0..5.19	7	11.57.51	20
8	0..4.26	8	0..5.12	8	11.57.31	20
9	0..4.34	10	0..5..4	8	11.57.11	21
10	0..4.44	8	0..4.56	9	11.56.50	20
11	0..4.52	8	0..4.47	9	11.56.30	21
12	0..5..0	7	0..4.38	10	11.56..9	21
13	0..5..7	7	0..4.28	11	11.55.48	20
14	0..5.14	7	0..4.17	11	11.55.28	21
15	0..5.21	6	0..4..6	12	11.55..7	21
16	0..5.27	5	0..3.54	12	11.54.46	21
17	0..5.32	5	0..3.42	12	11.54.25	21
18	0..5.37	5	0..3.30	14	11.54..4	21
19	0..5.42	4	0..3.16	13	11.53.43	21
20	0..5.46	4	0..3..3	14	11.53.22	20
21	0..5.50	2	0..2.49	15	11.53..2	21
22	0..5.52	3	0..2.34	15	11.52.41	21
23	0..5.55	1	0..2.19	15	11.52.20	20
24	0..5.56	2	0..2..4	16	11.52..0	21
25	0..5.58	0	0..1.48	16	11.51.39	20
26	0..5.58	0	0..1.32	17	11.51.19	20
27	0..5.58	0	0..1.15	17	11.50.59	19
28	0..5.58	2	0..0.58	17	11.50.40	20
29	0..5.56	1	0..0.41	18	11.50.20	19
30	0..5.55	3	0..0.23	18	11.50..1	
31	0..5.52		0..0..5		....	

e

TABLE IV.

Jours.	OCTOBRE. H. M. S.	Diff.	NOVEMBRE. H. M. S.	Diff.	DECEMBRE. H. M. S.	Diff.
1	11.49.41	18	11.43.50	1	11.49.25	24
2	11.49.23	18	11.43.49	0	11.49.49	23
3	11.49..5	18	11.43.49	1	11.50.12	24
4	11.48.47	18	11.43.50	2	11.50.36	25
5	11.48.29	18	11.43.52	2	11.51..1	26
6	11.48.11	17	11.43.54	3	11.51.27	26
7	11.47.54	16	11.43.57	5	11.51.53	26
8	11.47.38	16	11.44..2	5	11.52.19	27
9	11.47.22	16	11.44..7	6	11.52.46	27
10	11.47..6	15	11.44.13	6	11.53.13	28
11	11.46.51	15	11.44.19	8	11.53.41	28
12	11.46.36	14	11.44.27	8	11.54..9	28
13	11.46.22	14	11.44.35	10	11.54.37	29
14	11.46..8	13	11.44.45	10	11.55..6	29
15	11.45.55	13	11.44.55	11	11.55.35	30
16	11.45.42	12	11.45..6	11	11.56..5	29
17	11.45.30	11	11.45.17	13	11.56.34	30
18	11.45.19	11	11.45.30	14	11.57..4	29
19	11.45..8	10	11.45.44	14	11.57.33	30
20	11.44.58	10	11.45.58	15	11.58..3	30
21	11.44.48	9	11.46.13	16	11.58.33	30
22	11.44.39	8	11.46.29	18	11.59..3	30
23	11.44.31	7	11.46.47	16	11.59.33	31
24	11.44.24	7	11.47..3	18	11..0..4	30
25	11.44.17	6	11.47.21	19	0..0.34	29
26	11.44.11	6	11.47.40	20	0..1..3	30
27	11.44..5	5	11.48..0	20	0..1.33	29
28	11.44..0	3	11.48.20	21	0..2..2	30
29	11.43.57	3	11.48.41	22	0..2.32	30
30	11.43.54	3	11.49..3		0..3..1	29
31	11.43.51		....		0..3.30	29

TABLE V.

De l'accélération des Etoiles fixes sur le moyen mouvement du Soleil, pour chaque jour, dont l'usage est expliqué, pag. 84 & suivantes.

Jours.	H.	M.	S.		Jours.	H.	M.	S.
1	0	3	56		17	1	6	50
2	0	7	52		18	1	10	46
3	0	11	48		19	1	14	42
4	0	15	44		20	1	18	38
5	0	19	39		21	1	22	34
6	0	23	35		22	1	26	30
7	0	27	31		23	1	30	26
8	0	31	27		24	1	34	22
9	0	35	23		25	1	38	17
10	0	39	19		26	1	42	13
11	0	43	15		27	1	46	9
12	0	47	11		28	1	50	5
13	0	51	7		29	1	54	1
14	0	55	3		30	1	57	57
15	0	58	58		31	2	1	53
16	1	2	54		..	.	..	..

TABLE VI.

De la longueur que doit avoir un Pendule simple pour faire en une heure un nombre de vibrations quelconque, depuis 1 jusqu'à 18000.

Calculée par Madame LEPAUTE.

Nombres de vibrations par heure.	pieds.	pouces.	lignes.	Décimales, ou centiémes de lignes.	Nombres de vibrations par heure.	pieds.	pouces.	lignes.	Décimales, ou centiémes de lignes.
18000	0	1	5	62	15100	0	2	1	04
17900	0	1	5	82	15000	0	2	1	38
17800	0	1	6	02	14900	0	2	1	72
17700	0	1	6	22	14800	0	2	2	07
17600	0	1	6	43	14700	0	2	2	42
17500	0	1	6	64	14600	0	2	2	78
17400	0	1	6	80	14500	0	2	3	16
17300	0	1	7	08	14400	0	2	3	53
17200	0	1	7	30	14300	0	2	3	92
17100	0	1	7	52	14200	0	2	4	32
17000	0	1	7	70	14100	0	2	4	72
16900	0	1	7	99	14000	0	2	5	13
16800	0	1	8	24	13900	0	2	5	55
16700	0	1	8	47	13800	0	2	5	98
16600	0	1	8	72	13700	0	2	6	42
16500	0	1	8	97	13600	0	2	6	87
16400	0	1	9	23	13500	0	2	7	33
16300	0	1	9	49	13400	0	2	7	80
16200	0	1	9	75	13300	0	2	8	28
16100	0	1	10	02	13200	0	2	8	77
16000	0	1	10	30	13100	0	2	9	27
15900	0	1	10	59	13000	0	2	9	79
15800	0	1	10	87	12900	0	2	10	31
15700	0	1	11	16	12800	0	2	10	85
15600	0	1	11	46	12700	0	2	11	40
15500	0	1	11	76	12600	0	2	11	96
15400	0	2	0	07	12500	0	3	0	54
15300	0	2	0	39	12400	0	3	1	13
15200	0	2	0	71	12300	0	3	1	74

TABLE VI.

TABLE VI. xxj

Nombres de vibrations par heure.	piéds.	pouces.	lignes.	Décimales, ou centièmes de lignes.	Nombres de vibration par heure.	pieds.	pouces.	lignes.	Décimales, ou centièmes de lignes.
12200	0	3	2	36	8700	0	6	3	45
12100	0	3	3	00	8600	0	6	5	20
12000	0	3	6	65	8500	0	6	7	03
11900	0	3	4	32	8400	0	6	8	92
11800	0	3	5	01	8300	0	6	10	88
11700	0	3	5	71	8200	0	7	0	91
11600	0	3	6	43	8100	0	7	3	02
11500	0	3	7	17	8000	0	7	5	21
11400	0	3	7	93	7900	0	7	7	48
11300	0	3	8	72	7800	0	7	9	85
11200	0	3	9	52	7700	0	8	0	30
11100	0	3	10	34	7600	0	8	2	85
11000	0	3	11	19	7500	0	8	5	51
10900	0	4	0	06	7400	0	8	8	27
10800	0	4	0	96	7300	0	8	11	14
10700	0	4	1	87	7200	0	9	2	14
10600	0	4	2	82	7100	0	9	5	26
10500	0	4	3	79	7000	0	9	8	52
10400	0	4	4	79	6900	0	9	11	93
10300	0	4	5	82	6800	0	10	3	48
10200	0	4	6	88	6700	0	10	7	19
10100	0	4	7	97	6600	0	10	11	08
10000	0	4	9	10	6500	0	11	3	14
9900	0	4	10	26	6400	0	11	7	40
9800	0	4	11	45	6300	0	11	11	86
9700	0	5	0	68	6200	1	0	4	53
9600	0	5	1	95	6100	1	0	9	45
9500	0	5	3	26	6000	1	1	2	60
9400	0	5	4	62	5900	1	1	8	02
9300	0	5	6	02	5800	1	2	1	73
9200	0	5	7	46	5700	1	2	7	74
9100	0	5	8	95	5600	1	3	2	07
9000	0	5	10	49	5500	1	3	8	75
8900	0	6	0	08	5400	1	4	3	81
8800	0	6	1	73	5300	1	4	11	26

Nombres de vibrations par heure.	pieds.	pouces.	lignes.	Décimales, ou centièmes de lignes.	Nombres de vibrations par heures.	pieds.	pouces.	lignes.	Décimales, ou centièmes de lignes.
5200	1	5	7	16	2600	5	10	4	64
5100	1	6	3	52	2500	6	4	1	57
5000	1	7	0	39	2400	6	10	7	28
4900	1	7	9	81	2300	7	5	11	36
4800	1	8	7	82	2200	8	2	3	71
4700	1	9	6	48	2100	8	11	10	74
4600	1	10	5	84	2000	9	10	11	45
4500	1	11	5	97	1900	10	11	9	66
4400	2	0	6	93	1800	12	2	10	28
4300	2	1	8	85	1700	13	8	7	71
4200	2	2	11	69	1600	15	5	10	40
4100	2	4	3	67	1500	17	7	5	69
4000	2	5	8	86	1400	20	2	9	17
3900	2	7	3	38	1300	23	5	6	62
3800	2	8	11	42	1200	27	6	5	15
3700	2	10	9	08	1100	32	9	2	86
3650	2	11	8	58	1000	39	7	9	87
3600	3	0	8	57	900	48	11	5	15
3550	3	1	9	07	800	61	11	5	68
3500	3	2	10	11	700	80	11	0	81
3400	3	5	1	93	600	110	1	8	76
3300	3	7	8	32	500	158	7	3	20
3200	3	10	5	59	400	247	9	10	26
3100	4	1	6	15	300	440	6	10	20
3000	4	4	10	42	200	991	3	5	04
2900	4	8	6	93	100	3965	1	8	14
2800	5	0	8	29	1	39651398	7	. .	. .
2700	5	5	3	24	. . .	. . . .	. . .	. .	. .

TABLE
DES MATIERES.
DANS laquélle on trouvera l'explication des Termes.

A

M

Fin de la Table des Matieres.

ERRATA.

Page 35 _ligne_ 3, reſſort, _liſez_ effort. _pag._ 69 _lig._ 4, fixiées, _liſ._ fixées. _pag._ 75 _lig._ 5, roûe de champ, _liſ._ roûe de rencontre. _pag._ 90 _lig._ 23, la pendule, _liſ._ le pendule. _pag._ 100 _en tête_, _liſ._ 98. _même pag. lig._ 16, _liſ. deux fois_ figure 2 _au lieu de figure_ 3 _en marge & dans la ligne. pag._ 101 _en tête_, _liſ._ 99. _pag._ 119 _lig._ 4, le bras K de la piece des quarts, _liſ._ le bras E. _pag._ 183 _lig._ 16, _retranchez_ la lettre E. _pag._ 186 _lig._ 9, figure 6, _liſ._ figure 7. _pag._ 212 _lig._ 7, moblie, _liſ._ mobile. _lig._ 24, un point, _liſ._ un pont.

J'AI lû par ordre de Monseigneur le Chancellier, un Manuscrit sur *l'Horlogerie*, par M. LE PAUTE. Cet Ouvrage m'a paru traité avec beaucoup de nétteté & de précision, comprenant d'ailleurs des choses fort-intéressantes. A Paris le 18 Avril 1755. BELIDOR.

PRIVILEGE DU ROY.

LOUIS, par la Grace de Dieu, Roi de France & de Navarre : A nos Amés & Féaux Conseillers, les Gens tenans nos Cours de Parlement, Maîtres des Requêtes ordinaires de notre Hôtel, Grand-Conseil, Prevôt de Paris, Baillifs, Sénéchaux, leurs Lieutenans Civils, & autres nos Justiciers qu'il appartiendra. SALUT : Notre amé JACQUES - CHARLES CHARDON fils, Libraire à Paris, Nous a fait exposer qu'il désireroit faire imprimer & donner au Public, un Ouvrage qui a pour titre *Traité d'Horlogerie*, s'il Nous plaisoit lui accorder nos Lettres de Privilége pour ce né-essaire : A CES CAUSES, voulant favorablement traiter l'Exposant, Nous lui avons permis & permettons, par ces Présentes, de faire imprimer ledit Ouvrage autant de fois que bon lui semblera, & de le vendre, faire vendre & débiter par tout notre Royaume, pendant le tems de six années consécutives, à compter du jour de la date des Présentes : Faisons défenses à tous Imprimeurs, Libraires & autres personnes de quelque qualité & condition qu'elles soient, d'en introduire d'impression étrangere dans aucun lieu de notre obéïssance ; comme aussi d'imprimer, ou faire imprimer, vendre, faire vendre, débiter ni contrefaire ledit Ouvrage, ni d'en faire aucun extrait sous quelque prétexte que ce puisse être, sans la permission expresse & par écrit dudit Exposant, ou de ceux qui auront droit de lui, à peine de confiscation des Exemplaires contre-faits, de trois mille livres d'amende contre chacun des contrevenans, dont un tiers à Nous, un tiers à l'Hôtel-Dieu de Paris, & l'autre tiers audit Exposant, ou à celui qui aura droit de lui, & de tous dépens, dommages & intérêts ; à la charge que ces Présentes seront enregistrées tout au long sur le Registre de la Communauté des Imprimeurs & Libraires de Paris, dans trois mois de la date d'icelles : que l'impression dudit Ouvrage sera faite dans notre Royaume & non ailleurs, en bon papier & beaux caractères conformément à la feuille imprimée attachée pour modele sous le contre-scel des Présentes, que l'Impétrant se conformera en tout aux Réglemens de la Librairie, & notamment à celui du 10 Avril 1725. qu'avant de l'exposer en vente, le Manuscrit qui aura servi de Copie à l'impression dudit Ouvrage, sera remis dans le même état où l'Approbation y aura été donnée, ès mains de notre très-cher & Féal Chevalier, Chancelier de France le Sieur de la Moignon ; & qu'il en sera ensuite remis deux Exemplaires dans notre Bibliotheque publique, un dans celle de notre Château du Louvre, un dans celle de notre très-cher & Féal Chevalier, Chancelier de France, le Sieur de la Moignon, & un dans celle de notre très-cher & féal Chevalier Garde des Sceaux de France, le Sieur de Machault, Commandeur de nos Ordres, le tout à peine de nullité des Présentes ; du contenu desquelles vous mandons & enjoignons de faire joüir ledit Exposant & ses Ayans cause, pleinement & paisiblement, sans souffrir qu'il leur soit fait aucun trouble ou empêchement. Voulons que la copie des Présentes, qui sera imprimée tout au long au commencement ou à la fin dudit Ouvrage, soit tenue pour düement signifiée, & qu'aux copies collationnées par l'un de nos amés & féaux Conseillers & Sécré-aires, foy soit ajoûtée comme à l'Original. Commandons au premier notre Huissier ou Sergent sur ce requis, de faire pour l'exécution d'icelles tous Actes requis & nécessaires, sans demander autre permission, & nonobstant clameur de Haro, Charte Normande & Lettres à ce contraires : CAR tel est notre plaisir. DONNÉ à Versailles, le vingt-sixiéme jour du mois de Mai, l'an de grace mil sept cens cinquante cinq, & de notre Regne le quarantiéme. Par le Roi en son Conseil. LEBEGUE.

Regiftré ensemble la Cession, pour moitié dans ledit Privilége, sur le Registre XIII. de la Chambre Royale des Libraires & Imprimeurs de Paris, N°. 548. F°. 422. conformément aux anciens Réglemens confirmés par celui du 28 Février 1723. A Paris le 27 Juin 1755. DIDOT, Syndic.

De l'Imprimerie de JACQUES CHARDON, rue Galande, vis-à-vis la rue du Fouare.

DESCRIPTION

D'UNE

NOUVELLE PENDULE

POLICAMÉRATIQUE;

POUR servir de Supplément au **TRAITE'**
D'HORLOGERIE,

Par *LEPAUTE*, Horloger du Roi.

DESCRIPTION

D'UNE

NOUVELLE PENDULE

POLICAMÉRATIQUE;

Pour servir de Supplément au TRAITÉ
D'HORLOGERIE,

Par *LEPAUTE, Horloger du Roi.*

CETTE Pendule a été ainsi nommée, pour pouvoir exprimer par un seul mot la propriété qu'elle a de remplir plusieurs objets, de servir en même-temps à plusieurs appartemens & à différens étages, de faire sonner des timbres au-dessus du Bâtiment, & de fournir encore à des Cadrans sur les jardins ou sur les cours, par un seul mouvement.

C'est ainsi que l'Horloge d'un Palais ou d'un Château devient un objet de décoration, & que la Pendule, qui ne pourroit qu'orner une gallerie ou un fallon, devient utile à tout le reste d'un Bâtiment. Le Maître qui peut la remettre à l'heure, d'un tour de clef, fixe l'heure tout-à-la-fois, & au-dedans, & au dehors, & donne l'ordre à toute sa maison, sans être exposé à la multiplicité des Pendules qui ne sont jamais d'accord.

Renfermée dans une boëte, telle que je viens de l'exécuter, & que je vais la décrire, elle peut encore diminuer de beaucoup la dépense d'un ameublement ; puisqu'à l'endroit où elle sera placée, elle tiendra lieu d'un trumeau, d'une glace, d'une Horloge & de plusieurs Pendules.

Cette boëte composée d'un piédestal & d'un attique, est couronnée d'un vase sur lequel tournent les heures & les minutes ; l'Horloge marque aussi les secondes, elle indique les jours du mois ; & ce qu'il y a de plus curieux encore, elle suit le temps vrai : ce qui n'avoit pas encore paru praticable dans des Horloges.

Le mouvement est tout entier réduit à un rectangle de 18 pouces, composé seulement de 2 barres ; les premieres roues n'ont que 6 pouces de proportion ; cela suffit pour faire sonner sur des timbres de 200 livres, les heures & les demies : toutes les perfections & tous les effets que j'ai décrits dans mon Traité d'Horlogerie (*), en parlant des Hor-

(*) Volume in-4°. orné de 17 planches en taille douce, qui se vend à Paris, chez J. Chardon, Imprimeur-Libraire, rue Galande, vis-à-vis la rue du Fouarre, à la Croix d'or.

loges horifontales, fe retrouvent ici avec de nouvelles améliorations.

Je dois fur-tout faire mention de trois piéces fin-
gulieres qui dans mes Horloges remédient à trois
inconvéniens inévitables jufqu'à ce jour dans toutes les Horloges, & que je n'ai furmontés qu'après
beaucoup de tentatives ; il s'agiffoit d'éviter l'effet
de la chaleur fur le métal , fon effet fur les huiles ,
& de fuivre les inégalités du Soleil, c'eft-à-dire ,
de marquer le temps vrai.

Quant à l'effet de la chaleur , comme il peut devenir très-grand , & que les Thermometres métalliques font d'une exécution fort délicate & fort
longue : voici une méthode extrêmement fimple ,
& que je rapporte d'autant plus volontiers , qu'il y
a même des cas où elle fera feule praticable.

J'ai calculé, d'après les expériences de *M. Bouguer* , rapportées dans les Mémoires de l'Académie
(*Année* 1745), & celles de *M. Ellicot*, qui fe
trouvent dans le quarante-feptieme Volume des
Tranfactions Philofophiques de Londres , combien
une verge d'acier s'allonge pour chaque degré du
Thermometre ; on fçait qu'un centieme de ligne
fuffit pour faire retarder une Pendule d'une feconde
par jour ; il m'a donc été facile de tracer une courbe
dont les rayons inégaux fuffent toujours proportionnels aux dilatations de la verge , tandis que les angles de chaque rayon avec le commencement de la
divifion croîtroient comme les degrés du Thermometre. Cette courbe reffemble pour la figure à une

portion de la fpirale d'Archimede ; feulement le
cercle y eft divifé comme les degrés du Thermometre, c'eft-à-dire, en 40 parties, puifque le Thermometre à Paris ne varie gueres de plus de 40 degrés entre les grands hivers & les plus fortes cha-
leurs : (au lieu du cercle entier on peut ne prendre
qu'un arc quelconque de la courbe) ; & à l'égard
des rayons, s'ils doivent diminuer d'un centiéme de
ligne pour chaque divifion, il fuit que le point de
la courbe, qui eft à la quarantiéme divifion, fera
plus près du centre que le premier de 40 centiémes ou deux cinquiémes de lignes. Cette courbe
formée en cuivre & placée fous la fufpenfion d'une
Horloge, avec une éguille propre à être mife fur
le degré du Thermometre, remédiera à la dilatation fans aucune incertitude, pourvû que celui qui
la monte veuille bien remarquer à quelle hauteur
fe trouve le Thermometre, & mettre l'éguille fur
le degré.

Mais ce n'étoit pas-là le plus grand inconvénient
qu'il y eût dans les Horloges, eû égard à la chaleur ; il eft un autre effet bien plus confidérable que
celui-là, & dont cependant on n'avoit jamais tenu
compte, qui n'avoit pas même été obfervé.

L'huile dont les pivots font entretenus, fe con-
gele en hiver, redevient coulante en été ; de-là
plus ou moins de liberté dans les mouvemens ; les
ofcillations du Pendule devenues plus grandes, ne
fe font plus dans le même efpace de temps, &
l'Horloge retarde confidérablement : on peut voir

par la Table qui fe trouve à la page 297 de mon
Traité d'Horlogerie, que fi le Pendule qui vibre
en hiver de 2 pouces & demi, vibroit en été de 5
pouces, il retarderoit de 20 fecondes par jour; la
différence devient bien plus grande, fi les arcs font
plus grands; car la durée d'une ofcillation augmente,
non pas comme la grandeur de l'arc, mais comme
la hauteur à laquelle la lentille s'éleve, & cette
quantité augmente comme le quarré des arcs; enforte qu'elle eft quatre fois plus grande pour un arc
double, & neuf fois plus grande pour un arc triple.

Le même mécanifme, par lequel je remédie à la
dilatation, corrige également cette nouvelle inégalité, puifqu'elles dépendent toutes deux de la hauteur du Thermometre; il ne faut pour cela qu'augmenter l'inégalité des rayons de la fpirale que j'ai
décrite ci-deffus; & c'eft ainfi que je l'ai pratiqué:
au lieu de diminuer d'un centiéme de ligne chaque
rayon répondant à un degré du Thermometre, ou
à un quarantiéme de la circonférence du cercle, il
faut le diminuer encore de la quantité qui répond
au nouvel effet que je viens de rapporter; les obfervations que je fais depuis plufieurs années dans toutes les faifons, fur mes Horloges placées au Palais
du Luxembourg, à la Meute, à Choifi, à Belle-
vûe, à la Verrerie Royale, à l'Ecole Militaire,
ces obfervations, dis-je, m'ont appris quelle eft la
quantité dont je dois tenir compte, fuivant la grandeur des roues, la groffeur des pivots & l'étendue
de l'arc de levée: car toutes ces circonftances y en-

trent pour beaucoup. Je publierai quelque jour le détail de ces expériences.

J'ai dit que cette Horloge marque auſſi le temps vrai, c'eſt-à-dire, qu'elle a la propriété de ſuivre les inégalités du Soleil. On ne l'avoit jamais tenté dans des piéces de cette grandeur ; cependant les méthodes employées dans les Pendules ordinaires, pour marquer l'équation, ſeroient inſuffiſantes dans celles-ci ; car on ne ſçauroit ajouter une roue de plus au mouvement, ſans rendre les poids dix fois plus gros : ainſi il n'y avoit nulle eſpérance à cet égard d'obtenir le temps vrai dans des Horloges.

Depuis quelque temps j'avois imaginé d'y ſuppléer, par le moyen d'une vis qui élevoit le Pendule ou l'abaiſſoit dans les différens temps de l'année, pour le faire avancer ou retarder de la quantité dont le Soleil avance ou retarde ſur le temps moyen & uniforme : un index placé ſur la vis, & un petit cadran diviſé ſuivant les jours du mois, indiquoient les points où il falloit élever la vis ; il eſt clair qu'en remontant une Horloge, on eſt ſuffiſamment averti d'amener l'index ſur le jour du mois, & par-là même, elle eſt toujours ſur le temps vrai.

Je penſai enſuite que, par négligence ou par oubli, il pouvoit arriver que l'index ne fût pas remis exactement au quantiéme du mois.

J'ai ſauvé enfin cet inconvénient avec tout l'avantage imaginable, au moyen d'une courbe qui éleve le Pendule ; cette courbe eſt portée ſur une roue annuelle, qui a 365 dents; le quarré du remontoir est masqué par la piéce qui fait mouvoir la roue annuelle; ensorte qu'il est impossible de remonter l'Horloge sans faire avancer une dent de la roue. Les jours sont marqués sur la circonférence de la courbe, & servent non-seulement à indiquer le quantiéme, mais à marquer sur quel point de la courbe le pendule doit porter dans les différens temps de l'année.

La construction & l'usage de cette courbe, pour élever le Pendule, sont amplement décrits dans mon Traité d'Horlogerie, page 222; on y voit que le premier Janvier un pendule de temps moyen doit être allongé de $\frac{3}{10}$ de ligne, pour suivre le Soleil, & le premier Avril accourci de $\frac{18}{100}$; de même vers la fin de Décembre, la durée d'un jour vrai est plus longue de 51 secondes que vers le milieu de Septembre; c'est plus d'une demi-ligne de différence dans l'espace de trois mois; mais pour rendre cette quantité plus appréciable & plus sensible, j'ai placé la pince qui accourcit le pendule sur un bras de levier; de sorte que la courbe a dix fois plus de mouvement que le Pendule.

La propriété de suivre le temps vrai m'a toujours paru un avantage inestimable dans les Pendules & les Horloges; le temps vrai est le seul donné par la nature, tracé par le Soleil sur nos Méridiennes & nos Cadrans, le seul qui soit en possession de marquer tous les devoirs de la Société, & le seul que les Horloges ordinaires ne donnent point, si ce n'eſt à force d'être avancées ou retardées tous les jours ; auſſi j'ai regardé comme une véritable perfection de l'Art, le moyen que je viens de décrire, pour faire ſuivre le temps vrai aux Horloges.

La piéce que je décris, marque auſſi les ſecondes ſur un cadran qui forme la répétition de celui où ſont marqués les jours du mois ; en ſorte que cette Horloge devient une véritable Pendule à ſecondes, auſſi exacte & d'un uſage plus étendu que celles dont on s'eſt ſervi juſqu'à préſent.

Pour faire de l'Horloge dont il s'agit, une piéce d'ameublement, je l'ai placée dans une boëte, ornée de ſculpture, de dorure, de ſymboles & d'attributs, ſurmontée d'un vaſe antique, ſur la circonférence duquel tournent les heures & les minutes portées par deux cercles ſéparés, qui équivalent à des cadrans de 18 pouces, & dont les chiffres ſont beaucoup plus gros, en ſorte qu'on les voit aiſément du fond même d'une gallerie ; j'ai évité par-là d'employer ces larges Cadrans, que la mode ſemble avoir relégués dans nos Egliſes : ce que j'y ſubſtitue, donne à la boëte une forme élégante & pyramidale qui en fait la beauté.

Il ne ſera pas indifférent d'ajouter que cette boëte eſt dans un nouveau goût, d'une belle forme d'Architecture au jugement des gens de l'Art, & de nature à tenir une place diſtinguée dans une gallerie ou un grand cabinet.

Le corps de l'ouvrage eſt de 10 pieds de hauteur, quoiqu'on puiſſe l'augmenter ou la diminuer

à volonté ; il eſt compoſé d'un piédeſtal , formant
avant - corps & arriere - corps , avec baſe & plin-
the , orné de feuilles-d'eau , oves , & entrelas ; ce
piédeſtal eſt garni de ſix conſolles , avec des cannelures & des guirlandes de chêne , pliées en ovale
pour environner la lentille du pendule , en formant chûte ſur le profil des conſolles.

Le piédeſtal porte un attique décoré ſur l'a-
vant-corps d'une bordure fort riche , dans laquelle
eſt une glace qui laiſſe voir le mouvement ; la
corniche qui couronne l'attique eſt empruntée de
l'ordre ionique , avec denticules , oves & rais de
cœur. Au-deſſus de l'attique eſt un ſocle quarré ,
orné d'entrelas avec clous ; au pourtour ſont des
guirlandes de chêne iſollées , tombant en feſtons
ſur l'amortiſſement de la corniche ; c'eſt ſur ce ſocle qu'eſt porté le vaſe dont j'ai parlé ci-deſſus
avec anſes & culot , garni de cannelures , couron-
né d'une pomme de pin & environné d'un ſerpent,
dont la langue s'éleve vers les heures , tandis que
la queue retombe vers les minutes , en ſorte que
le ſerpent tient lieu d'éguille pour les minutes &
pour les heures ; c'eſt ainſi que l'on a raſſemblé
les ſymboles du temps , & de la prudence qui ſçait
en faire uſage , en même temps qu'on a donné
une forme élégante & nouvelle aux cadrans. Le
deſſein , la compoſition & la conduite de cette
partie ſont le fruit du génie & du goût de M.
de la Briere , Architecte , déja connu dans le Public
par un très-beau Portail qu'il compoſa , & fit exé-

cuter en relief & graver l'année derniere , pour
fervir de projet à S. Germain-l'Auxerrois.

Cette piéce n'exige gueres pour fon emplace-
ment que l'épaiffeur d'un pied , du moins on peut
la réduire à cela dans les cas où la convenance le
demanderoit. Elle peut s'exécuter fur toutes les
hauteurs ou largeurs qu'on pourroit fouhaiter.
Meffieurs les Architectes & toutes perfonnes qui
auroient des vues pour la décoration d'une maifon , verront fur-tout avec plaifir l'ufage qu'on en
peut faire à cet égard.

Tous les Curieux en général font invités à voir
cette Pendule chez LE PAUTE , Horloger du
Roi , Place de la Croix-Rouge. A PARIS.

J'AI lû par ordre de Monfeigneur le Chancelier, un Manufcrit
intitulé : *Defcription d'une nouvelle Pendule Policamératique* , dans
lequel je n'ai rien trouvé qui doive en empêcher l'impreffion. A Paris,
ce 19 Janvier 1760.

DEPARCIEUX.

Le Privilége eft à la fin du Traité d'Horlogerie.

De l'Imprimerie de J. CHARDON, rue Galande, vis - à - vis
la rue du Fouare , à la Croix d'or , 1760.

DESCRIPTION
D'UNE PENDULE
A SECONDES,

QUI marque le tems MOYEN & le tems VRAI, sans être exposée aux inconvéniens qu'on a remarqués jusqu'à présent dans les Pendules d'équation.

Par LEPAUTE, Horloger du Roi.

LE TEMS VRAI est celui que le Soleil marque chaque jour sur nos Méridiennes & nos Cadrans ; c'est celui dont la nature nous donne sans cesse la mesure pour fixer nos occupations & nos délassemens ; c'est celui que la convention générale de tous les peuples a adopté, & c'est néanmoins le seul que les Horloges & les Pendules ne donnent point.

On ne peut point, même avec la plus excellente Pendule, espérer de sçavoir l'heure qu'il est, à moins qu'on n'employe continuellement des Tables d'équation, pour avoir égard à la différence qu'il y a entre le tems des Pendules & le *tems vrai*; calcul désagréable & fatiguant, qui nous prive communément de la satisfaction qu'un esprit exact trouveroit à pouvoir mesurer son tems avec facilité & avec précision.

L'on a imaginé vers la fin du dernier siécle, des Pendules qui, au moyen d'une courbe taillée suivant les inégalités du Soleil, marquoient le *tems vrai*; plusieurs Auteurs se sont attachés à trouver des moyens d'appliquer cette courbe; la plûpart ont employé deux éguilles avec un seul cadran, & dès-lors il falloit une cadrature fort compliquée; par conséquent on avoit beaucoup de force perdue, beaucoup de jeu dans les éguilles & beaucoup d'inégalités dans la marche, car les inégalités se multiplient toujours avec le nombre des pièces.

C'est pour cela que les Astronomes n'ont jamais voulu admettre les Pendules de *tems vrai* dans leurs observations; le public les a aussi rejettées parce qu'elles coûtoient beaucoup, qu'elles étoient fort sujettes à se déranger & difficiles à réparer.

L'on avoit fait aussi des Pendules à double cadran, mais toujours par la cadrature, ensorte qu'elles étoient de la même complication, & sujettes aux mêmes inconvéniens; on les évite tous par la construction suivante.

La grande roue ou le premier mobile d'une
Pendule aftronomique ordinaire, dont les nombres
font calculés à cet effet, conduit une roue annuelle qui porte la courbe d'équation ; fur cette
courbe appuie le talon d'un rateau ; le rateau engrenne dans un cadran mobile fur lequel font
marquées les minutes du *tems vrai* ; cette partie
mobile fait le milieu du grand cadran & femble
ne former avec lui qu'une feule piéce ; elle tourne fur un pont , par - là elle eft indépendante
du rouage , & le poids ne fournit pas un demi-
quart d'once de fa force pour la conduire ; en effet la viteffe du cadran n'étant pas la centiéme
partie de celle du poids, celui-ci n'aura pas à vaincre la centiéme partie de la réfiftance du cadran ,
qui elle - même eft infenfible.

Le cadran mobile fur lequel eft marqué le *tems*
vrai vient fe placer vis-à-vis du *tems moyen ;* une
feule éguille indique l'un & l'autre, puifqu'elle
paffe fur les deux cadrans.

En faifant ainfi mener la roue annuelle par le premier mobile, j'ai débarraffé le mouvement de tout le
poids de la cadrature, je lui ai rendu toute l'exactitude des Pendules aftronomiques, & la précifion
qui doit caractérifer celles-ci, fe réunit avec l'a-
grément de favoir à toute heure ce que marque le
Soleil fur le meilleur cadran folaire ; ceux qui
ont réfléchi fur les avantages de cette réunion, font
étonnés que quelqu'un veuille actuellement fe
contenter des Pendules ordinaires qui n'ont point

d'équation, puisqu'elles rempliffent fi mal l'objet de la fociété, en s'écartant fans ceffe de la mefure naturelle que fournit le Soleil, auquel on doit cependant tout rapporter. Une Pendule ordinaire parfaitement exacte avance néceffairement d'un quart d'heure fur le Soleil, au milieu de Février, & retarde de 16' & 8'' au commencement de Novembre.

La fimplicité de cette nouvelle conftruction leur affure encore l'avantage particulier de n'être pas plus fujettes au dérangement, que les Pendules les plus fimples, de pouvoir être réparées dans le befoin par tous les Horlogers de Province qui n'en auroient jamais vû, avec la même facilité que des Pendules à reffort; à quoi il faut ajouter que toutes perfonnes les peuvent placer, déplacer, remonter & remettre à l'heure fans aucune étude & fans aucune difficulté. Cette Pendule a auffi la propriété de montrer les quantiémes du mois qui font fur la roue annuelle & qui fuffifent pour mettre la courbe au point où elle doit être placée, même fans faire couler le rouage; cet avantage eft fouvent confidérable, lorfqu'une Pendule a été tranfportée, qu'elle a été nétoyée, ou que par quelque raifon que ce foit, elle a ceffé de marcher pendant plufieurs jours; on feroit obligé dans une autre Pendule d'équation de faire faire à l'éguille autant de tours qu'il y auroit d'heures écoulées depuis le tems où elle auroit été arrêtée.

De l'Imprimerie de J. CHARDON, rue Galande, vis-à-vis la rue du Fouarre, à la Croix d'or, 1760.

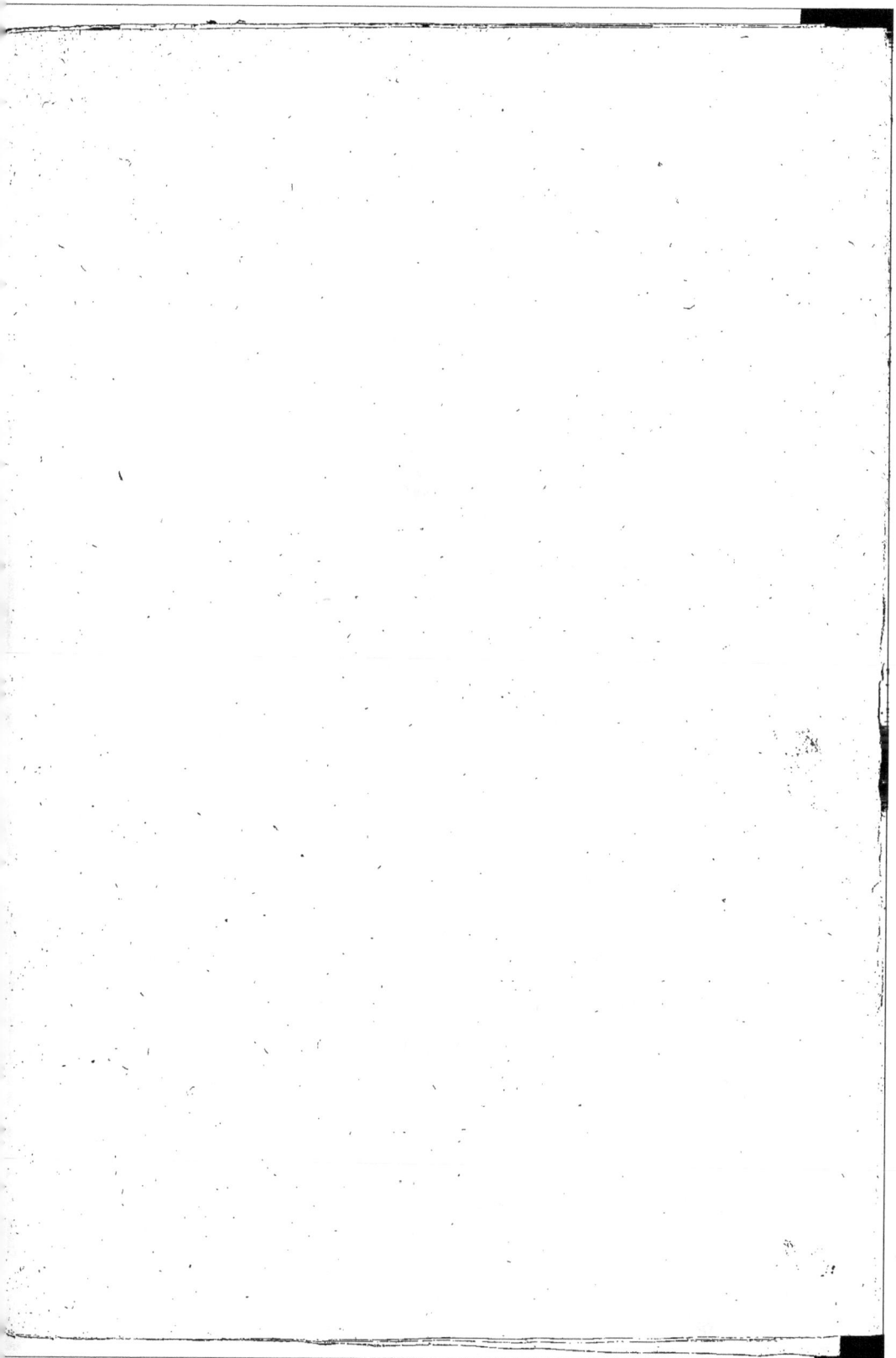

Nombre De
L'horloge de hanche faite par L'Cte Potier
horloger a Chartres   1re Roue   40
Sonne l'heure et la   64   10
Demie   22   10

Longueur De pendule   Bat par heures
8 pieds 2 pouces   2244 Coups

Figure 1.ere

Pendule a Secondes qui va un an sans être remontée.

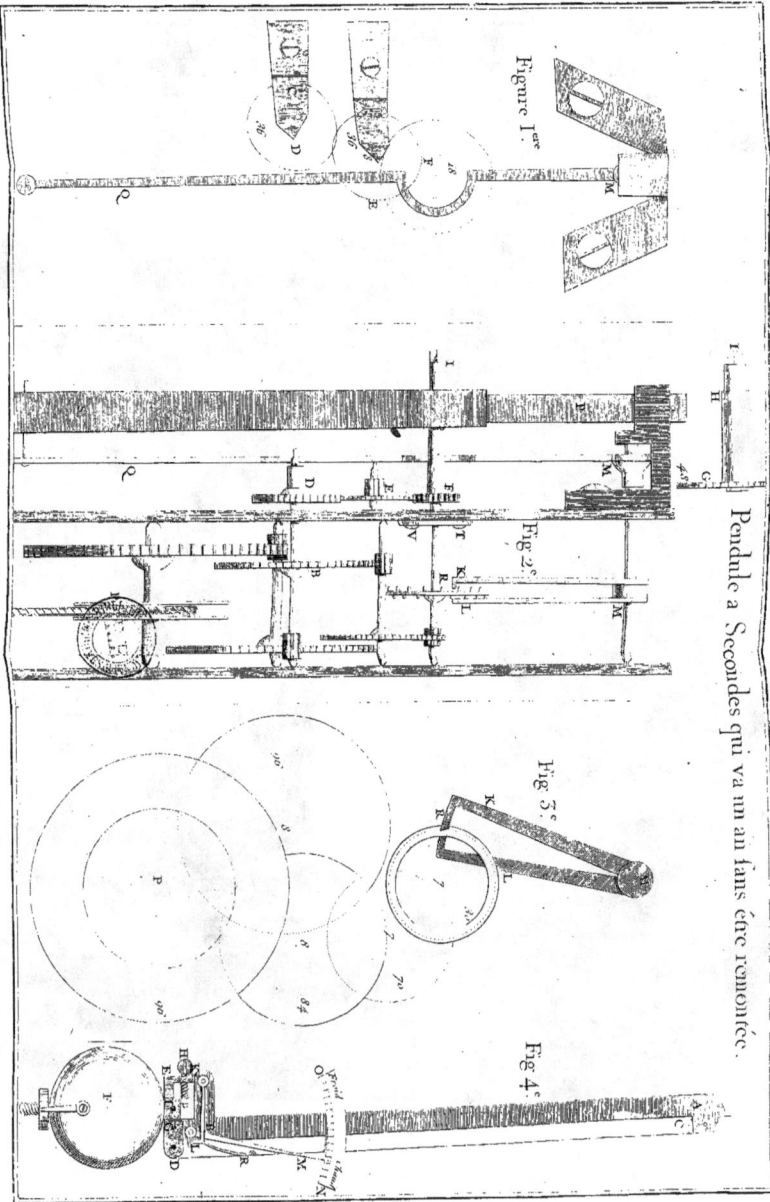

Fig. 2.e

Fig. 3.e

Fig. 4.e

Planche 1.ere

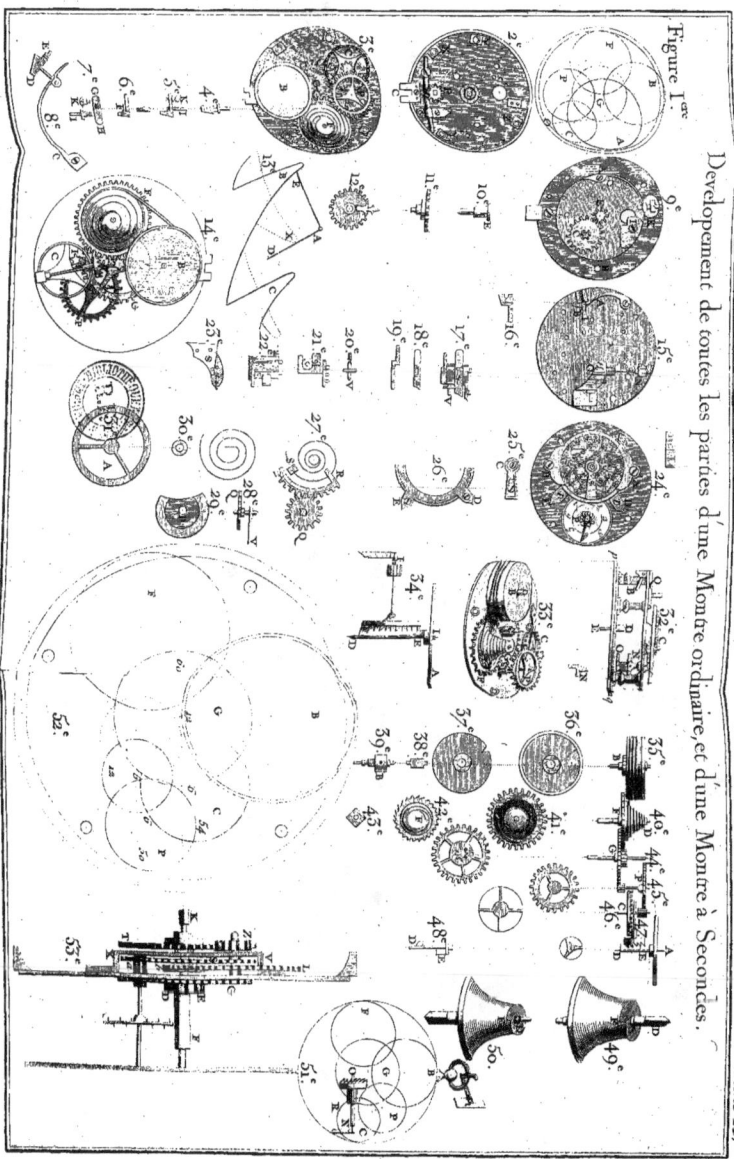

Figure 1.er

Développement de toutes les parties d'une Montre ordinaire, et d'une Montre à Secondes.

Planche II.

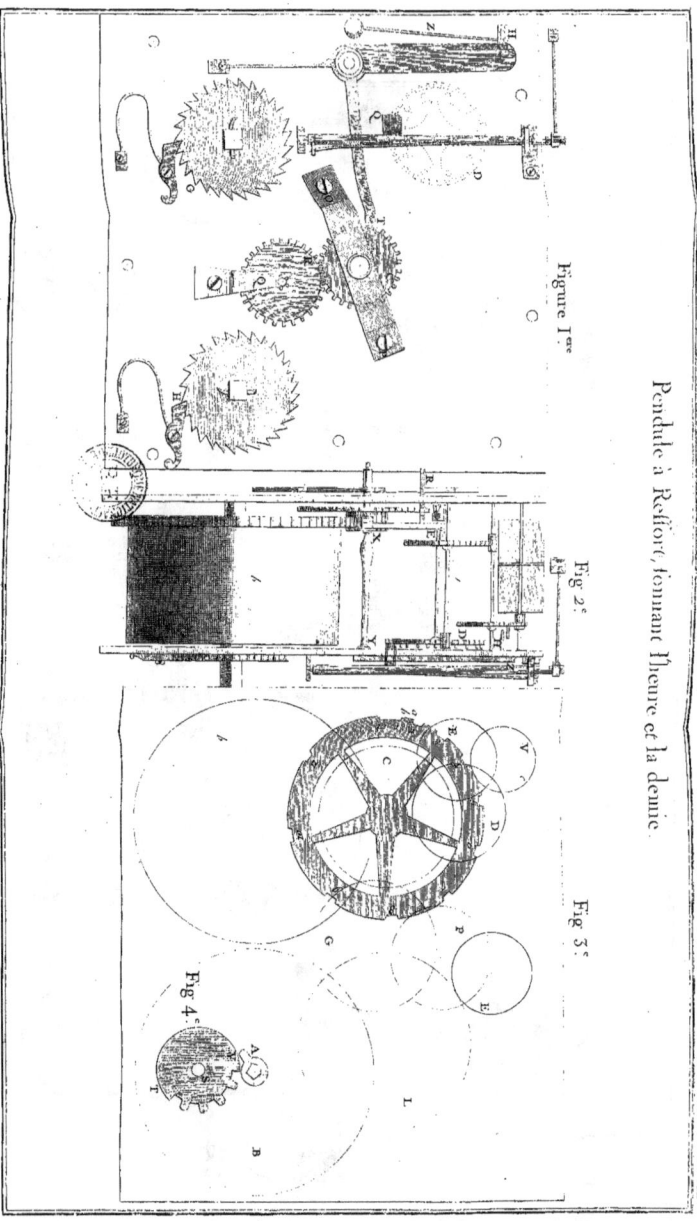

Pendule à Réflexe, donnant l'heure et la demie.

Figure 1re

Fig 2e

Fig 3e

Fig 4e

Planche III

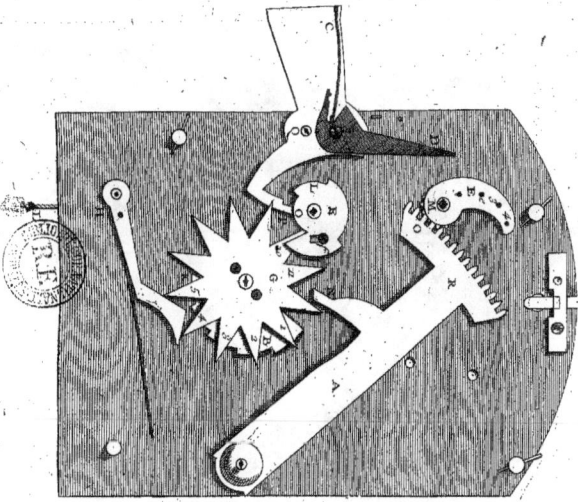

Cadranure de Pendule à Repétition.

Planche IV.

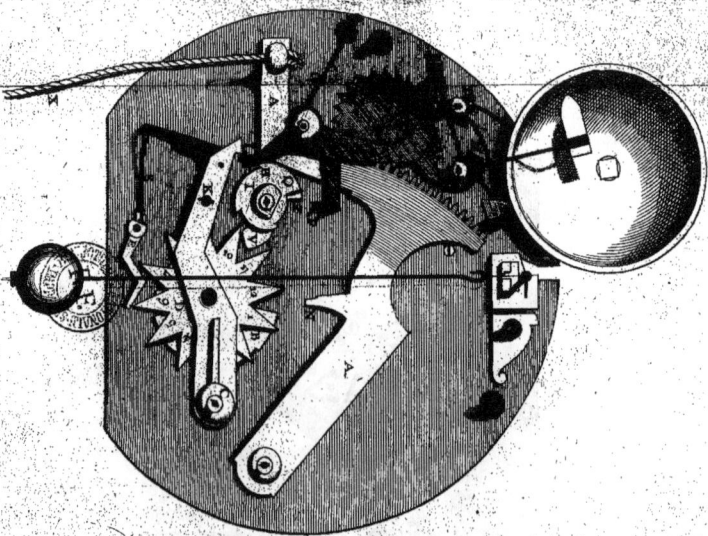

Cadrature de Repetition à tout ou rien.

Planche V.

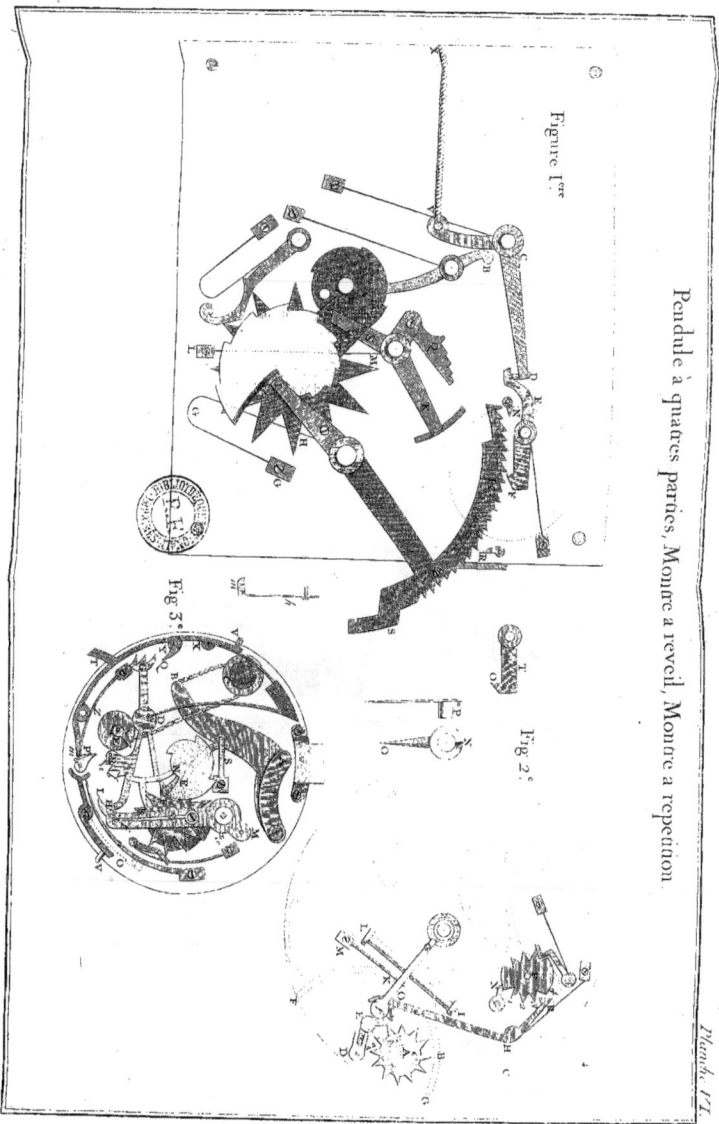

Pendule à quatres parties, Montre a réveil, Montre a répétition.

Figure 1ère

Fig 2.ᵉ

Fig 3.ᵉ

Remontoir de Mᴿ. Gaudron.

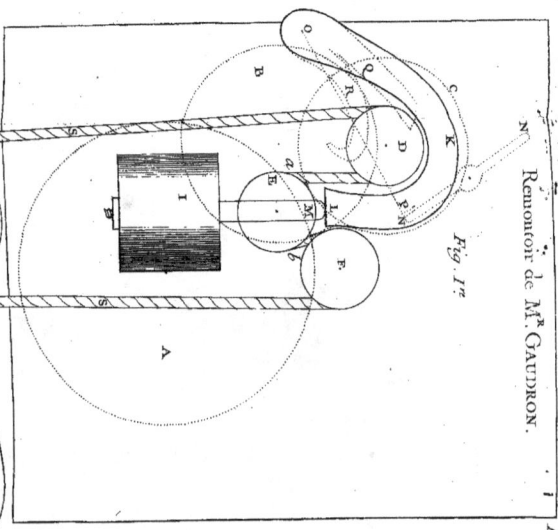

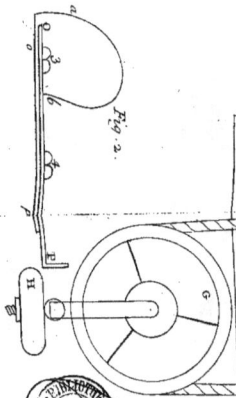

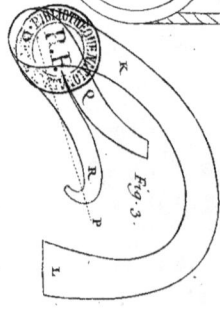

Fig. 1ᵉ

Fig. 2.

Fig. 3.

Pl. VII.

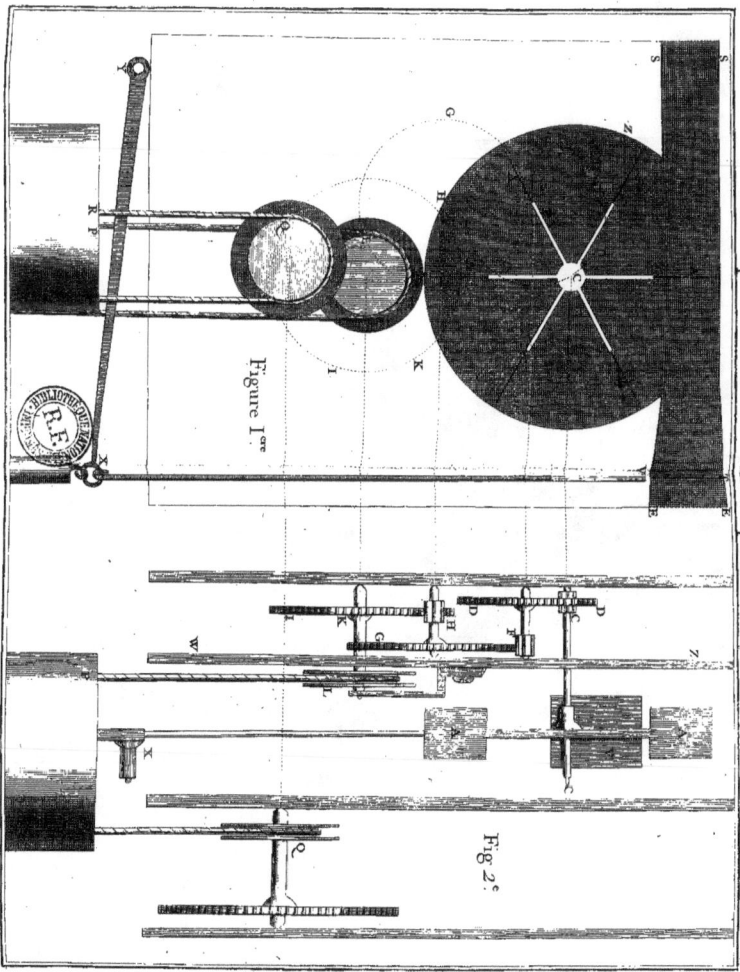

Pendule qui est continuellement remontée par le seul mouvement de l'air

Figure Ire

Fig 2.^e

Planche VIII.

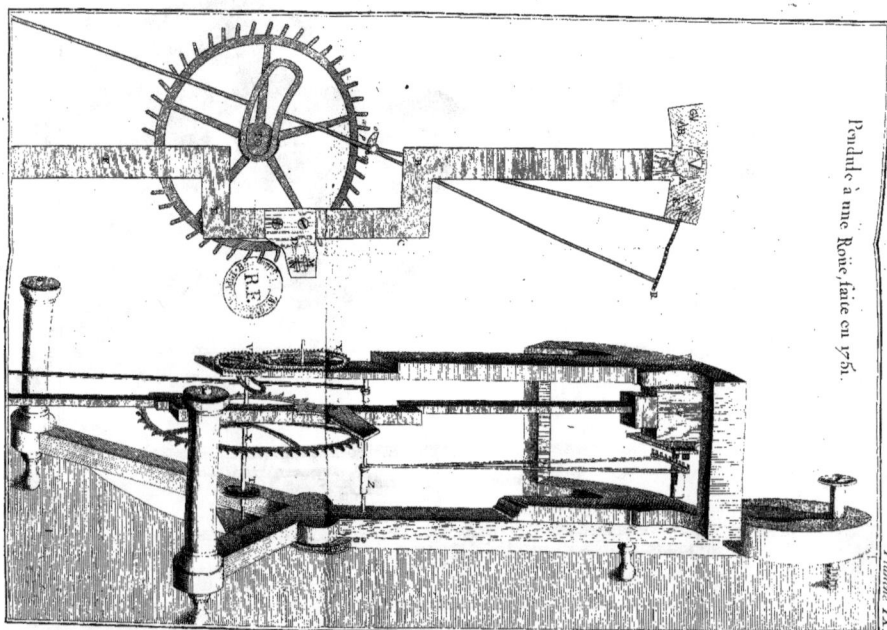

Pendule à une Roüe, faite en 1751.

Planche IX.

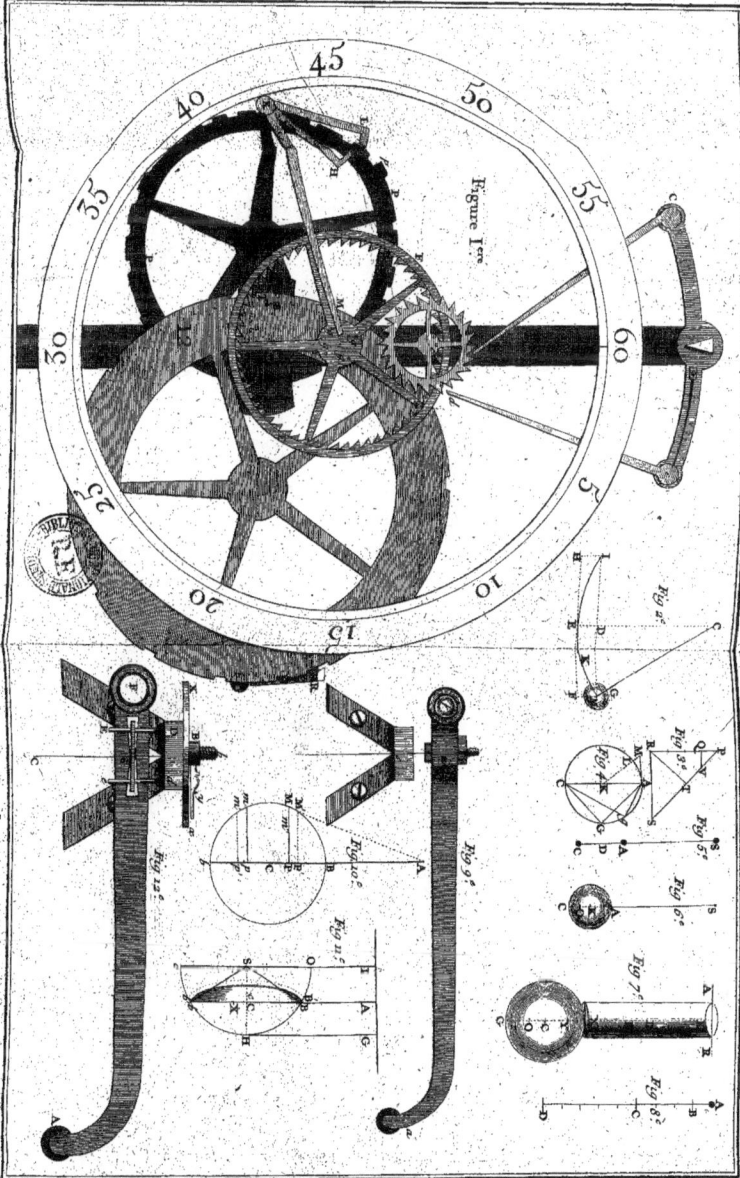

Pendule fans Roues de mouvement avec deux Roues de Cadrature Inuentée au Mois d'Aoust 1752.

Planche X.

Figure Ire

Fig 2^e

Fig 3^e
Fig 4^e

Fig 5^e

Fig 6^e

Fig 7^e

Fig 8^e

Fig 9^e

Fig 10^e

Fig 11^e

Fig 12^e

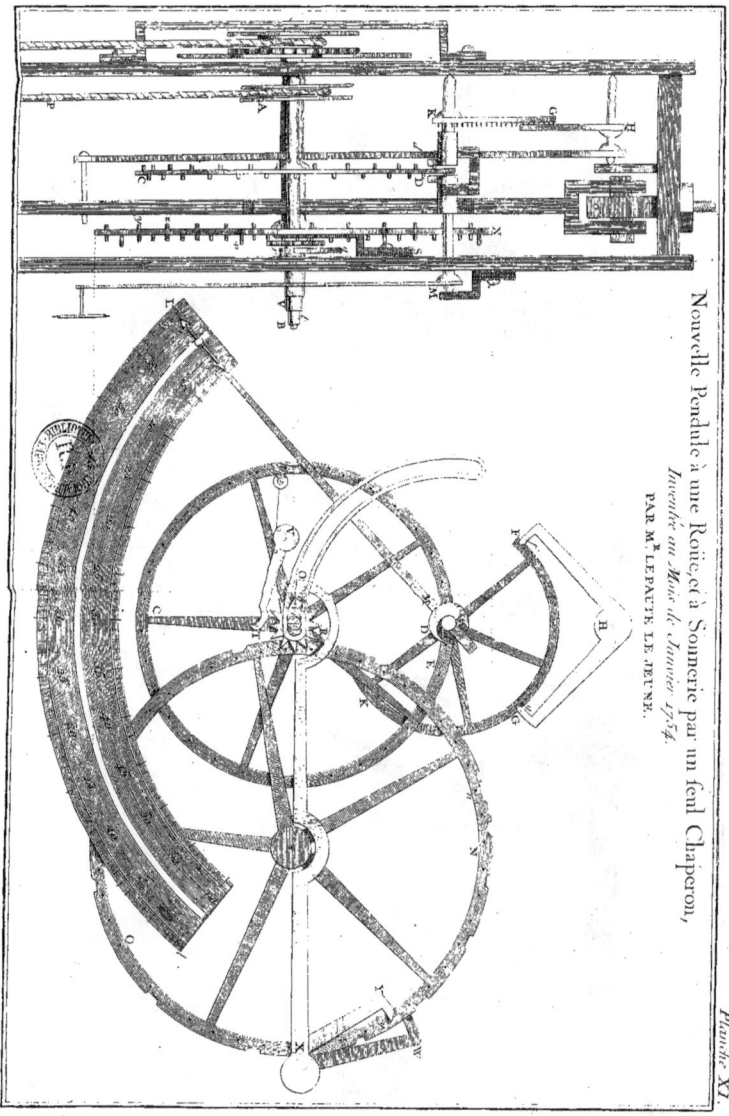

Nouvelle Pendule a une Rouë et à Sonnerie par un seul Chaperon,
Inventée au Mois de Janvier 1754.
PAR Mr LEPAUTE LE JEUNE.

Planche XI

Horloge horisontale, sonnant les heures et les quarts.

Planche XII.

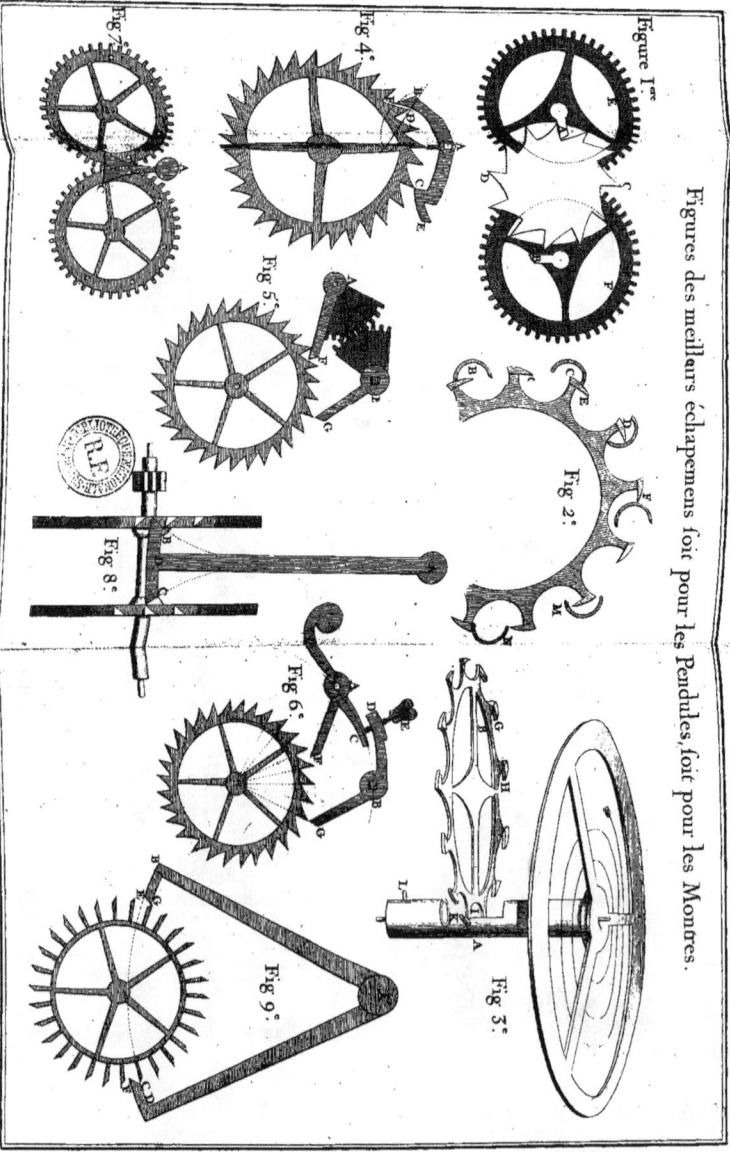

Figures des meilleurs échapemens foit pour les Pendules, foit pour les Montres.

Figure I.ere

Fig. 2.e

Fig. 3.e

Fig. 4.e

Fig. 5.e

Fig. 6.e

Fig. 7.e

Fig. 8.e

Fig. 9.e

Planche XIII.

Figure I.re

Fig. 2.e

Fig. 3.e

Nouvel Echapement a repos pour les Pendules,
Présenté au Roy le 23.e May 1753.
PAR M.r LEPAUTE.

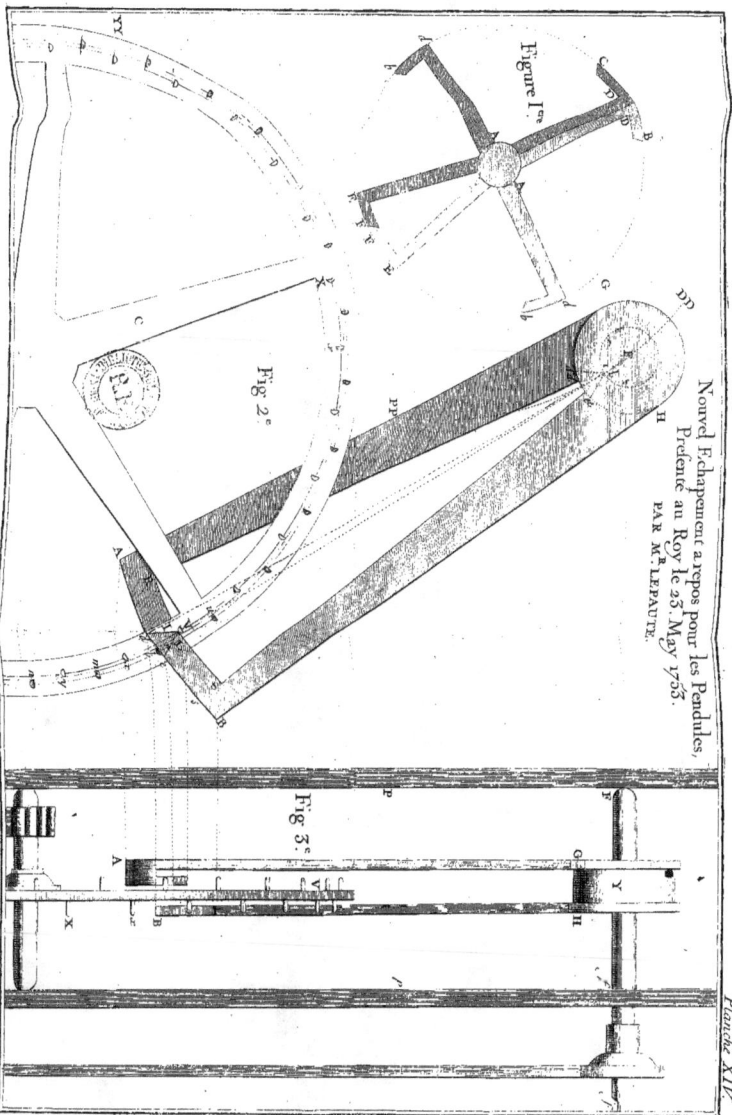

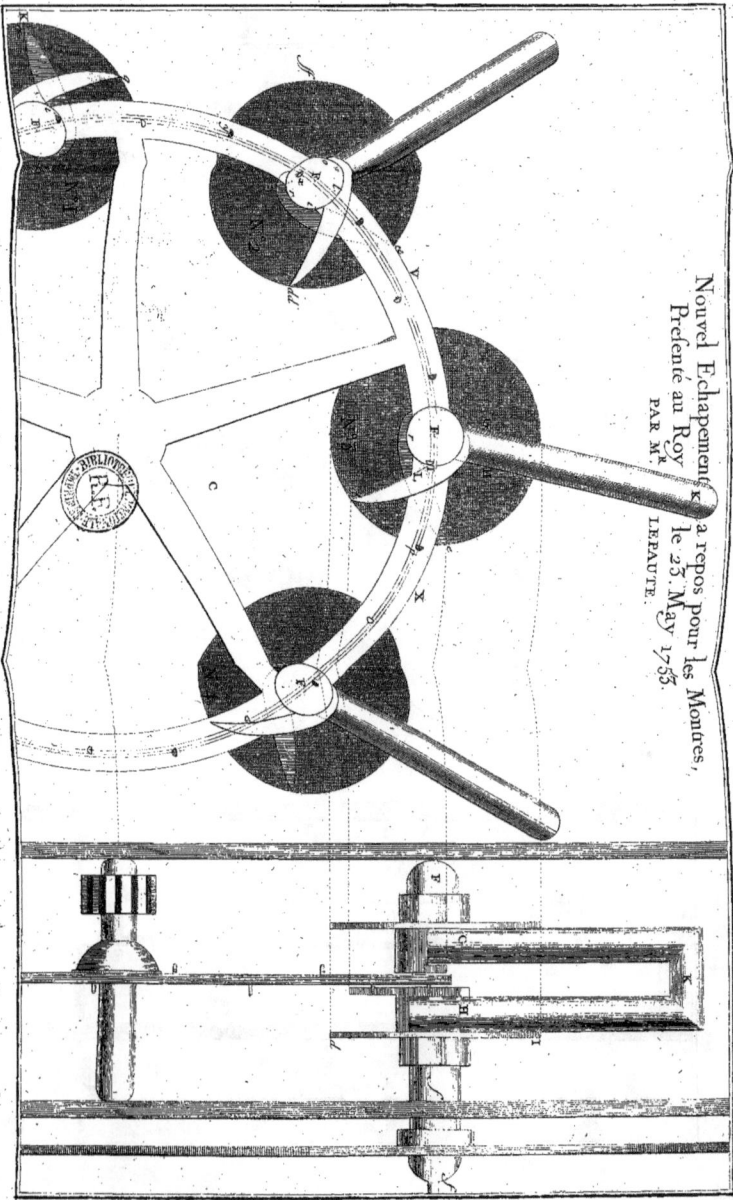

Nouvel Echapement a repos pour les Montres,
Presenté au Roy le 23.ᵉ May 1753.
PAR Mᴿ LEPAUTE.

Planche XV.

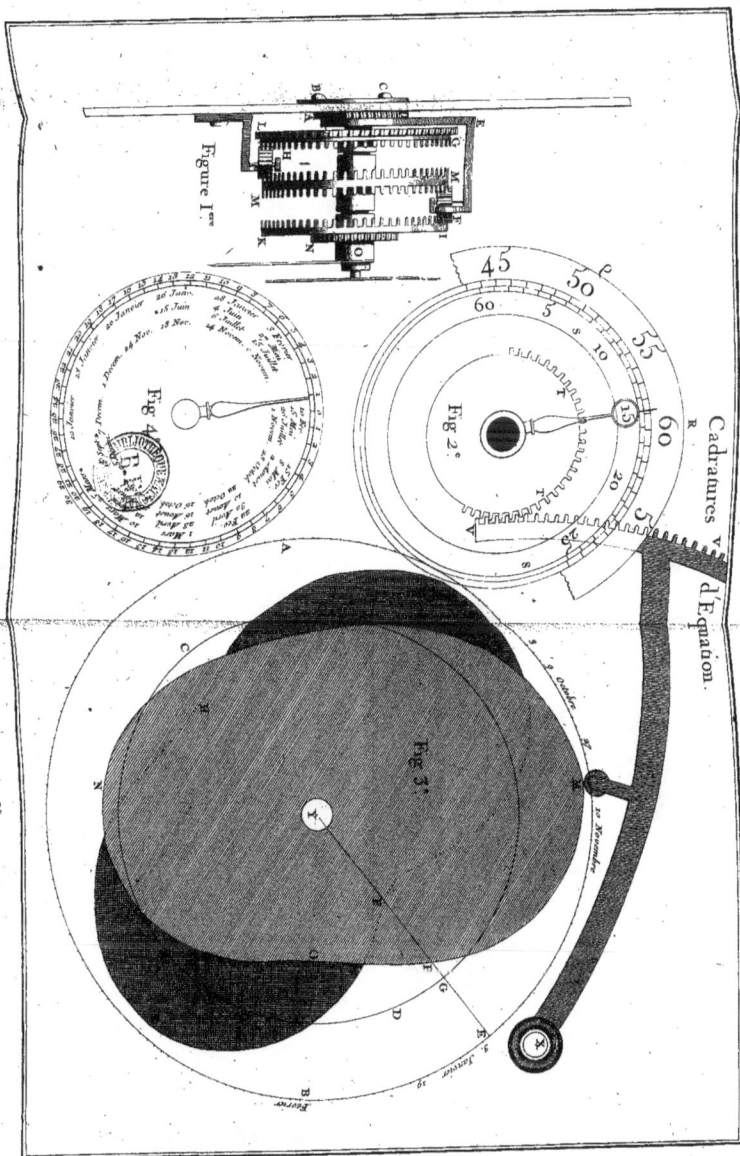

Figure I.ᵉʳᵉ

Fig. 4.ᵉ

Fig. 2.ᵉ

Fig. 3.ᵉ

Cadratures

d'Equation.

Planche XVI.

Planche pour servir au Chapitre des Figures des deux Roues, et des ailes de Pignons.

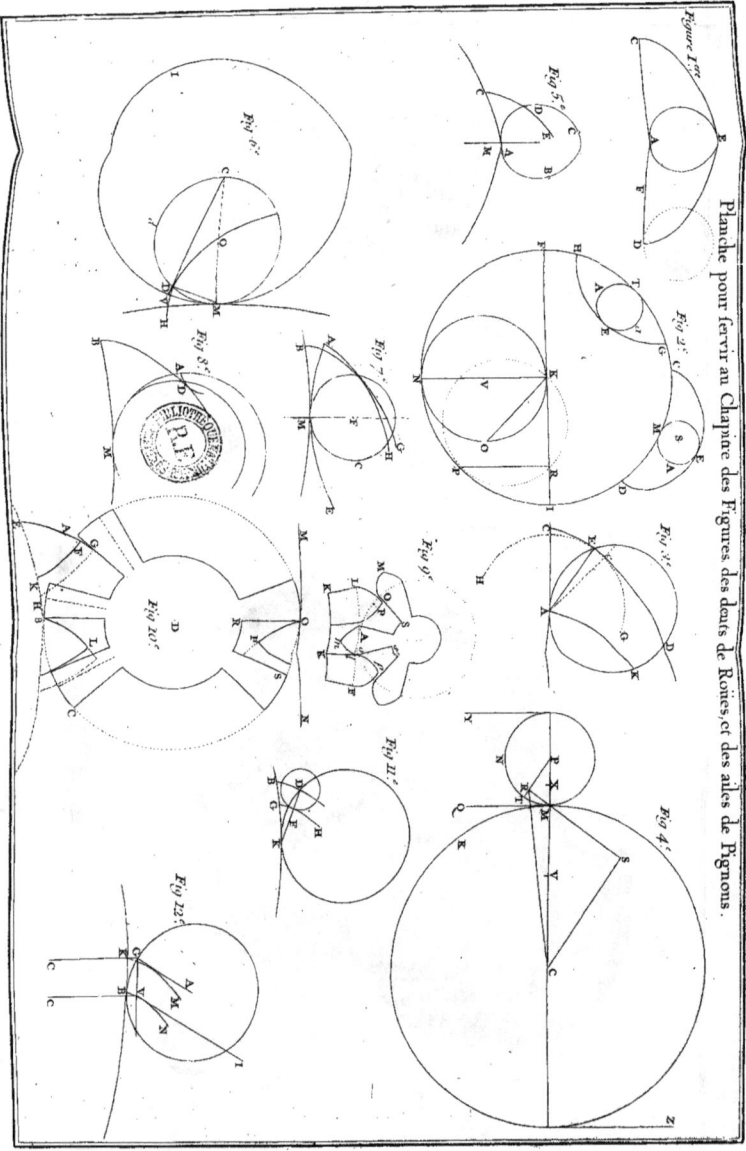

Figure 1.re

Fig. 2.^e

Fig. 3.^e

Fig. 4.^e

Fig. 5.^e

Fig. 6.^e

Fig. 7.^e

Fig. 8.^e

Fig. 9.^e

Fig. 10.^e

Fig. 11.^e

Fig. 12.^e